BIANSHENG JICHU JIFA

编绳基础技法一本通

犀文图书 编著

天津出版传媒集团

 天津科技翻译出版有限公司

前言

PREFACE

编绳，是机器无法代替的人工之巧，它代表了一种古老的传统文化，能让我们性情在其中得到陶冶。作为一门流行于世界的手工艺，编绳不仅是简单的技法传承，也融入了现代的潮流元素，体现出现代人对工艺、技艺的巧思。

本书以图文并茂的形式介绍了多种编绳基础结法，将编绳千变万化的本质简单明了地表现出来，如平结、金刚结、轮结、同心结、吉祥结、盘长结等。此外，编绳的基本线材、工具、配件在书中都有详细的介绍。同时，书中编绳作品分为编绳技法、编绳练习和作品欣赏，由简到繁，由普通到精致，循序渐进地介绍了编绳的具体做法，可以作为编绳的入门启蒙书。

希望通过本书，能让编绳爱好者们轻松、熟练地掌握各种繁杂多变的编绳结法，进入博大精深的结艺世界，享受编绳带来的无限乐趣，为生活增添色彩！

目录
CONTENTS

PART 4 编绳练习

PART5 作品欣赏

PART 1 编绳基础

编绳的定义

中国结编绳，它所显示的情致与智慧正是中华古老文明中的一个文化面。它有着复杂曼妙的曲线，却可以还原成最单纯的二维线条；它有着飘逸雅致的韵味，最初却只是人类生活的基本工具；它是炎黄子孙心连心的象征。

中国结编绳由于年代久远，其历史贯穿于人类史始终。漫长的文化积淀使得中国结编绳渗透着中华民族特有的、纯粹的文化精髓，富含丰富的文化底蕴。

“绳”与“神”谐音，据文字记载：“女娲引绳在泥中，举以为人。”因绳像盘曲的神龙，中国人是龙的传人，龙神的形象在史前时代，是用绳结的变化来体现的。

“结”字也是一个表示力量、和谐，充满情感的字眼，无论是结合、结交、结缘、团结、结果，还是结发夫妻、永结同心，“结”都给人一种团圆、亲密、温馨的美感。“结”与“吉”谐音，“吉”有着丰富多彩的内容，福、禄、寿、喜、财、安、康无一不属于吉的范畴。“吉”就是人类永恒的追求主题，“绳结”这种具有生命力的民间技艺也就自然作为中国传统文化的精髓，兴盛长远，流传至今。

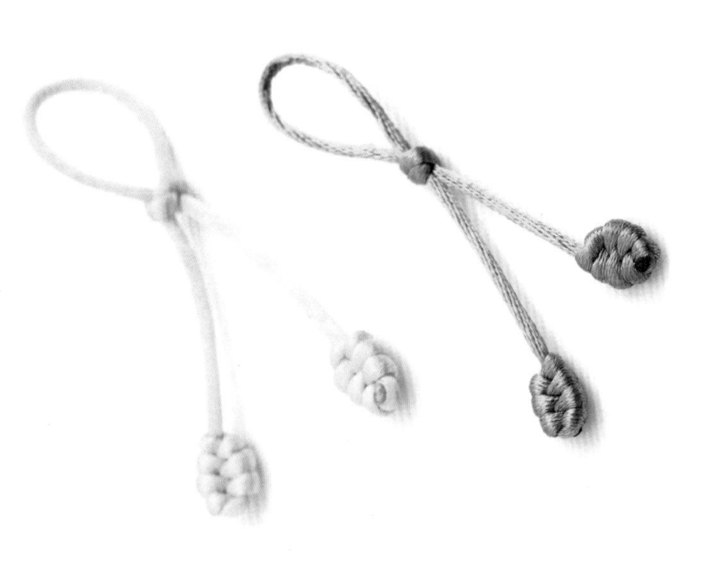

编绳的作用

中国结编绳历史悠久，从旧石器时代的缝衣打结、汉朝的礼仪记事、清朝流行的民间艺术逐渐演变而来。因其外观对称精致，符合中国传统装饰的习俗和审美观念，故称为“中国结编绳”。

最早的衣服没有如今的纽扣、拉链等配件，所以若想把衣服系牢，就只能借助衣带打结这个方法。古时候，中国人有佩玉的习惯，历代的玉佩上都钻有小孔，以便于穿过线绳，将这些玉佩系在衣服上，一是作腰带用，二是装饰衣服。古代女子手艺非凡，喜欢在她们的服饰、头饰、布艺、家居装饰、日常用品，甚至定情信物上都做出各种中国结编绳。延至今日，中国结材料更丰富，用途更广泛，除了腰带、乐器挂饰、扇坠，更多了手机挂饰、背包挂饰和各种手链等新创意。

现代的编绳取材简单多样，玉线、股线、金线、跑马线、扁带，甚至是棉线、尼龙线等均能用来编绳结。不同质地和颜色的线，可以编出风格、形态与韵致各异的结。把不同的结组合起来，或者搭配上珠子、玉石、陶瓷等配件，便能编制出造型独特、寓意深刻、内涵丰富的中国传统吉祥装饰品。

编绳的类型

编绳的类型从使用的角度来看可以分为佩戴在人身上的饰品和悬挂在物件上的配饰。具体可以划分为：头饰、项链、手链、腰饰、脚链，以及扇坠、手机挂饰、车挂、背包挂饰、剑穗、乐器挂饰、家居挂饰。

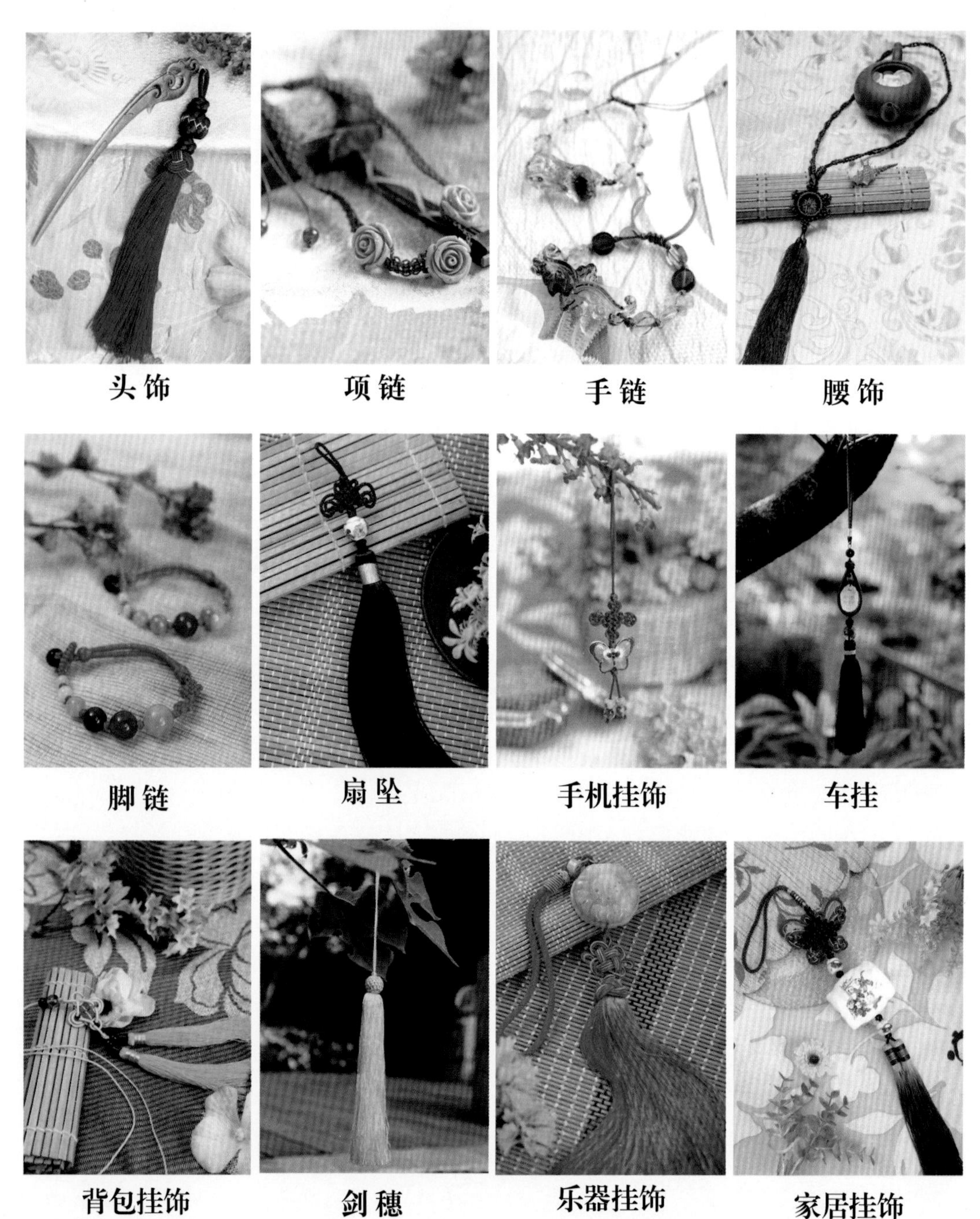

头饰　项链　手链　腰饰

脚链　扇坠　手机挂饰　车挂

背包挂饰　剑穗　乐器挂饰　家居挂饰

PART 2
编绳器材

编绳的材料

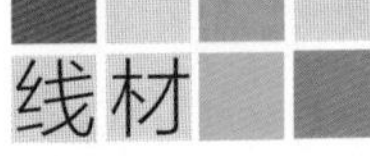

线材

麻 绳

股线

韩国丝

芊绵线

五彩线

蜡 绳

皮 绳

棉 绳

珠宝线　A 玉线　B 玉线

配饰

一件好的中国结作品，往往是结饰与配件的完美结合。为结饰表面镶嵌圆珠、管珠，或是选用各种玉石、陶瓷等饰物作为坠子，如果选配适宜，就如红花配绿叶，相得益彰了。

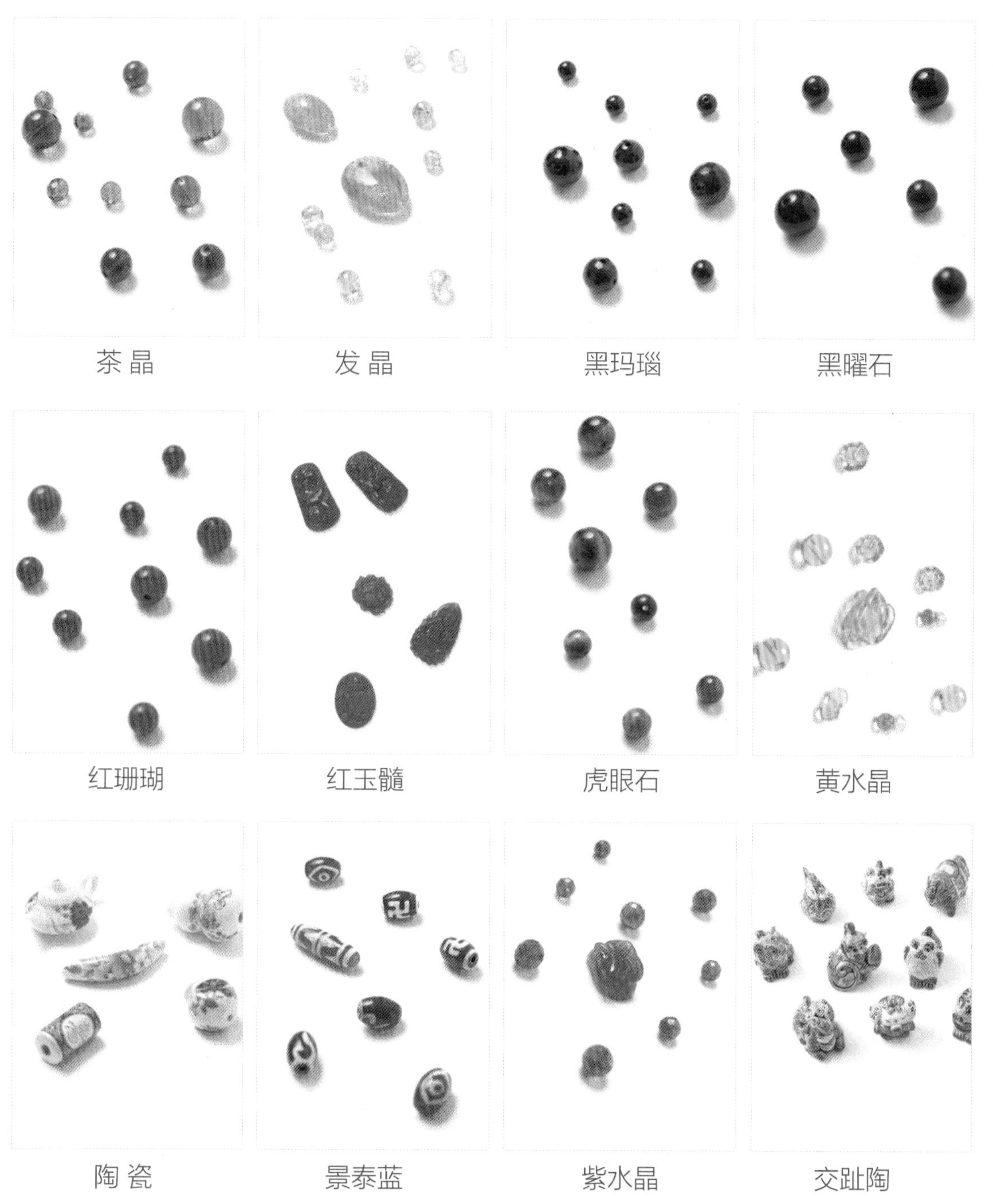

茶晶　发晶　黑玛瑙　黑曜石

红珊瑚　红玉髓　虎眼石　黄水晶

陶瓷　景泰蓝　紫水晶　交趾陶

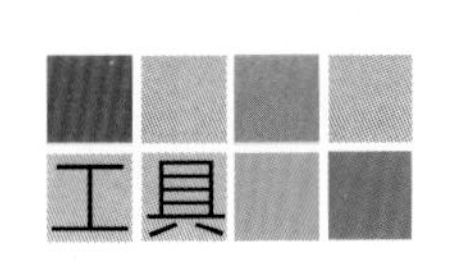

胶水

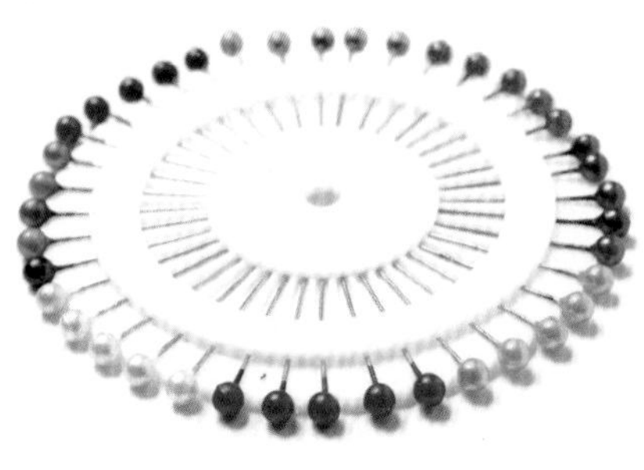

大头针

套色针

垫板

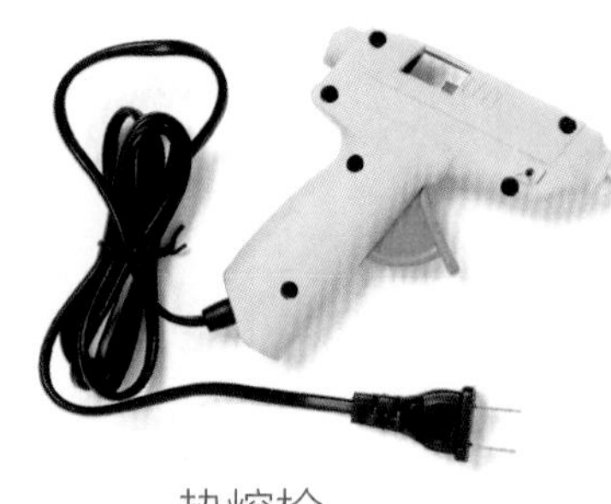

热熔枪

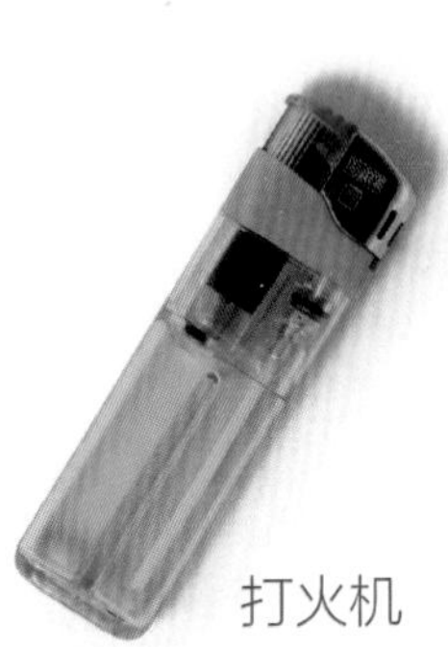

打火机

镊子

剪刀

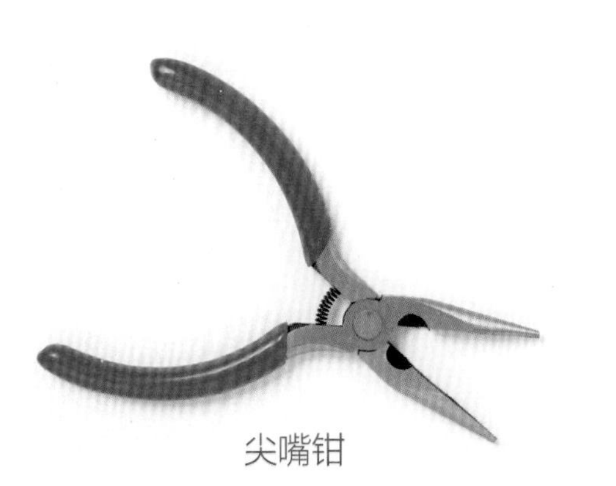

尖嘴钳

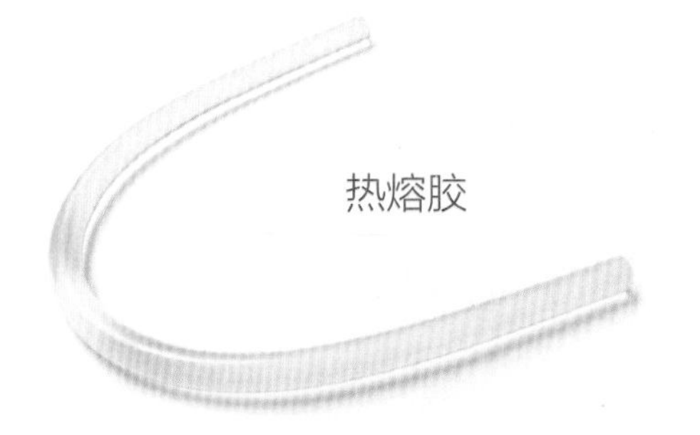

热熔胶

PART 3

编绳技法

编制技巧

中国结编绳的编制，大致分为基本结、变化结及组合结三大类。其编结技术，除需熟练各种基本结的编结技巧外，均具共通的编结原理，并可归纳为基本技法与组合技法。

基本技法乃是以单线条、双线条或多线条来编结，运用线头并行或线头分离的变化，做出多彩多姿的结或结组；而组合技法是利用线头延展、耳翼延展及耳翼勾连的方法，灵活地将各种结组合起来，完成一组组变化万千的结饰。

秘鲁结

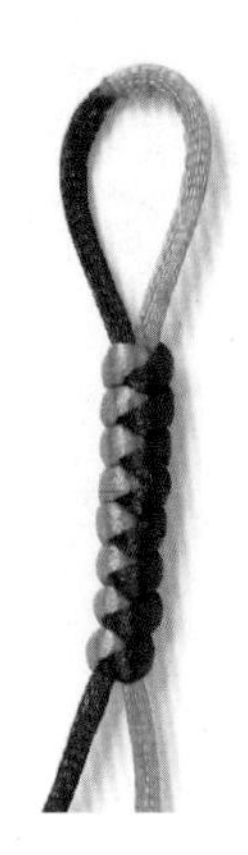

金刚结

同心结

技巧提点

1. 认清方向，先确定抽哪个线头和保留几个结耳。
2. 线的两端可绕上胶带使它硬直，开始时线与线的间隔可留宽些。
3. 线路较复杂时，可用钉板或珠针固定，钩针、镊子可辅助抽拉。
4. 认清线路位置，如有错误，应立即调整。
5. 抽形前先将结心拉紧，以防变形；再调整耳翼大小、形状。
6. 修整应用颜色相同的细线，将易松散部位缝牢。
7. 可以在结的尾端，编一个简单的小结，也可穿上珠子或饰物。
8. 线头的处理要隐蔽，以免破坏美感。
9. 结形、颜色与饰物要搭配得当，大小相宜。
10. 用钩针或镊子调整线路，注意结形美观、搭配。
11. 灵活运用中国结式的意义及典故，配加小配饰。
12. 镶上相配的小珠子，以增添结饰的美观。

学习编绳的最后阶段是自行设计作品阶段。设计一组美观大方的结饰，最重要的是先确定其用途和功能，再决定其大小和形状，同时考虑颜色的搭配和配饰的适当运用。饰品的应用讲究细腻精致、古朴优雅的风格。只要将配饰随心所欲地和结组灵活运用，把自己的艺术美感和浓浓情思融注其中，便能充分表现出中国传统艺术之美。

编绳的基础技法

雀头结

1. 准备两条线，红色线以棕色线为中心线做一个圈。
2. 红色线如图再绕一个圈。
3. 拉紧红色线，由此完成一个雀头结。
4. 将红色线的一端拉向上方，另一端如图绕一个圈。
5. 拉紧红色线。
6. 红色线依照步骤 2 的做法，再绕一个圈。
7. 拉紧红色线，由此又完成一个雀头结。
8. 重复步骤 4~7 的做法，即可形成连续的雀头结。

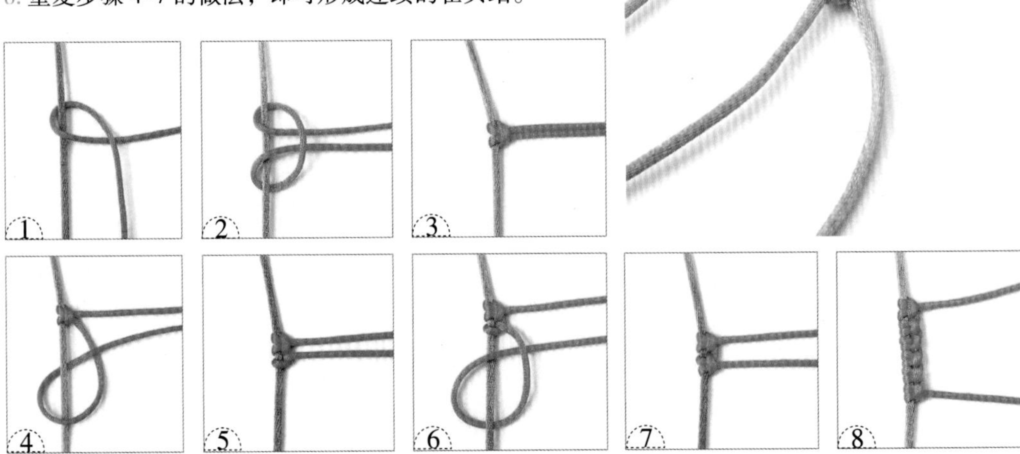

凤尾结

1. 准备一条线，如图用 a、b 段绕出一个圈。
2. a 段以压、挑的方式，向左穿过线圈。
3. a 段如图做压、挑，向右穿过线圈。
4. 重复步骤 2 的做法。
5. 编结是按住结体，拉紧 a 段。
6. 重复前面的方法编结。
7. 最后向上收紧 b 段，把多余的 a 段剪掉，用打火机略烧后，按平即可。

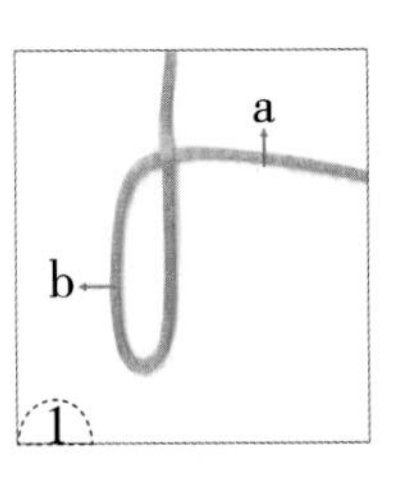

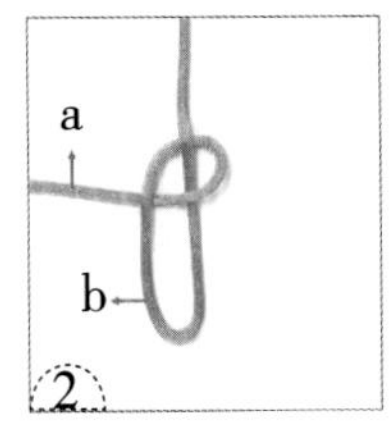

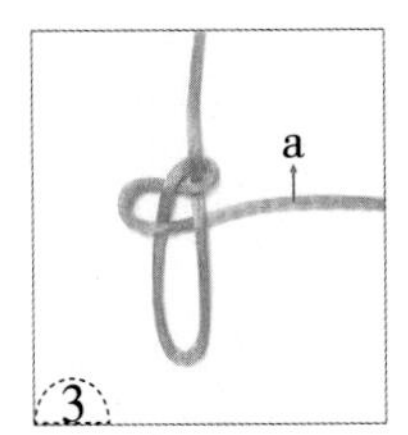

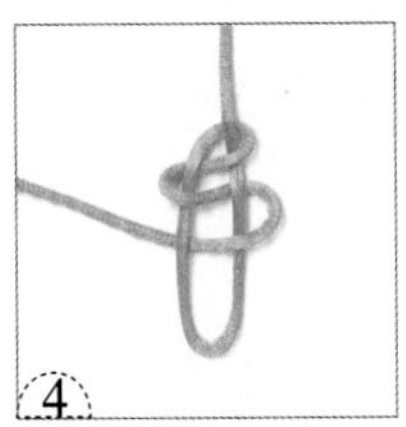

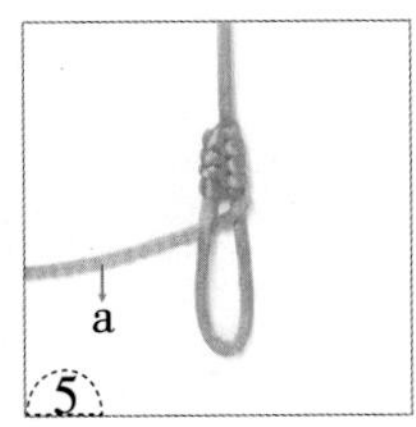

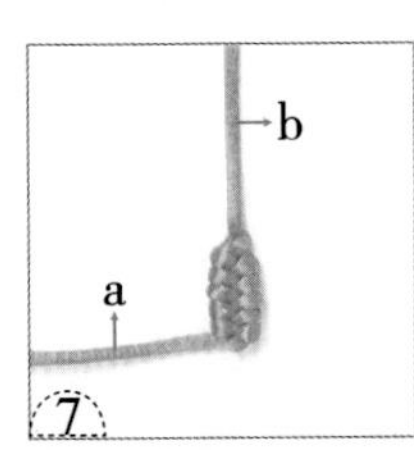

四边菠萝结

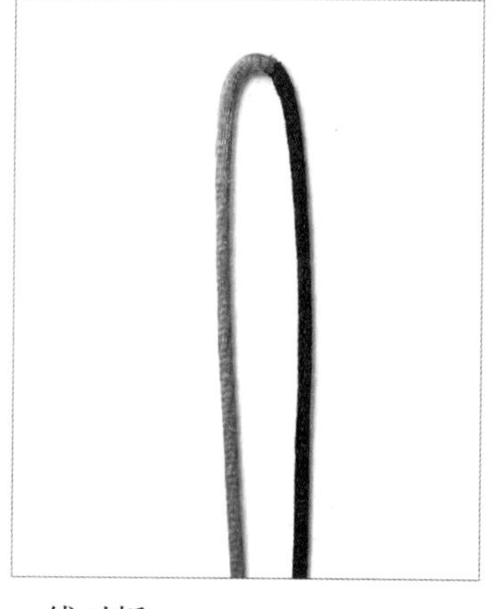

1. 线对折。

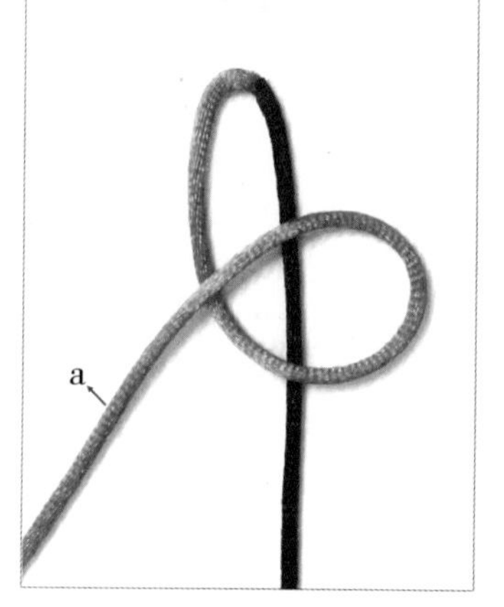

2. 将a以逆时针方向绕出右圈。

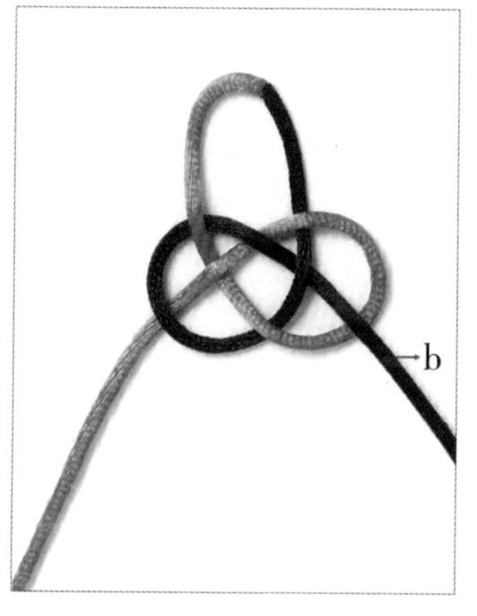

3. 将b以顺时针方向绕出左圈。

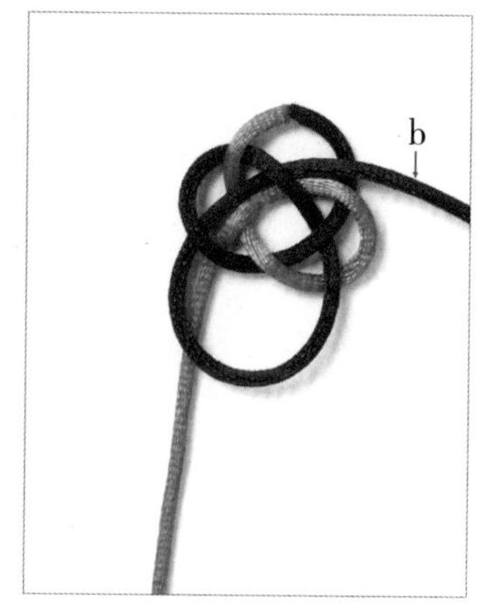

4. 将b线跟着原线再穿一次。

5. 继续沿着原线穿。

6. 形成一个双线双钱结。

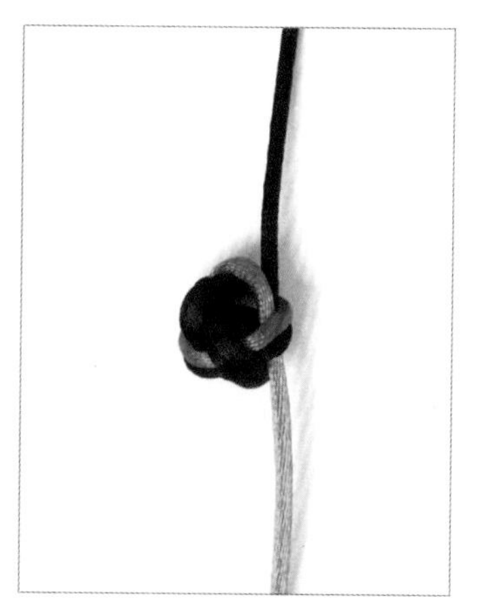

7. 把双钱结向上轻轻推拉，即可做成一个四边菠萝结。

六边菠萝结

1. 先做一个双钱结（图 1）。
2. 如图走线，在双钱结的基础上做成一个六耳双钱结。注意线挑、压方法（图 2 ~ 4）。
3. 用其中的一条线跟着六耳双钱结的走线再走一次（图 5 ~ 7）。
4. 将结体推拉成圆环状，即成六边菠萝结（图 8）。

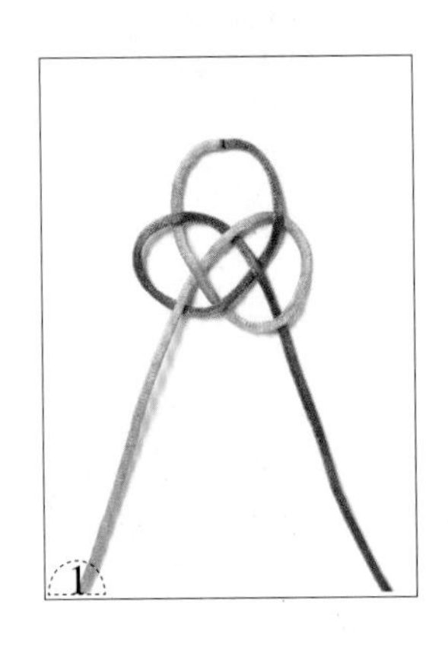

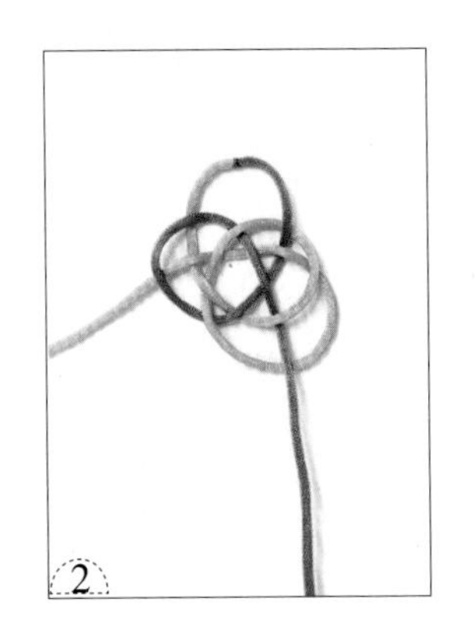

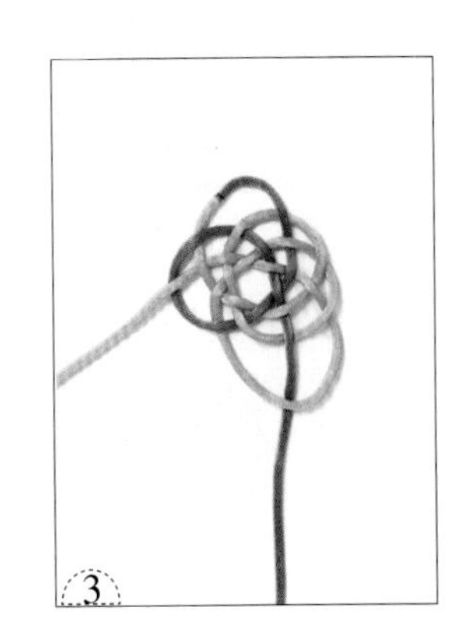

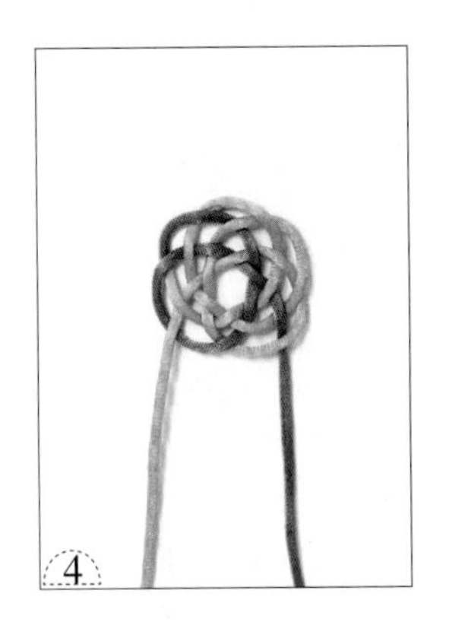

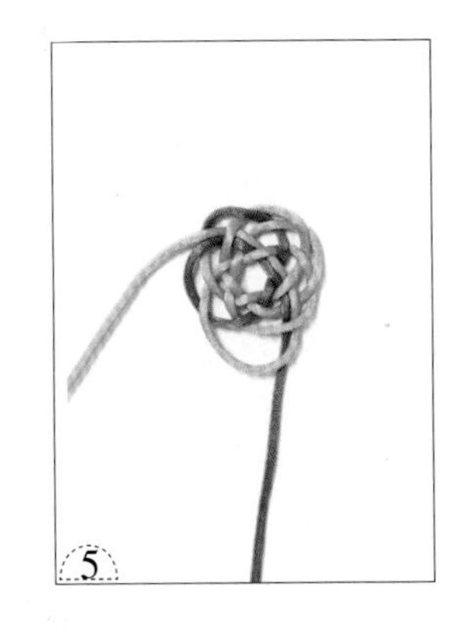

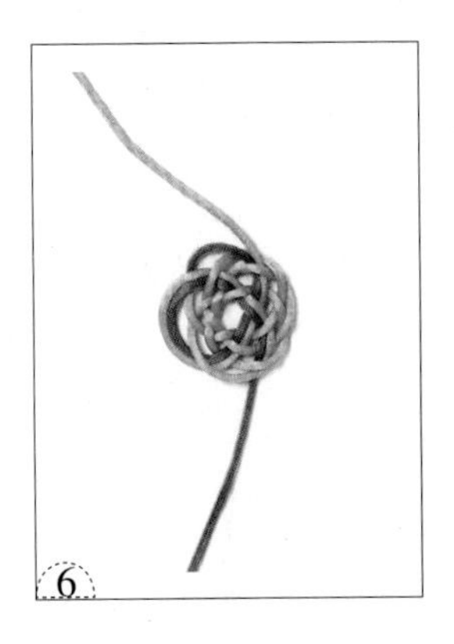

秘鲁结

1. 准备一条线。

2. 将线如图绕棍状物一圈。

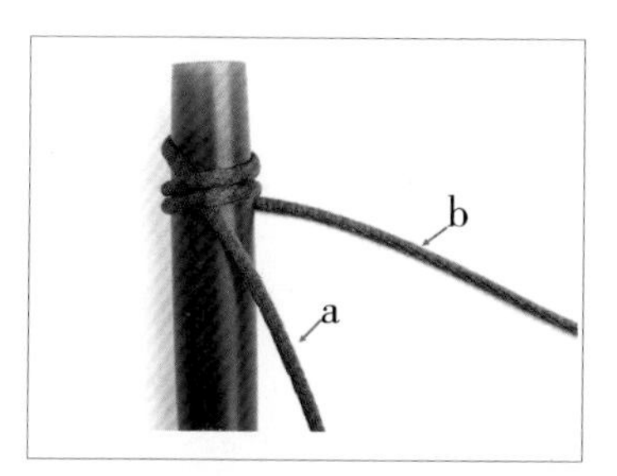

3. 将 a 段贴在棍状物上作轴，用 b 段绕 a 段一圈或数圈。

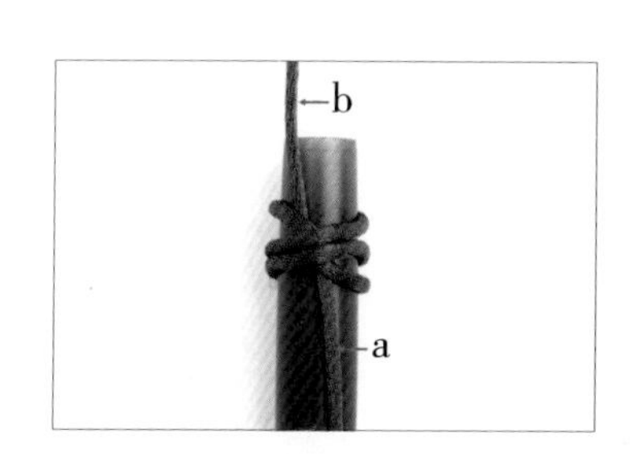

4. 将 b 段从前面做好的两个圈的中间以及 a 段下面穿过，拉紧即成秘鲁结。

环扣

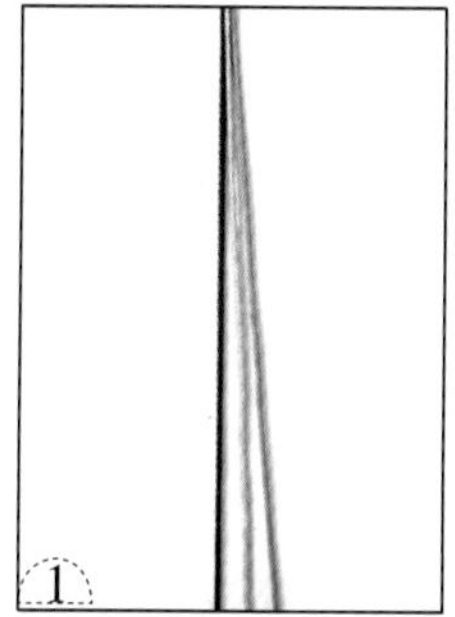

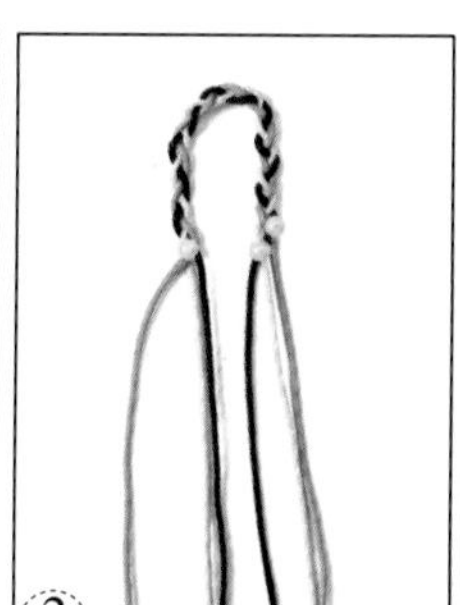

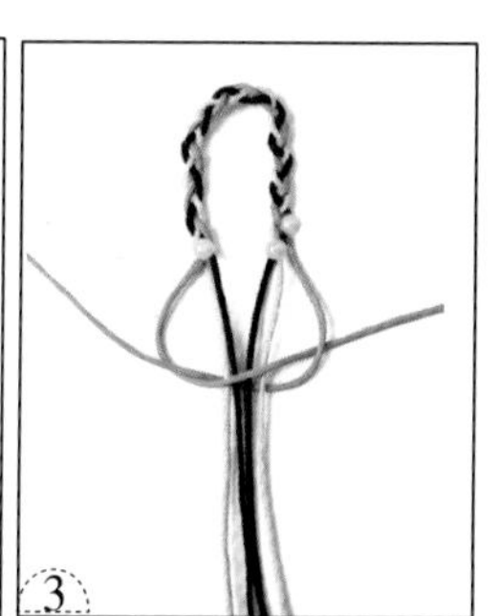

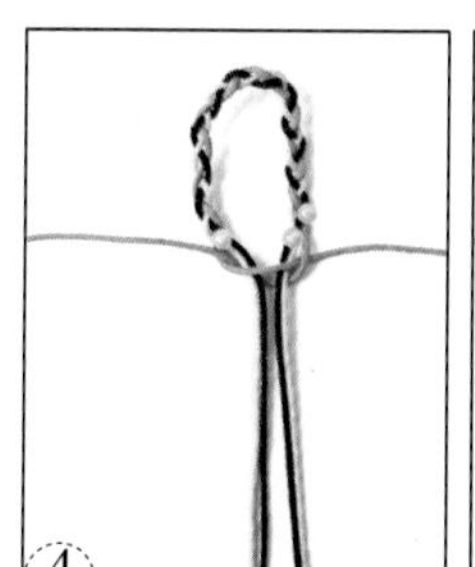

1. 准备三条线。
2. 用这三条线编一段三股辫，然后将三股辫弯成圈状。
3. 两侧各取一条线，如图用左边的线在中心线的上方编结，用右边的线在中心线的下方编结。
4. 均匀用力将两侧的两条线拉紧。
5. 如图，用右边的线在中心线的上方编结，用左边的线在中心线的下方编结。
6. 拉紧两条线即可。

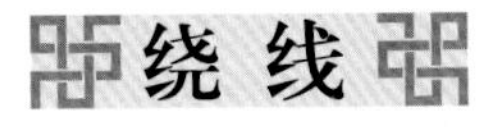

绕线

1. 以一条或数条绳为中心线，取一条细线对折，放在中心线的上方。
2. 将细线 a 段如图围绕中心线反复绕圈。
3. 将细线 a 段如图穿过对折端留出的小圈。
4. 轻轻拉动细线 b 段，将细线 a 段拖入圈中固定。
5. 剪掉细线两端多余的线头，用打火机将线头略烧熔后按压即可。

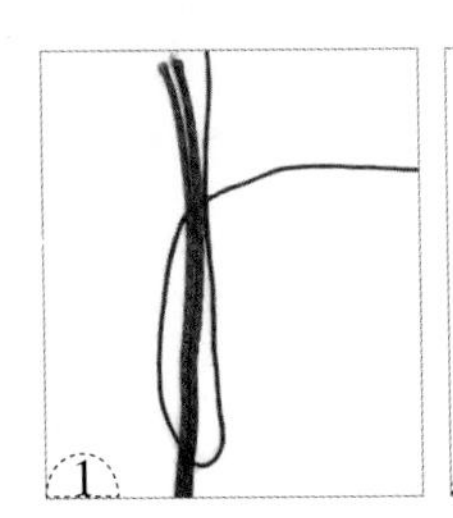

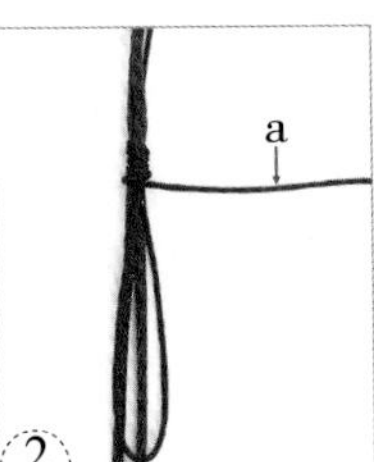

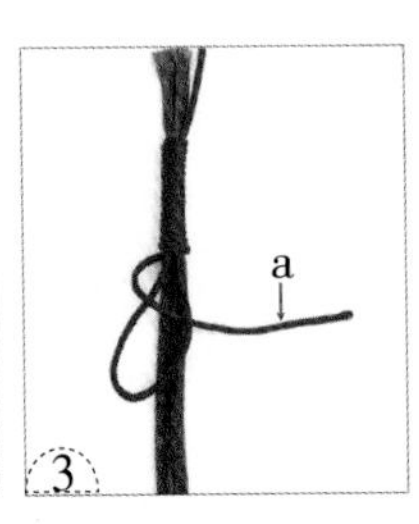

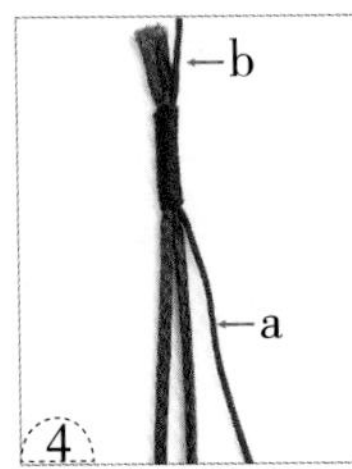

线圈

1. 将一段细线折成一长一短，放在一条丝线的上面。
2. 用较长的一段线缠绕丝线数圈。
3. 绕到合适的长度时，用较长的线段穿过线圈。
4. 向上拉紧较短的线段。
5. 把多余的细线剪掉，将绕了细线的丝线两端用打火机或电烙铁略烫后对接起来即可。

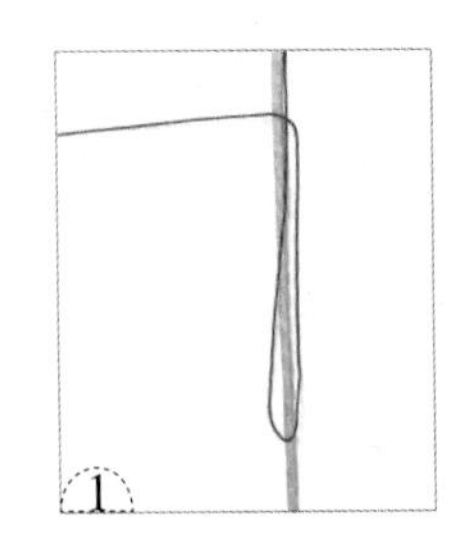

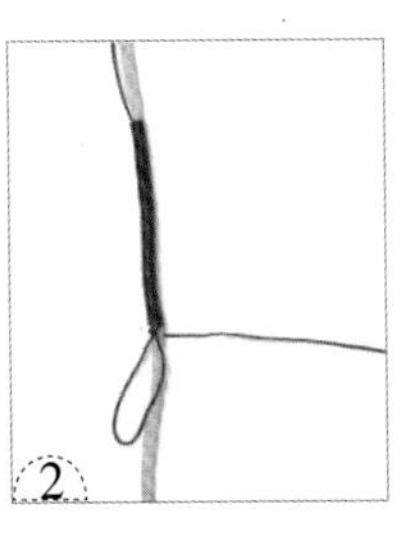

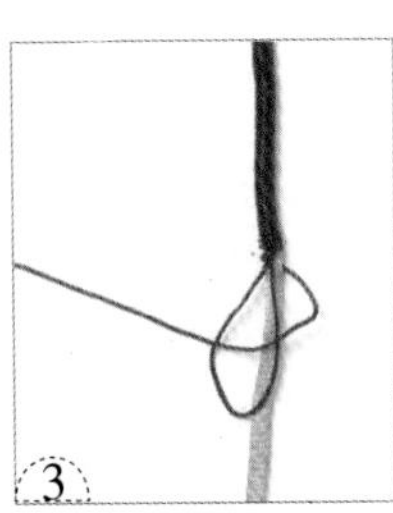

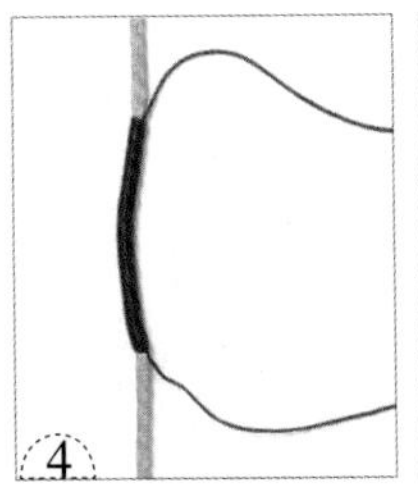

穿珠

1. 如图，准备两条线。
2. 用打火机将蓝色线的一端略烧几秒，待线头烧熔时，将这条线贴在橘色线的外面，并迅速用指头将烧熔处稍稍按压，使两条线粘在一起。
3. 先用橘色线穿过珠子，然后蓝色线也顺利穿过珠子。

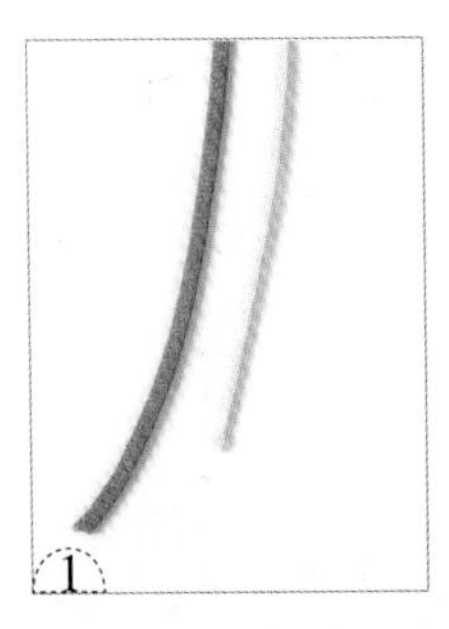

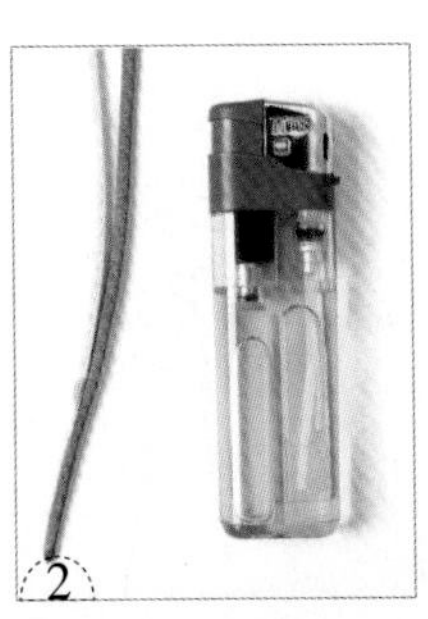

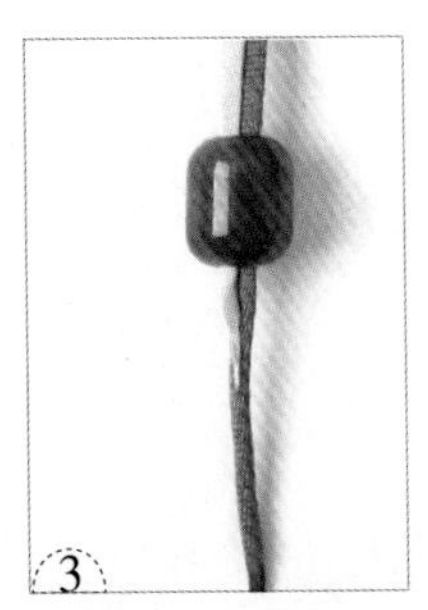

双联结

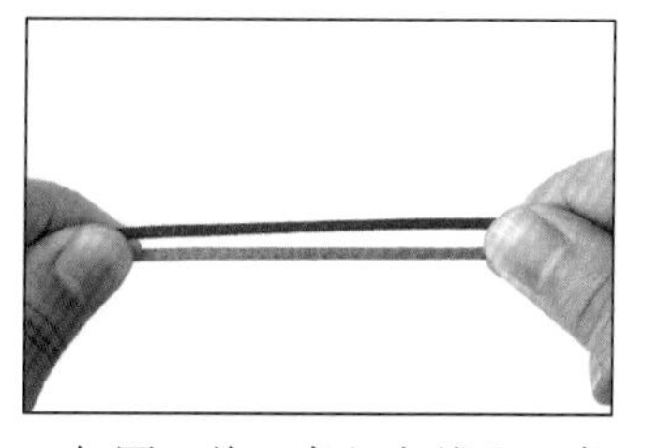

1. 如图，将一条红色线和一条橘色线平行摆放。

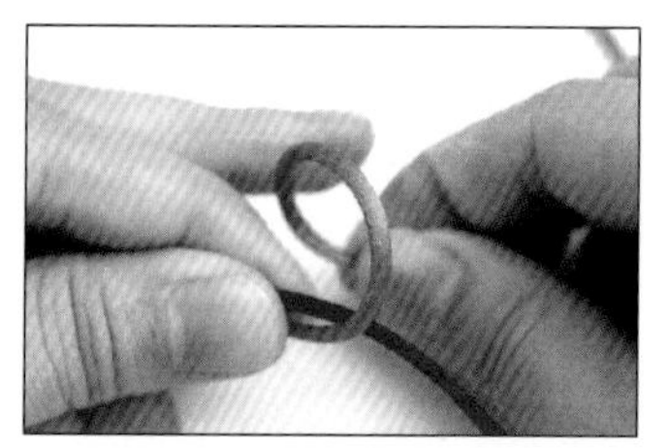

2. 用橘色线如图绕一个圈。

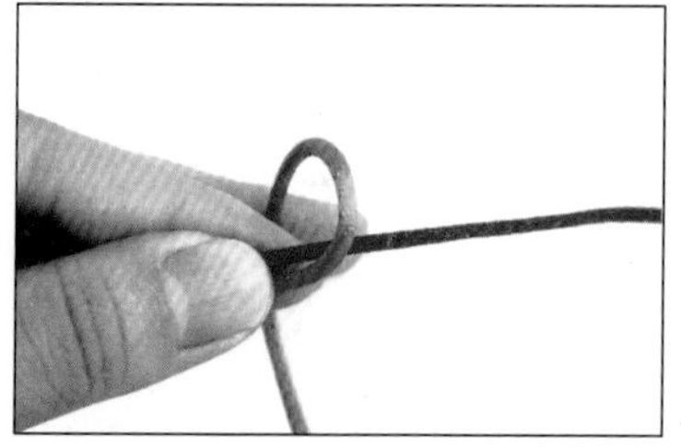

3. 将步骤 2 中做好的圈如图夹在左手的食指和中指之间固定。

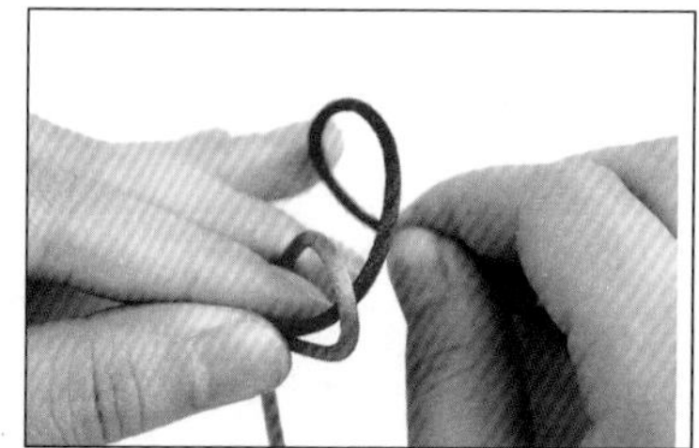

4. 用红色线如图绕一个圈。

5. 将步骤 4 中做好的圈如图夹在左手的中指和无名指之间固定。

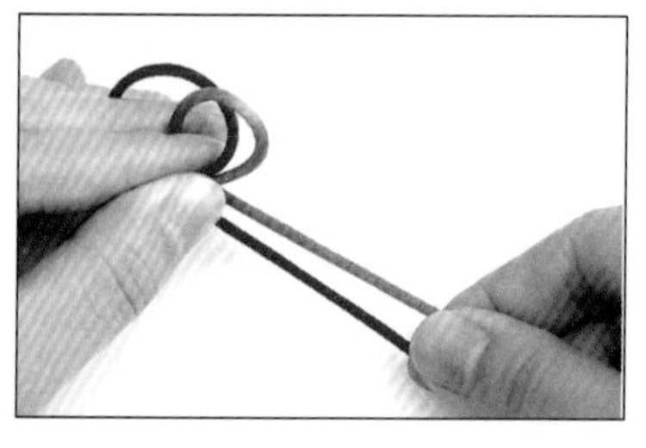

6. 用右手捏住橘色线和红色线的线尾。

7. 将线尾如图穿入前面做好的两个圈中。

8. 如图，拉紧两条线的两端。

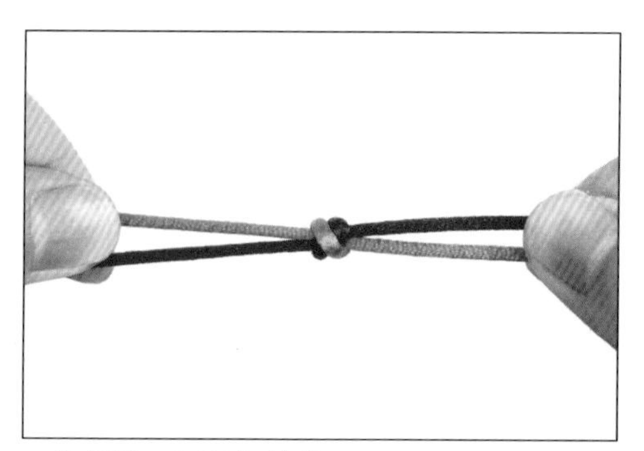

9. 收紧线，调整好结体。

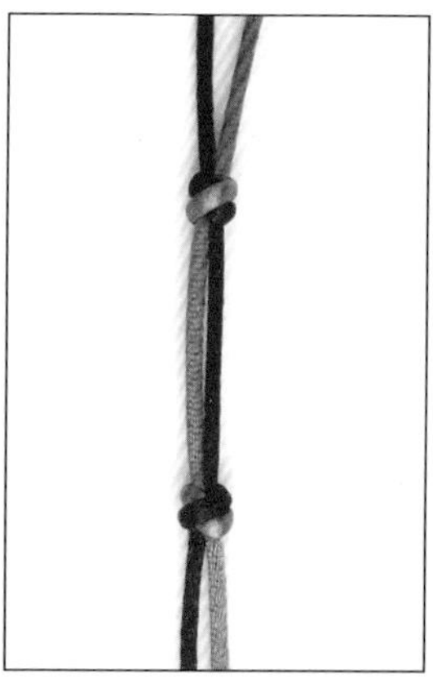

10. 用同样的方法可编出连续的双联结。

双翼双联结

1. 准备两条线。
2. 如图，将橘色线按顺时针方向绕一个圈。
3. 如图，将红色线穿入橘色线形成的圈中。
4. 如图，将红色线按逆时针方向绕一个圈。
5. 拉紧两条线的两端，调整好结体，由此完成一个双翼双联结。此为双翼双联结的一面。
6. 此为双翼双联结的另一面。
7. 按照步骤 2 ~ 4 的做法，再完成一个双翼双联结。
8. 拉紧线的两端，调整好双联结之间的长度。
9. 重复前面的做法即可编出连续的双翼双联结。

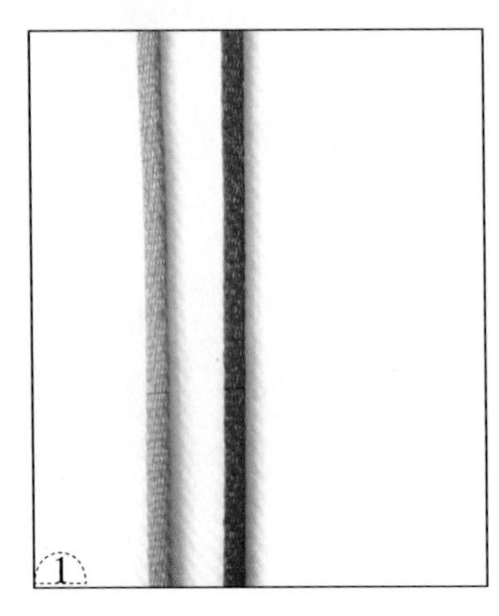
1

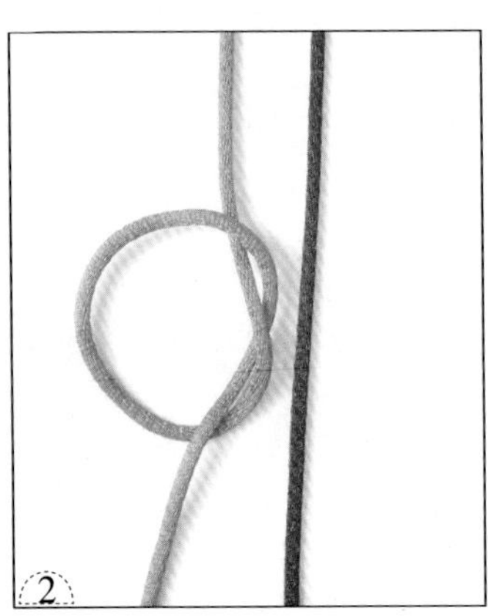
2

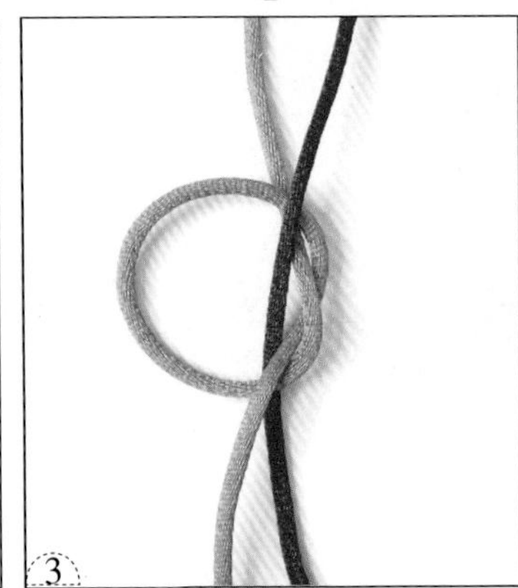
3

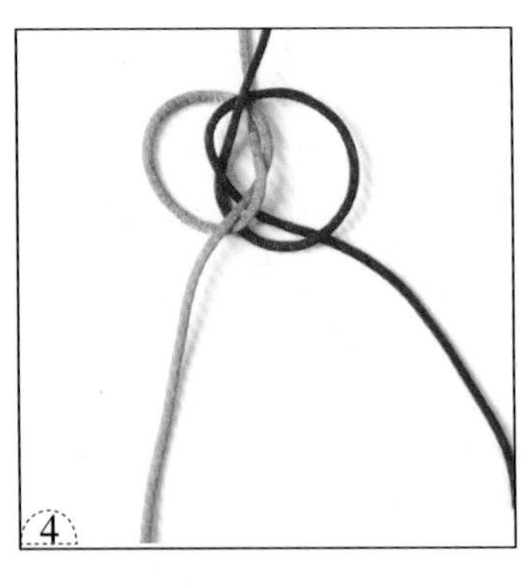
4

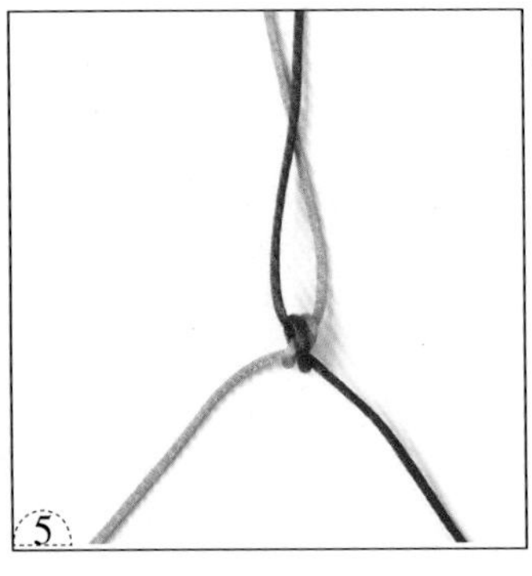
5

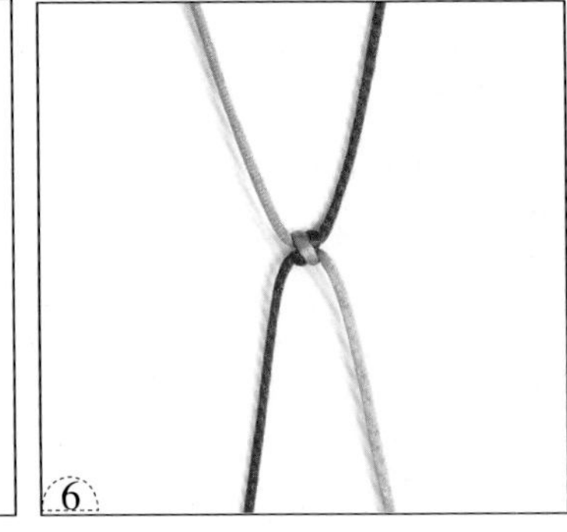
6

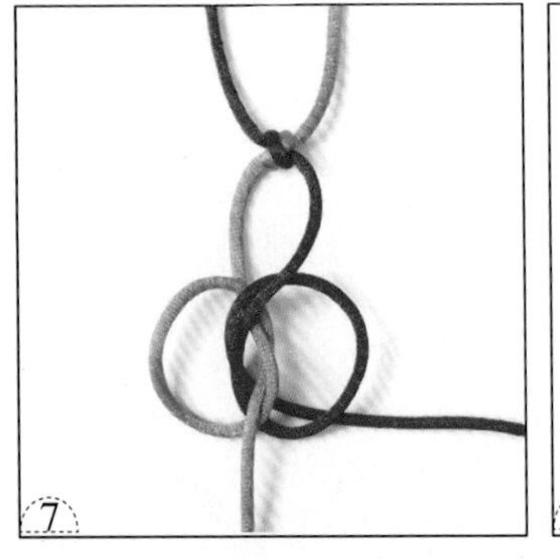
7

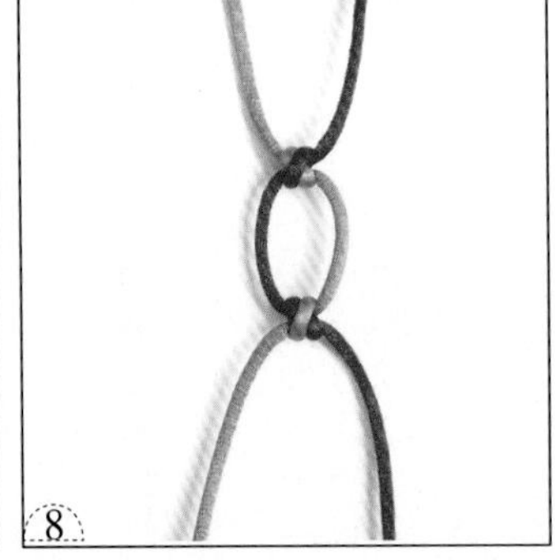
8

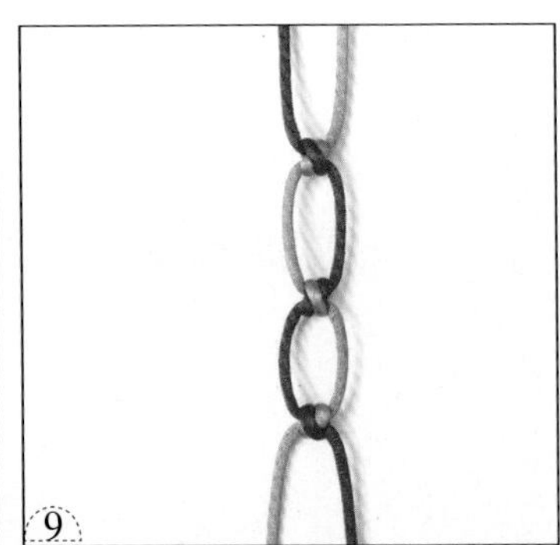
9

单向平结

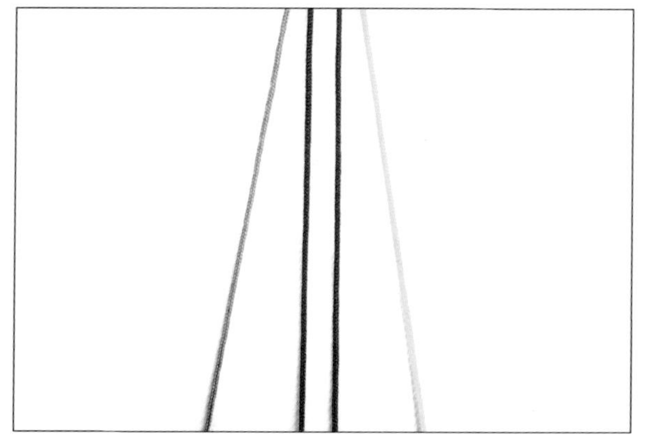

1. 准备四条线，以两条红色线为中心线，置于其他两条线中间。

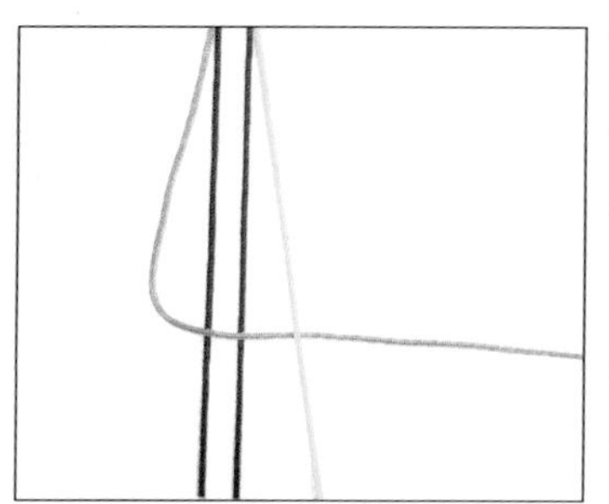

2. 如图，将左侧的线放在中心线的上面、右侧线的下面。

3. 右侧的线从中心线的下面穿过，拉向左侧。

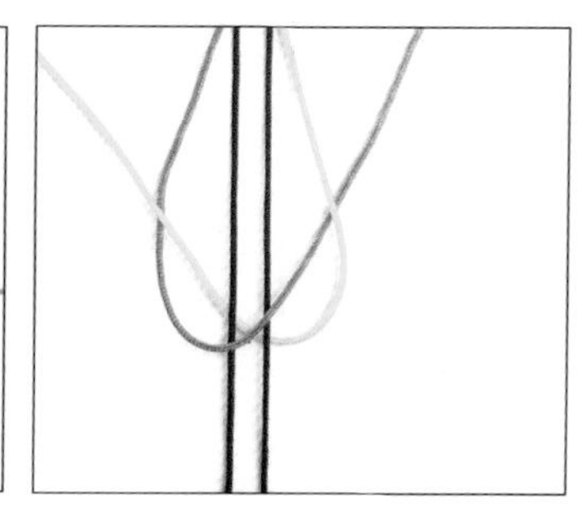

4. 将右侧的线从左侧形成的圈中穿出。

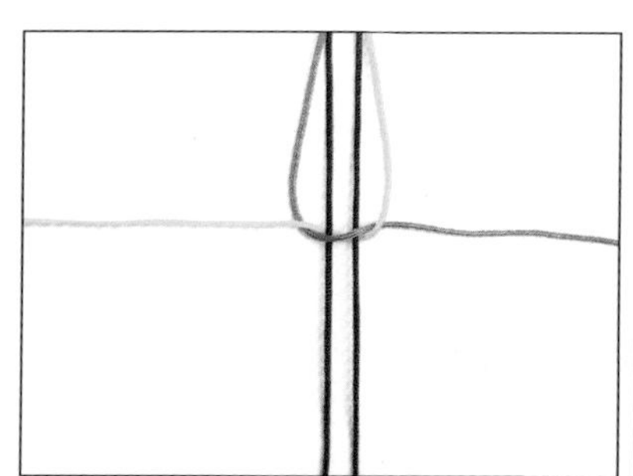

5. 拉紧左、右两侧的线。

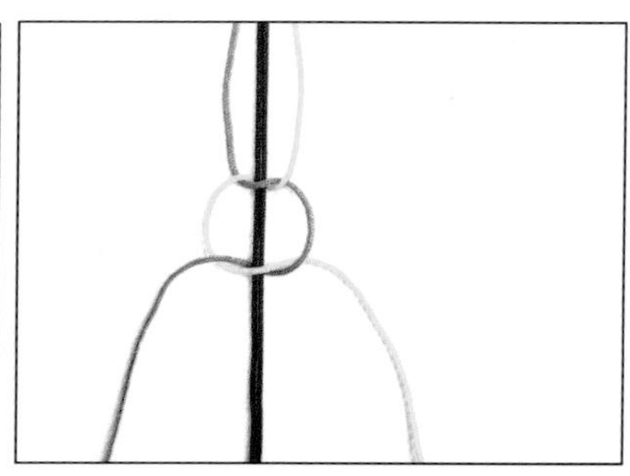

6. 重复步骤 2 ~ 5 的做法。

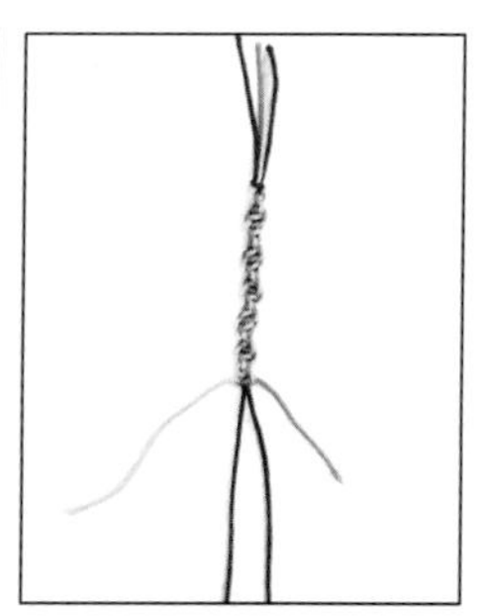

7. 重复步骤 2 ~ 6 的做法，即可形成连续的左上单向平结。

双向平结

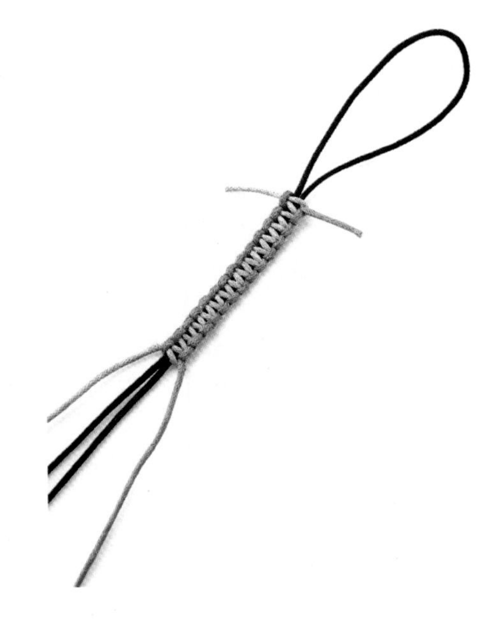

1. 准备四条线，如图摆放，以中间的两条线为中心线。
2. 如图，将左侧的线放在中心线的上面、右侧线的下面。
3. 右侧的线从中心线的下面穿过，从左侧形成的圈中穿出。
4. 拉紧左右两侧的线。
5. 将右侧的线放在中心线的上面、左侧线的下面。
6. 左侧的线从中心线的下面穿过，从右侧形成的圈中穿出。
7. 拉紧左右两侧的线，由此形成一个左上双向平结。然后依照步骤 2、3 的方法编结。
8. 拉紧左右两侧的线。
9. 重复编结，编至所需的长度即可。

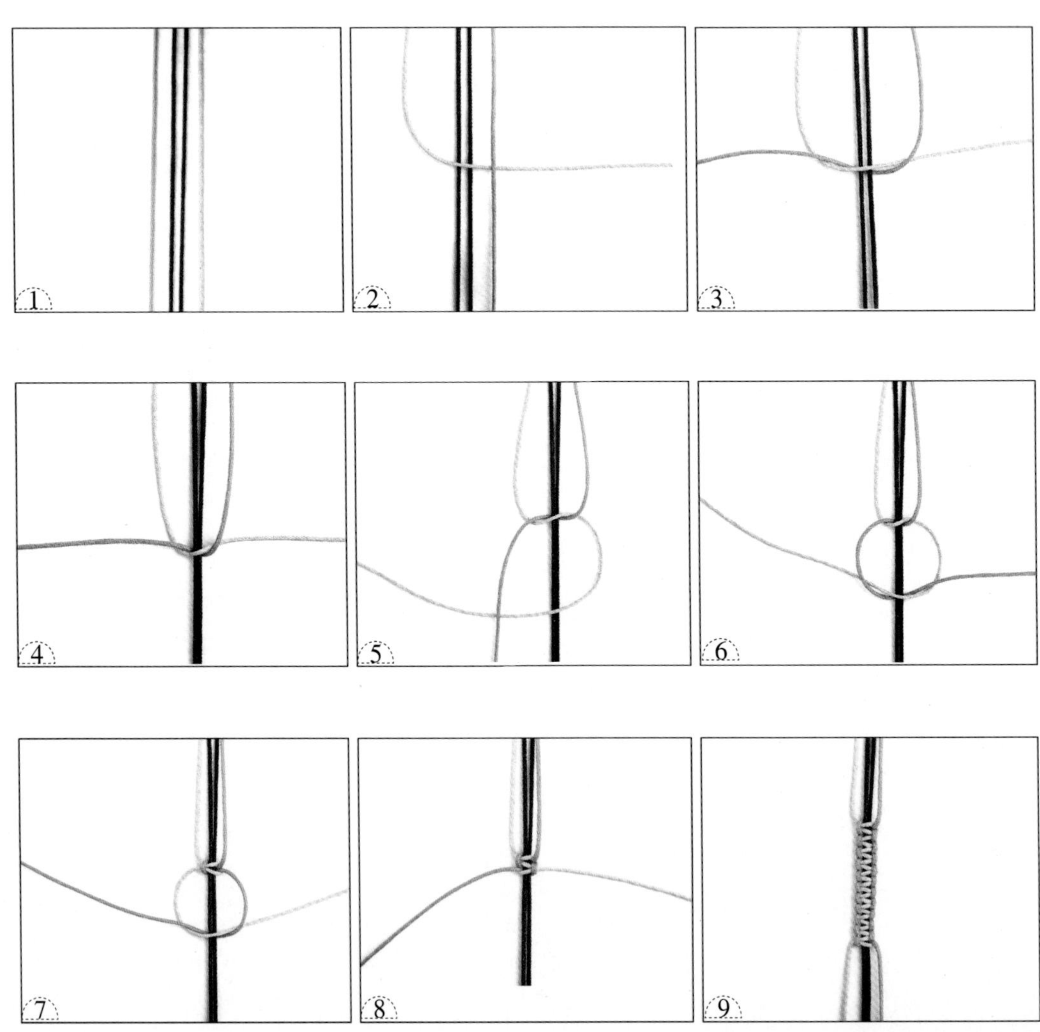

单线双钱结

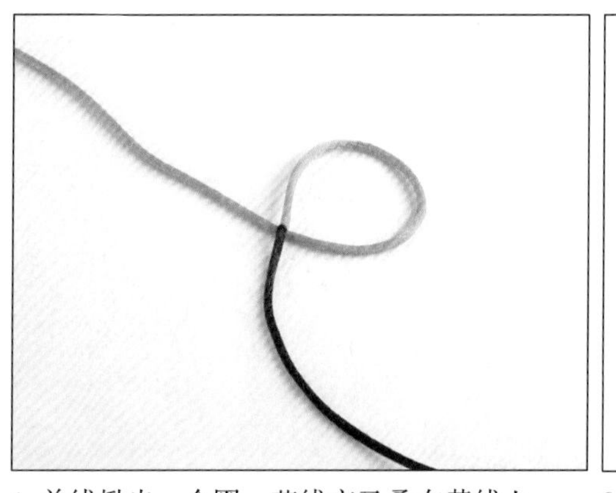

1. 单线揪出一个圈，蓝线交叉叠在黄线上。

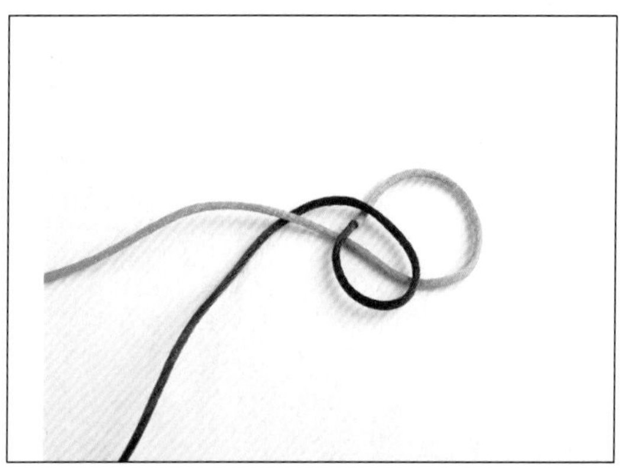

2. 蓝线向后绕出一个圈，搭在另一端上，然后穿过黄线下面。

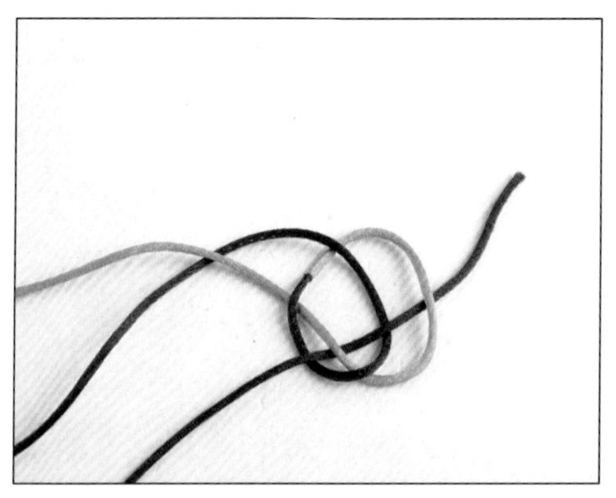

3. 蓝线从两个圈中压着蓝线，挑起黄线。

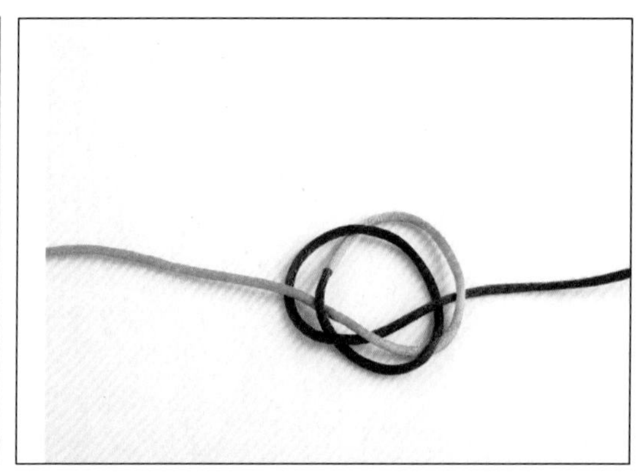

4. 慢慢拉出如图的形状。

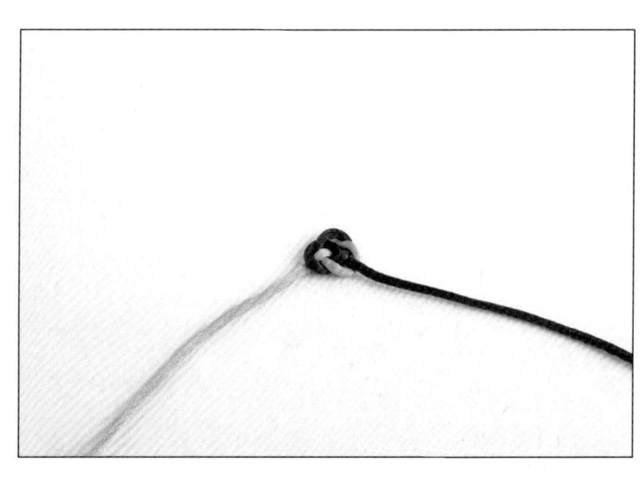

5. 拉紧，完成单线双钱结。

双线双钱结

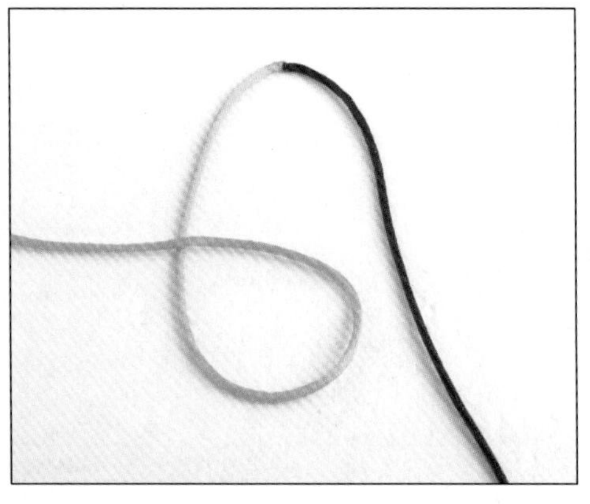

1. 摆放好线，两头下垂，将左边黄线逆时针绕一个圈，下部搭在上部上。

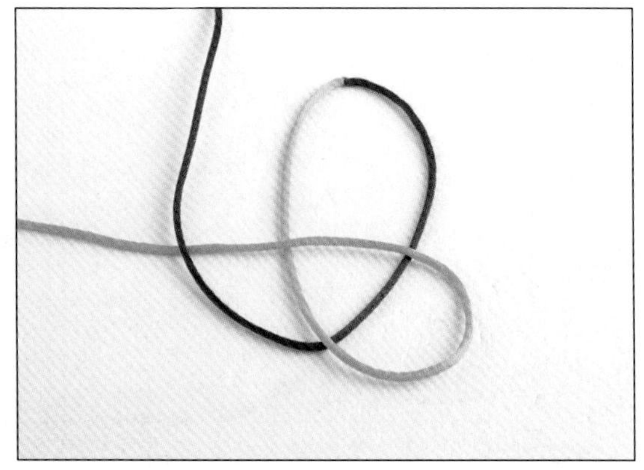

2. 蓝线从黄线圈下面穿过，然后搭在黄线线头那一端上面。

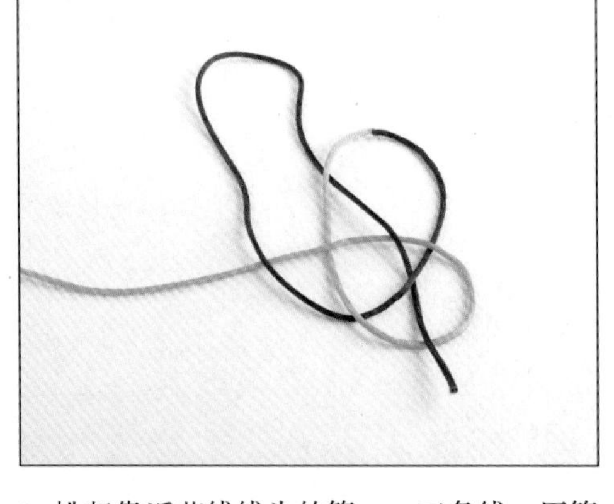

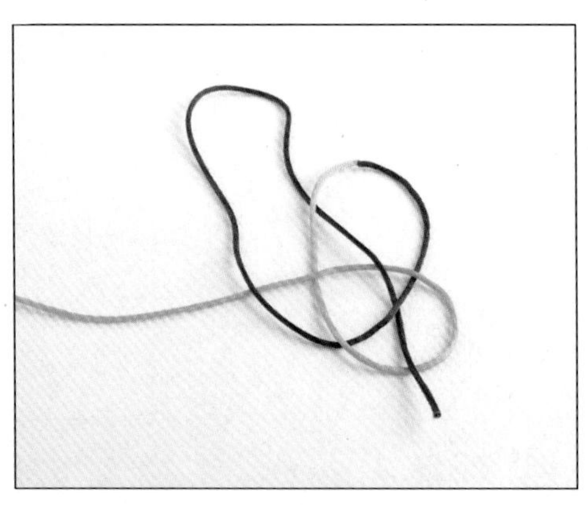

3. 挑起靠近蓝线线头的第一、三条线，压第二、四条线，然后从下面穿过。

4. 慢慢拉出如图的形状。

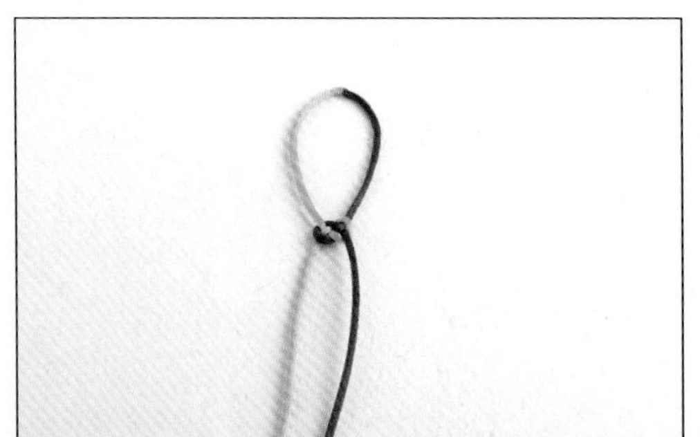

5. 拉紧，完成双线双钱结。

金刚结

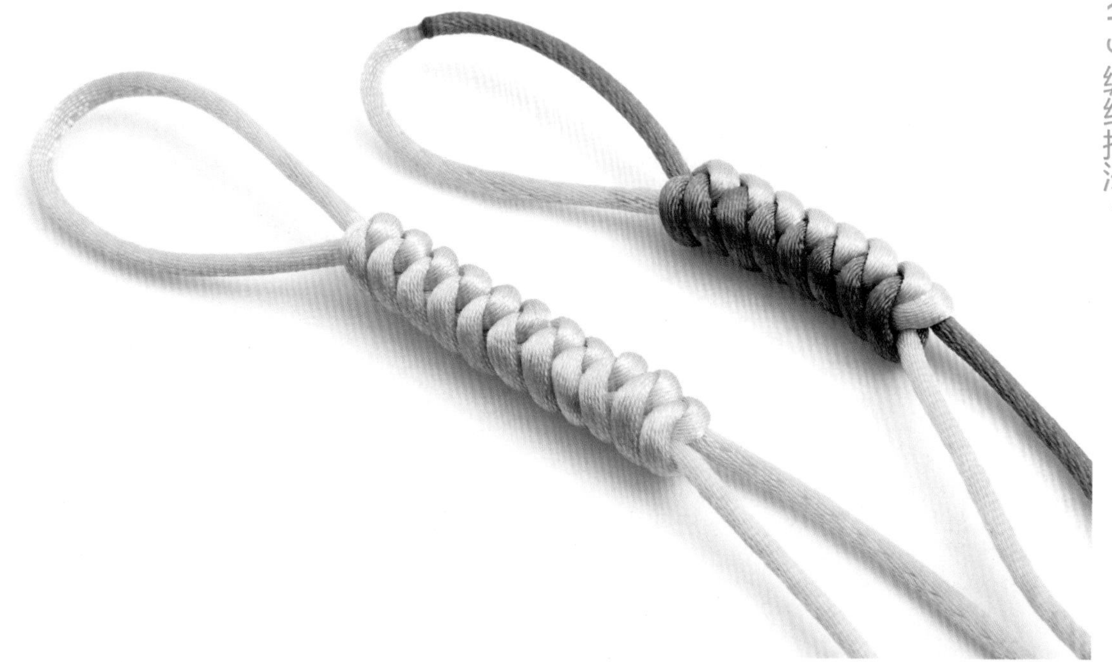

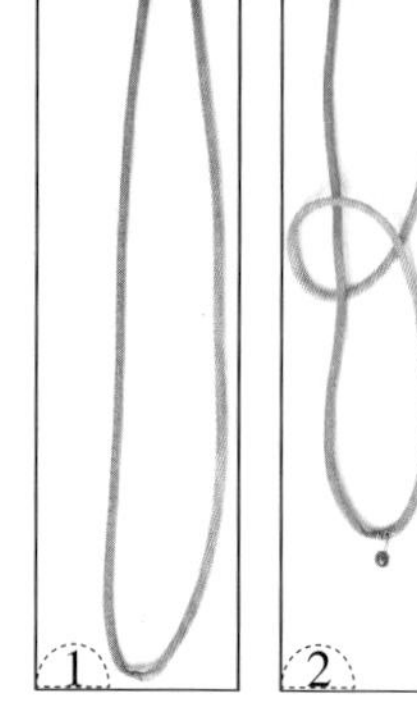

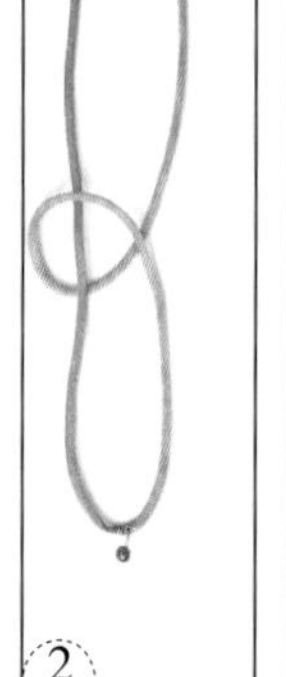

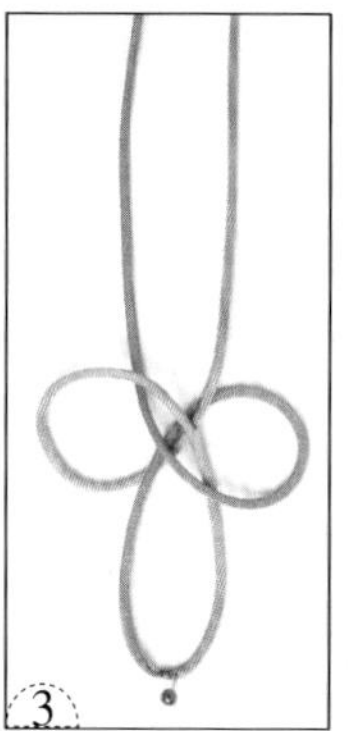

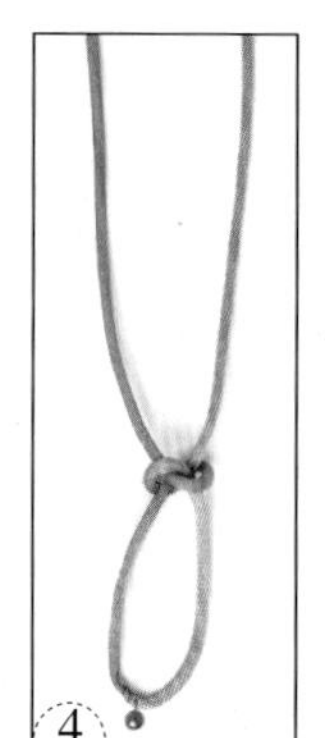

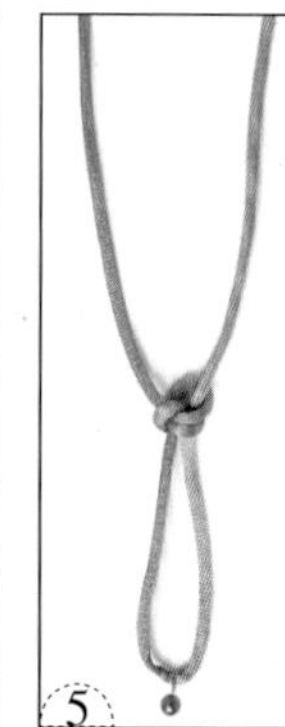
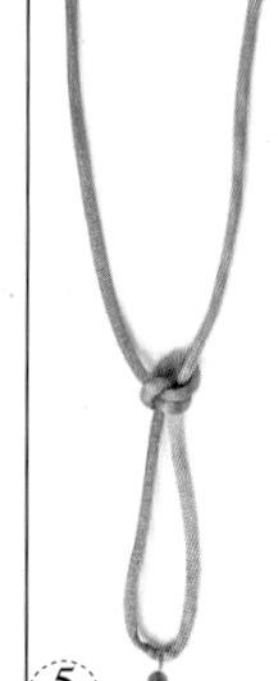

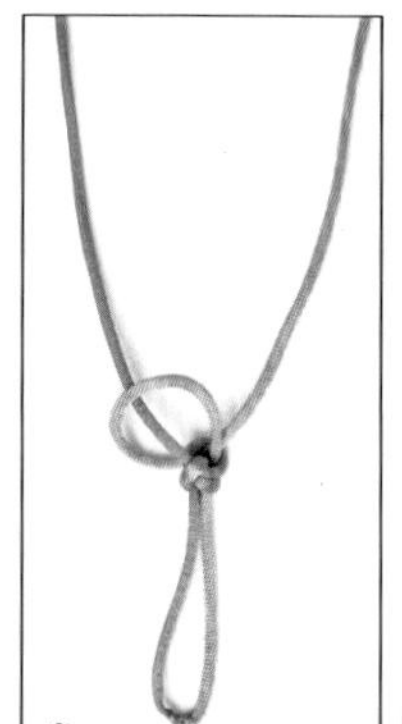

1. 如图，将蓝色线和橘色线的一头用打火机略烧后，对接起来。
2. 将线从交接处对折后用大头针定位，用蓝色线如图绕一个圈。
3. 用橘色线如图绕一个圈，然后，从蓝色线形成的圈中穿出来。
4. 将蓝色的圈和橘色的圈收小。
5. 将橘色线如图穿入蓝色的圈中。
6. 将蓝色线如图穿入橘色的圈中。
7. 将前面形成的结体翻转过来并用大头针定位，再将橘色线如图穿入蓝色的圈中。
8. 将蓝色线如图穿入橘色的圈中。
9. 重复前面的做法，编织至合适的长度即可。

蛇 结

1. 准备一条线，将这条线对折，分 a、b 两段线，用左手捏住对折的一端。
2. b 段线如图绕过 a 段线形成一个圈，将这个圈夹在左手食指与中指之间。
3. a 段线如图从 b 段线的下方穿过。
4. a 段线如图穿过步骤 2 中形成的圈。
5. a 段线同样形成了一个圈。
6. 拉紧线的两端即可形成一个蛇结。
7. 重复步骤 2 ～ 5 的做法。
8. 拉紧两条线，由此再形成一个蛇结。
9. 重复上面的做法，即可编出连续的蛇结。

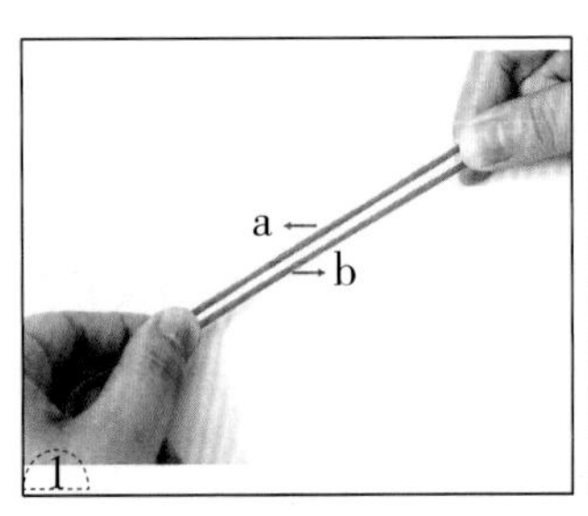

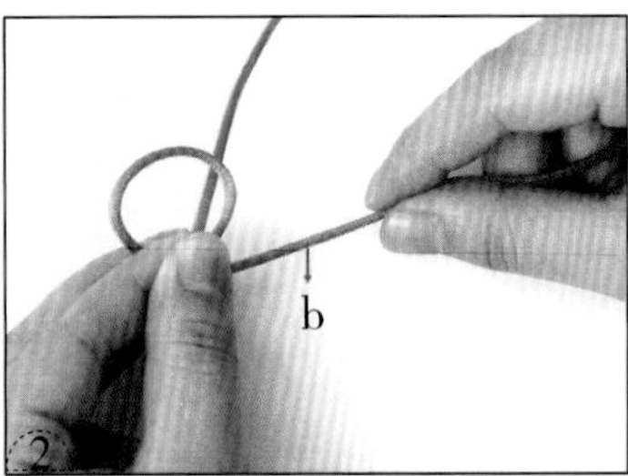

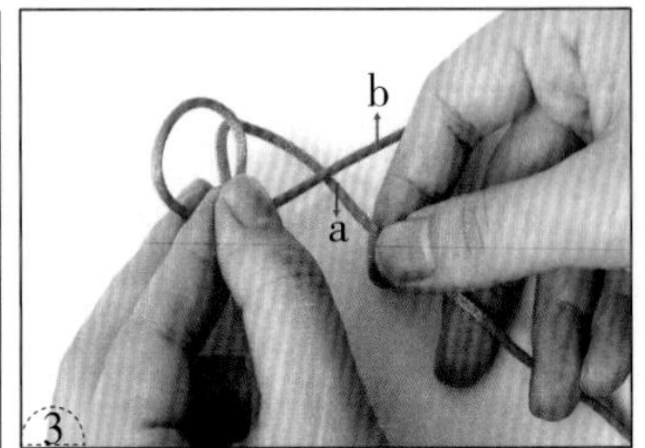

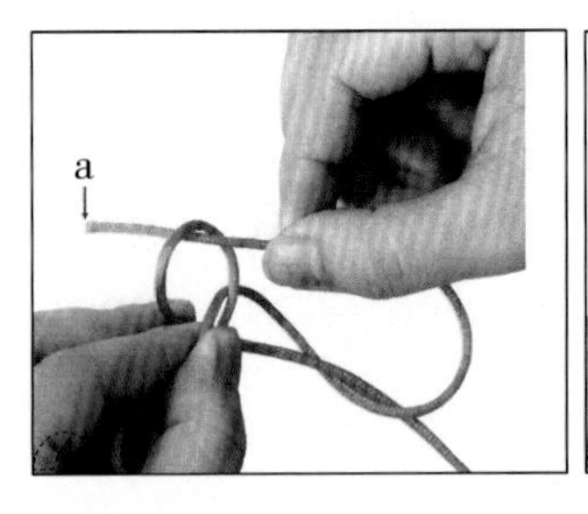

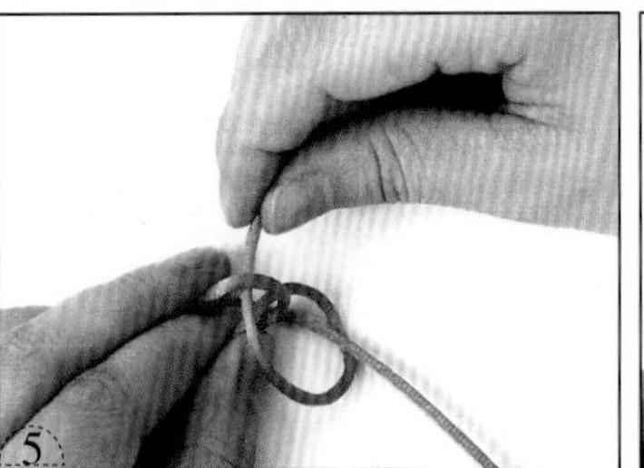

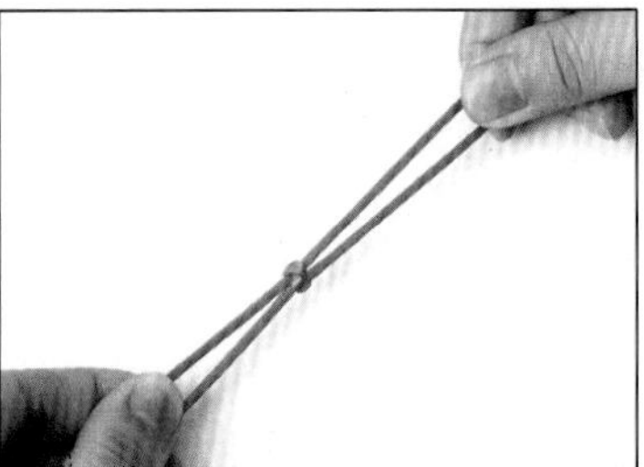

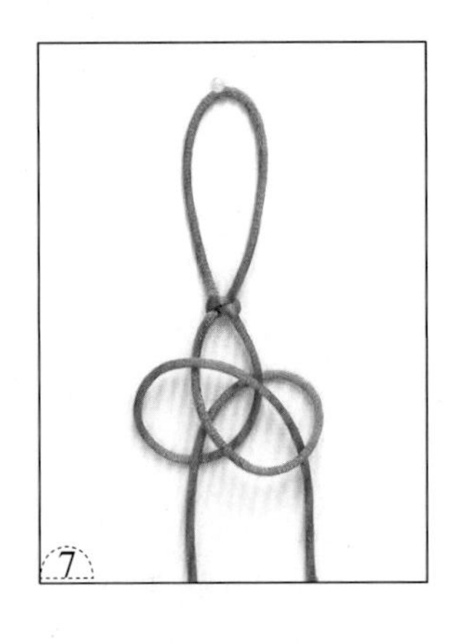

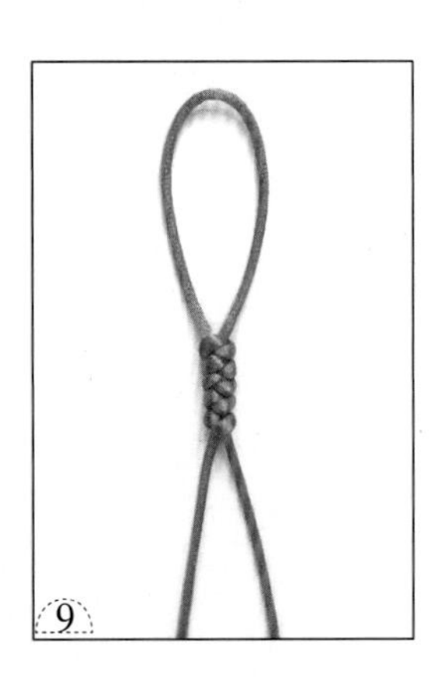

单线纽扣结

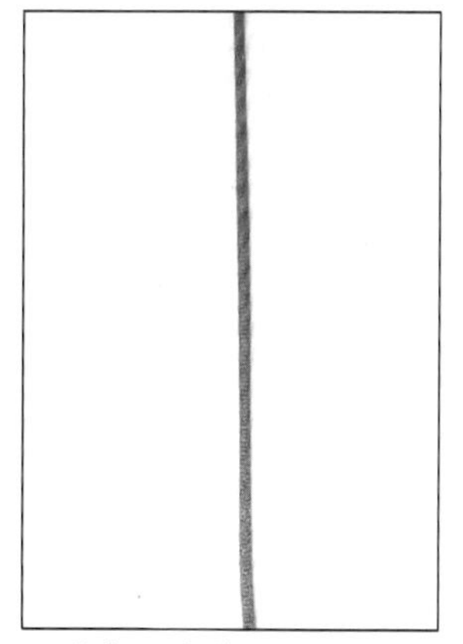

1. 准备一条线。

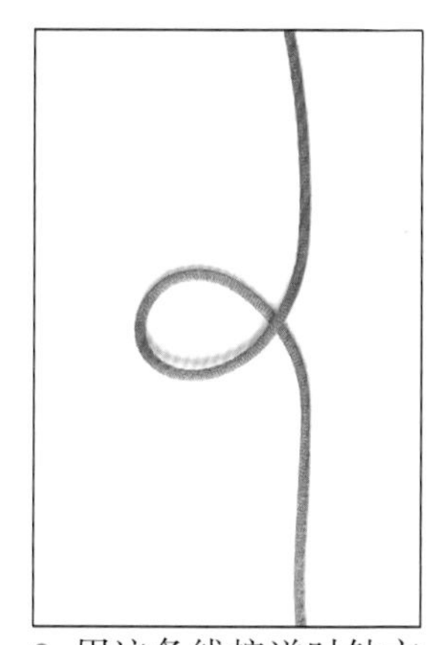

2. 用这条线按逆时针方向绕一个圈。

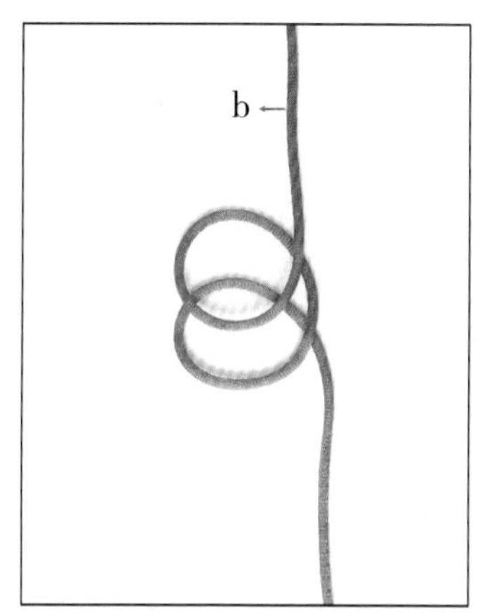

3. 如图，用这条线再绕一个圈，叠放在步骤 2 中形成的圈的上面。

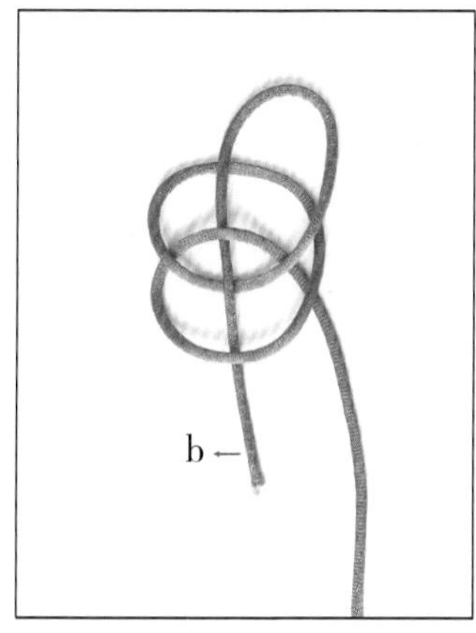

4. b 段如图做挑、压，从中心的小圈中穿出来。

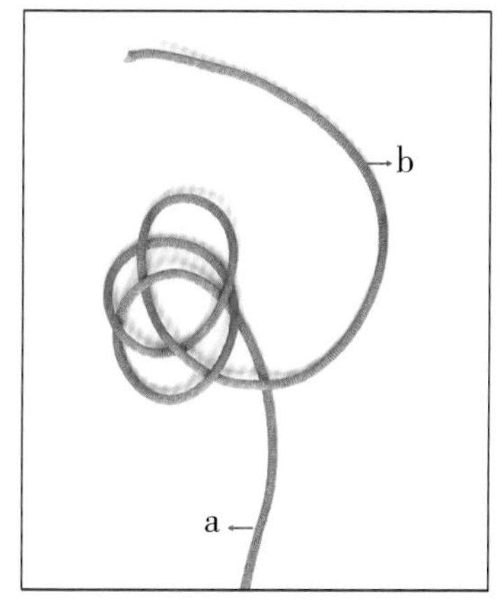

5. b 段如图压住 a 段的线，然后拉向右方。

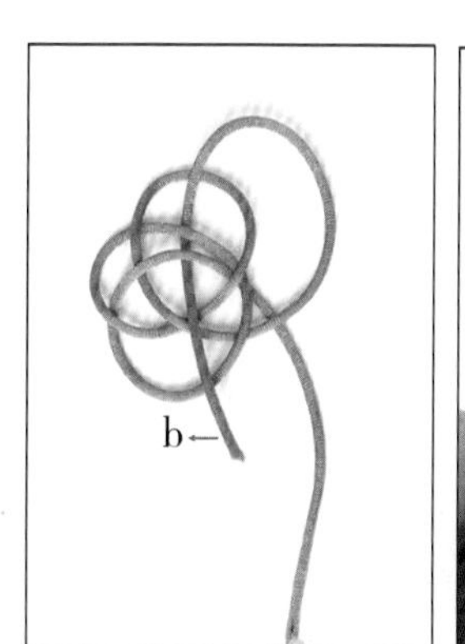

6. b 段如图挑、压，穿过中心的小圈。

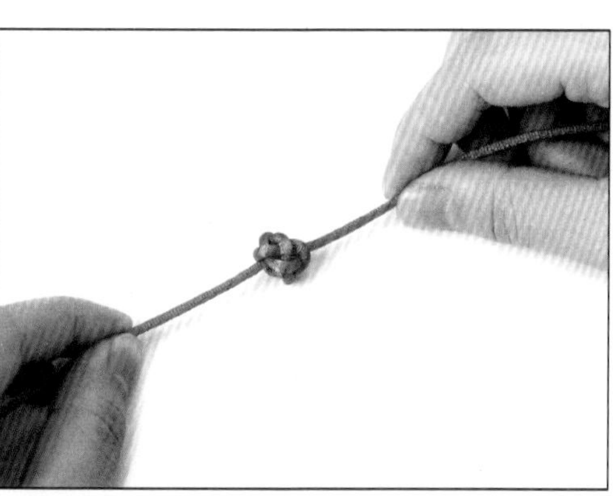

7. 轻轻拉动线的两端。

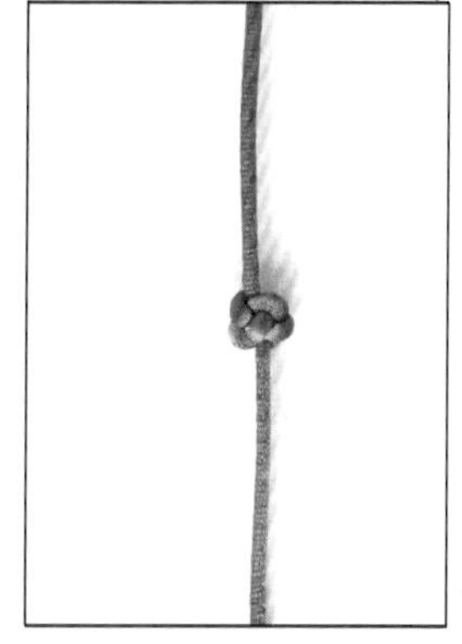

8. 按照线的走向将结体调整好。

双线纽扣结

1. 准备一条线。
2. 如图，用这条线在左手食指上面绕一个圈。
3. 如图，用这条线在左手大拇指上面绕一个圈。
4. 取出大拇指上面的圈。
5. 将取出的圈如图翻转，然后盖在左手食指的线的上方。
6. 用左手的大拇指压住取下的圈。
7. 用右手将 a 段拉向上方。
8. a 段如图挑、压，从圈中间的线的下方穿过。
9. 轻轻拉动 a、b 段。
10. 将结体稍微缩小，由此形成一个立体的双钱结。
11. 从食指上取出步骤 10 中做好的双钱结，结形呈现出“小花篮”的形状。
12. 将其中的一段线如图按顺时针的方向绕过“小花篮”右侧的“提手”，然后朝下穿过“小花篮”的中心。

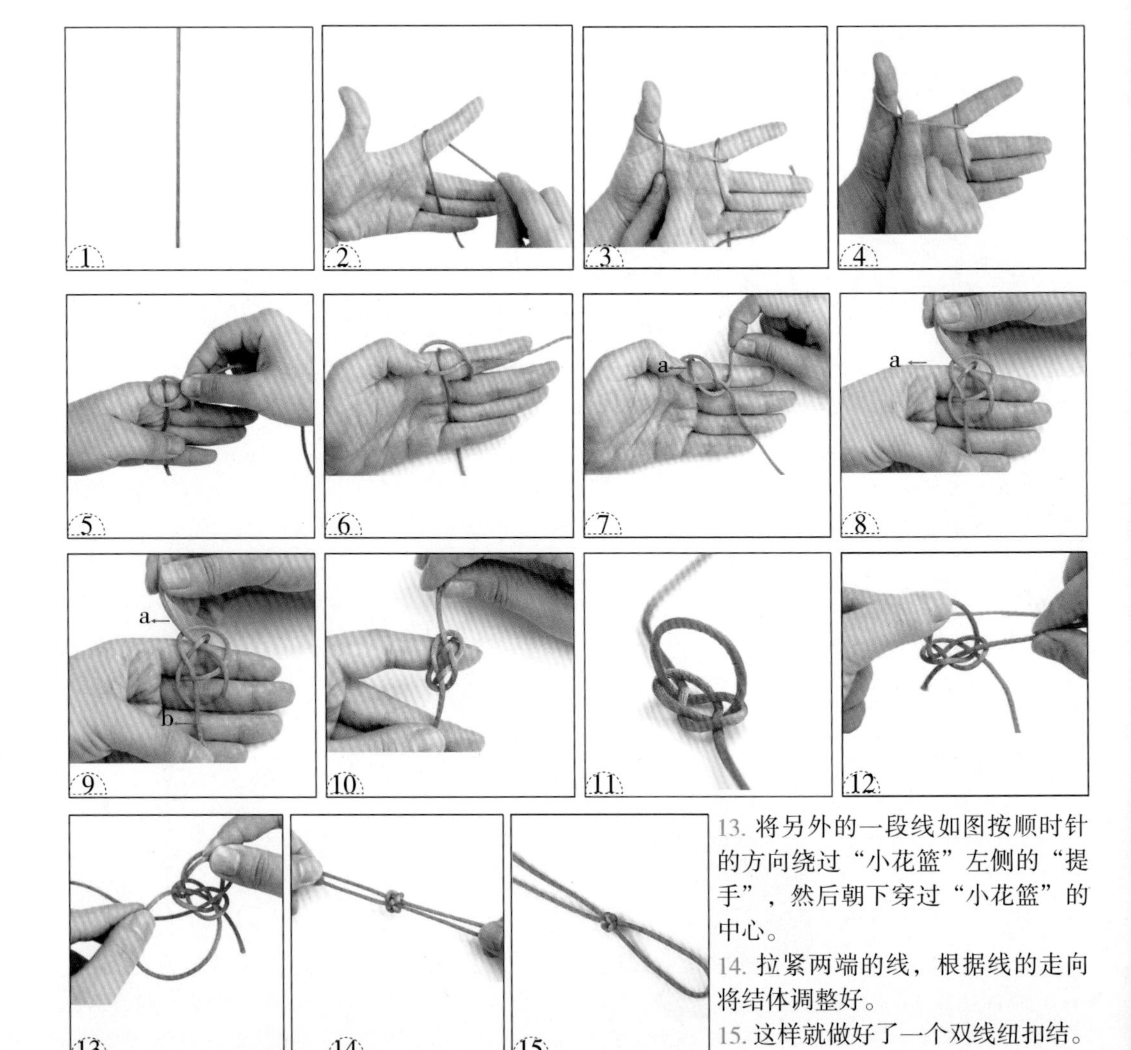

13. 将另外的一段线如图按顺时针的方向绕过“小花篮”左侧的“提手”，然后朝下穿过“小花篮”的中心。
14. 拉紧两端的线，根据线的走向将结体调整好。
15. 这样就做好了一个双线纽扣结。

圆形玉米结

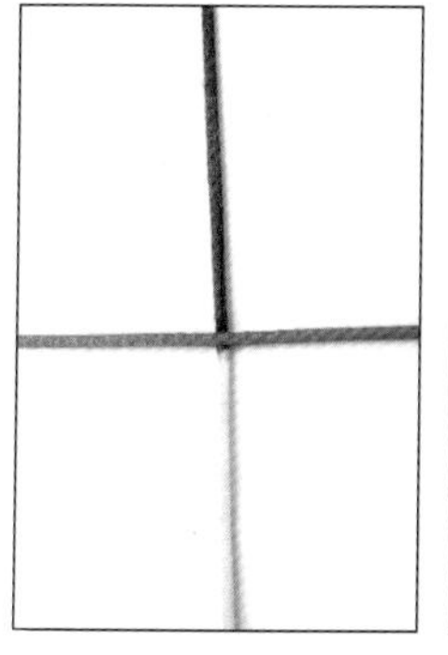

1. 用打火机将红色线和蓝色线的一头略烧后对接成一条线，另取一条橘色线，如图呈十字交叉叠放。

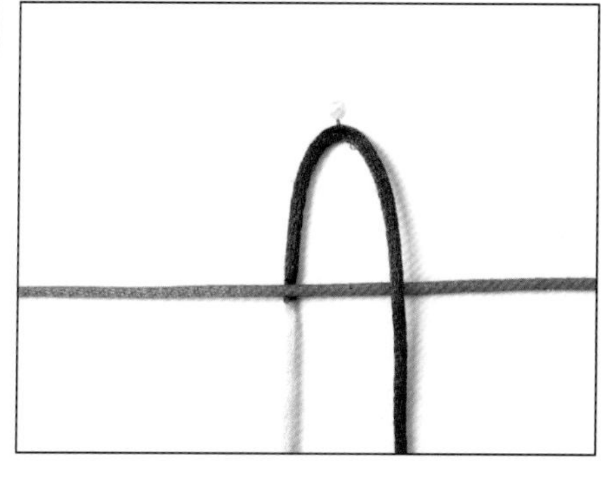

2. 如图，将红蓝对接形成的线对折，用大头针定位，并将橘色线放在红色线的上面。

3. 将橘色线放在蓝色线的上面，用大头针定位。

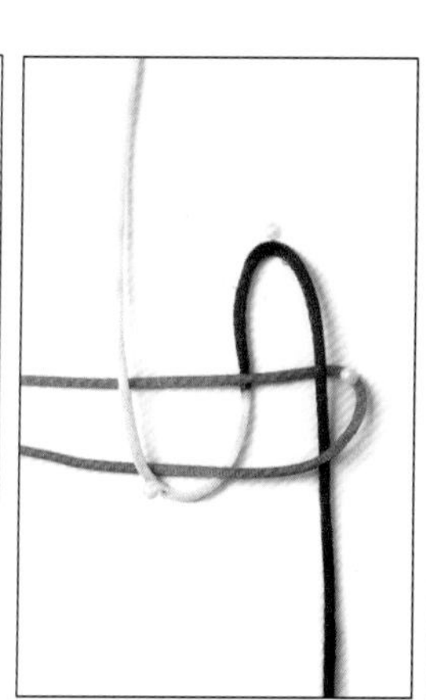

4. 将蓝色线放在两段橘色线的上面，用大头针定位。

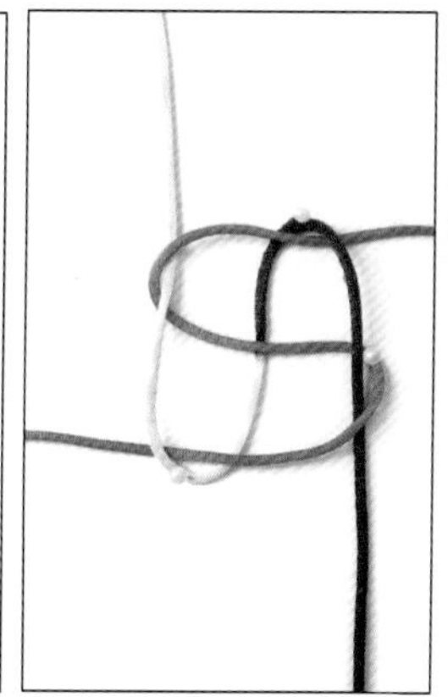

5. 将橘色线如图压、挑，穿过红色线形成的圈。

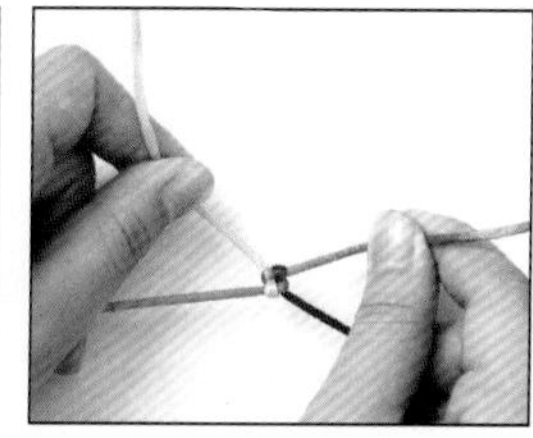

6. 取出大头针，均匀用力拉紧四个方向的线。

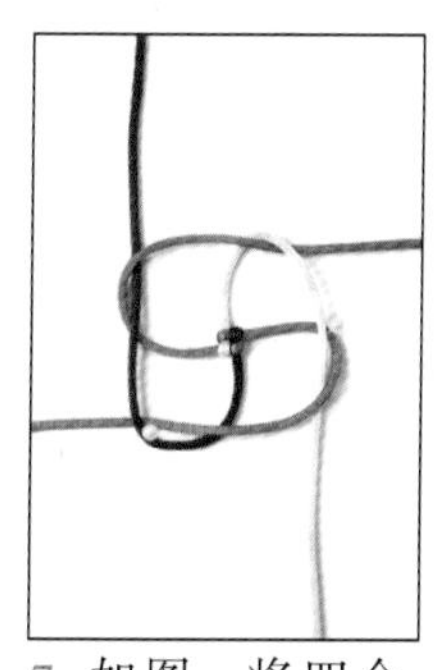

7. 如图，将四个方向的线按顺时针的方向挑、压。

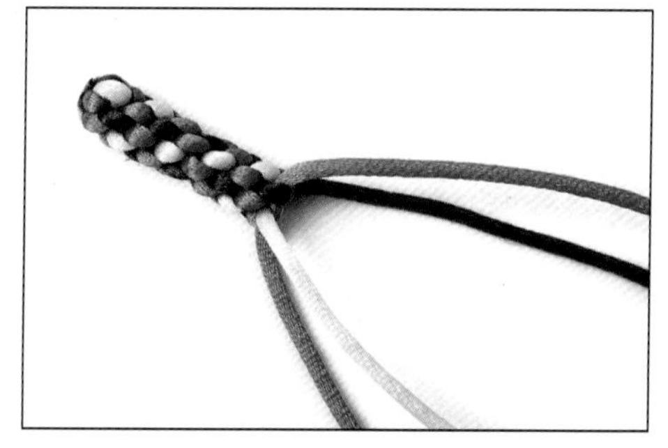

8. 重复编结，即可形成圆形玉米结。

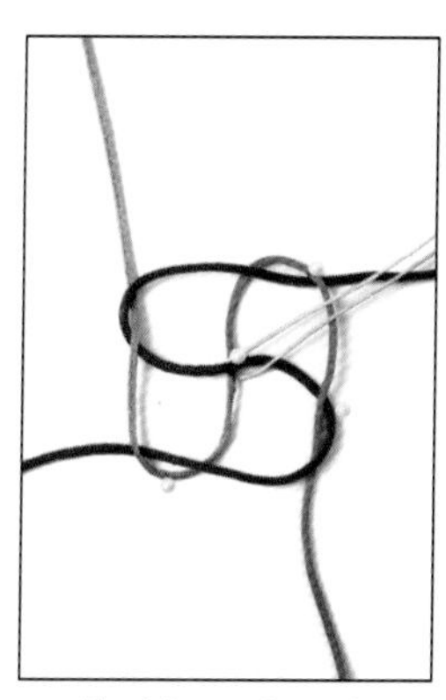

9. 若需加入中心线，则四个方向的线绕着中心线用同样的方法编结即可。

方形玉米结

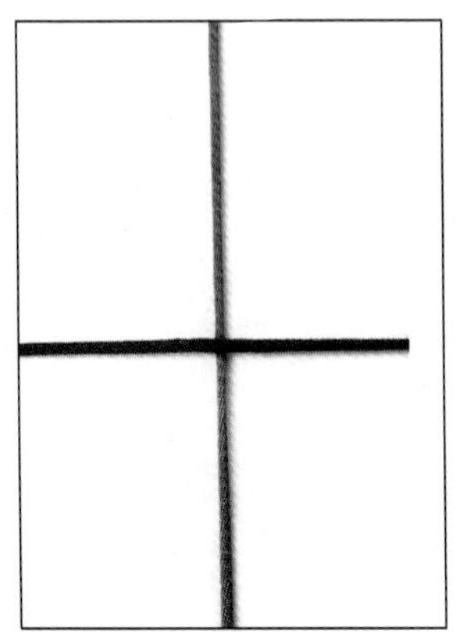

1. 用打火机将棕色线与橘色线的一头略烧后对接成一条线，另取一条红色线，如图呈十字交叉叠放。

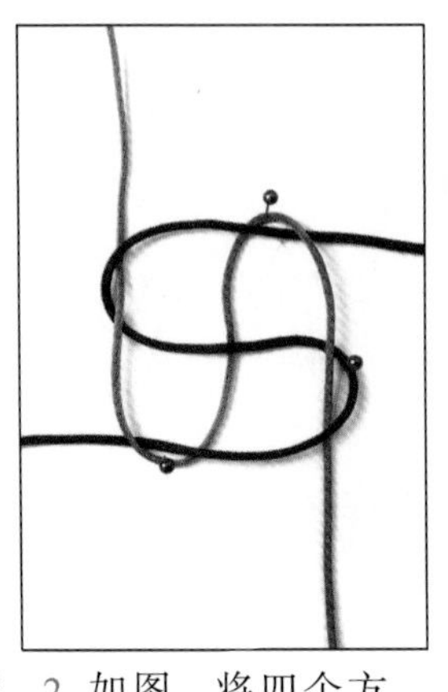

2. 如图，将四个方向的线按顺时针方向挑、压。

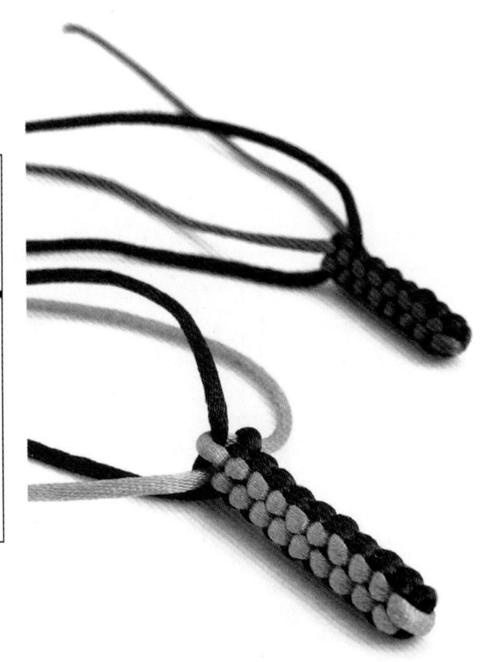

3. 均匀用力拉紧四个方向的线。

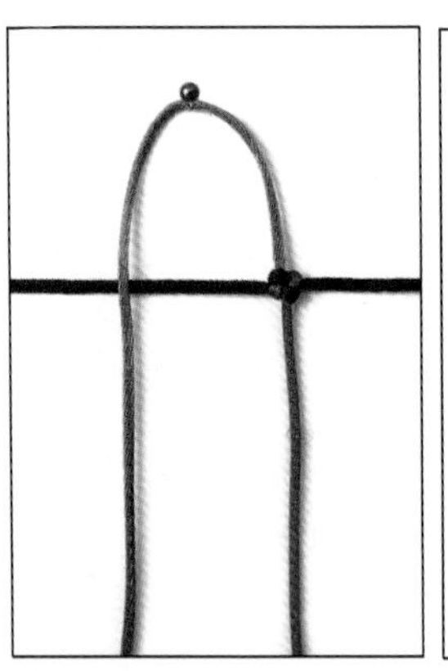

4. 如图，将棕色线放在红色线的上面。

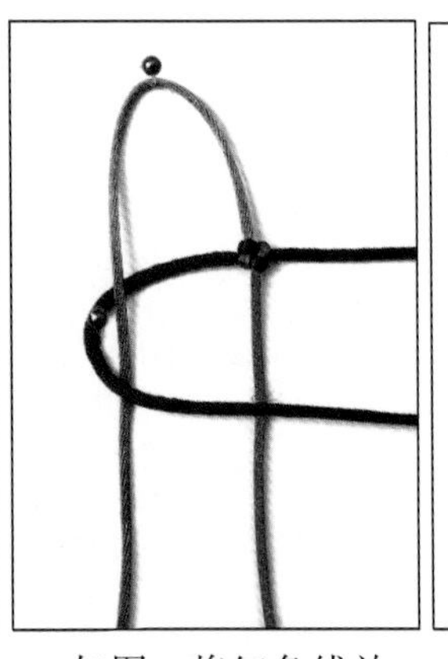

5. 如图，将红色线放在橘色线的上面。

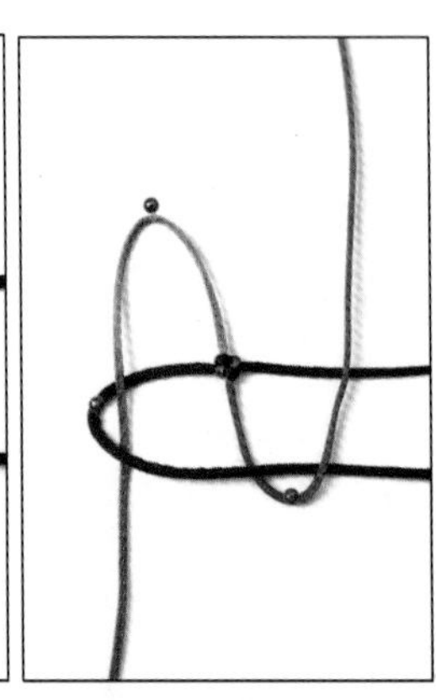

6. 如图，将橘色线放在红色线的上面。

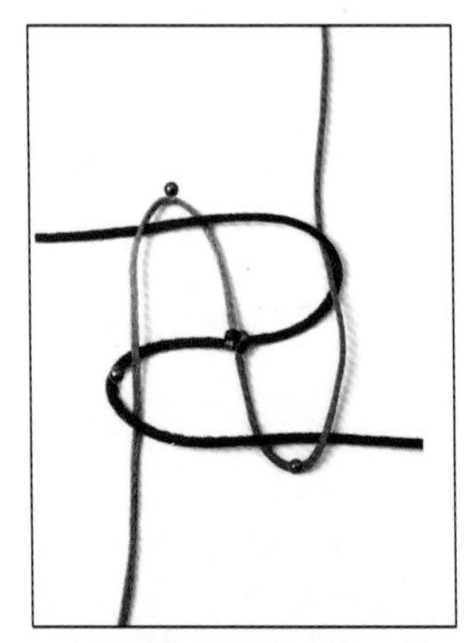

7. 将红色线如图压、挑，穿过棕色线形成的圈。

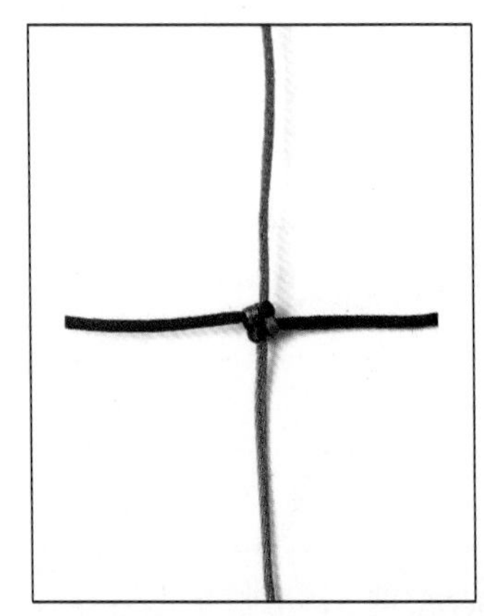

8. 均匀用力拉紧四个方向的线。

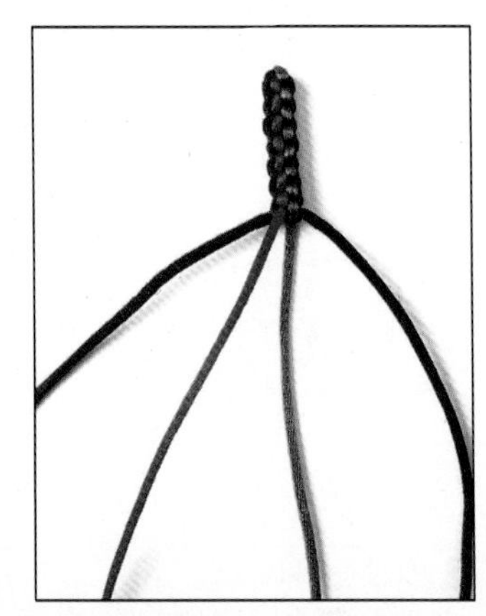

9. 重复步骤 2 ~ 8 的做法，即可形成方形玉米结。

两 股 辫

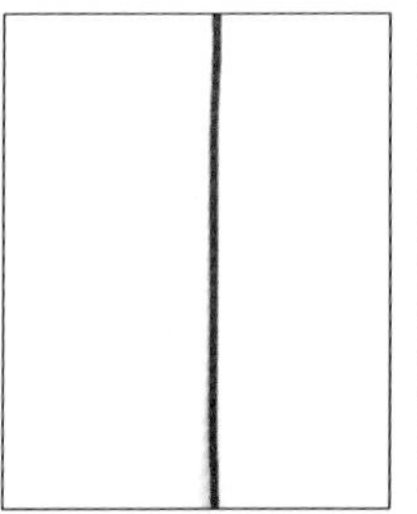
1. 准备一条线。

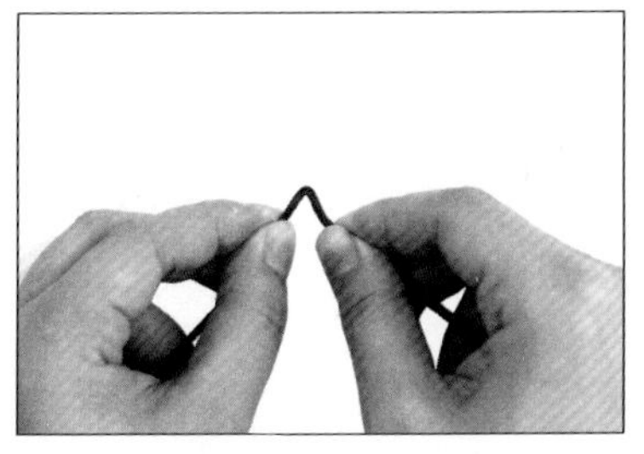
2. 取这条线的中心点，用手捏住中心点两端的线，朝一个方向拧。

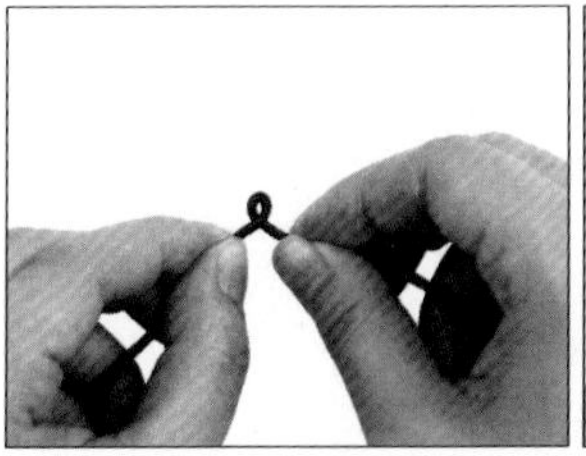
3. 线如图自然形成一个圈。

4. 继续将两条线朝同一个方向拧。

5. 线如图自然形成一段漂亮的两股辫。

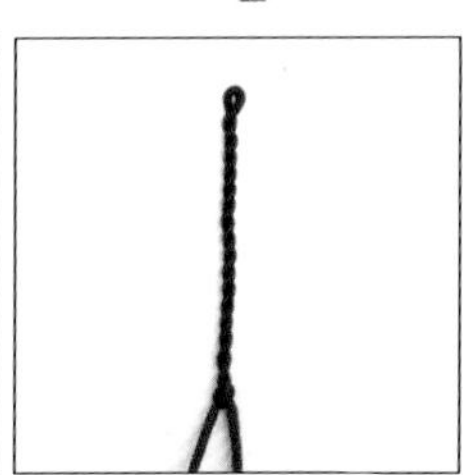
6. 将两股辫拧至合适的长度，用尾线在两股辫的下端打一个单结，以防止两股辫松散即可。

三 股 辫

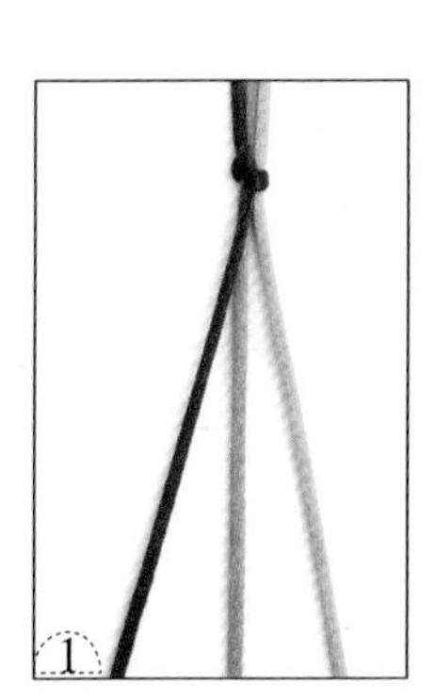

1. 准备三条线，用其中的一条线包住其余的两条线打一个单结，以固定三条线。
2. 如图，将最左侧的线引入右边两条线之间，并用大头针定位。
3. 如图，将最右侧的线引入左边两条线之间。
4. 重复步骤 2 的做法。
5. 拉紧三条线，重复步骤 3 的做法。
6. 将三股辫编至合适的长度，用其中的一条线包住其余两条线，编一个单结，以防止三股辫松散即可。

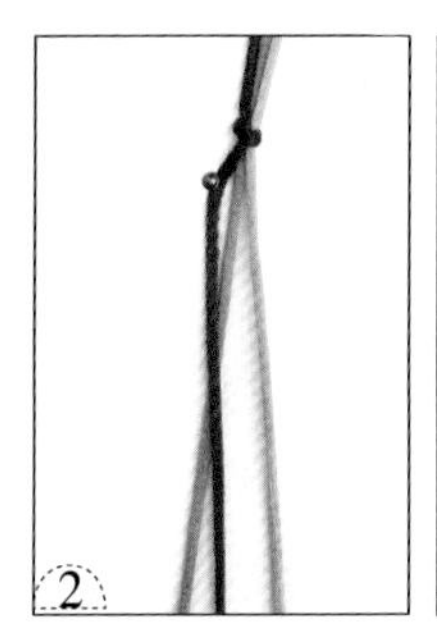

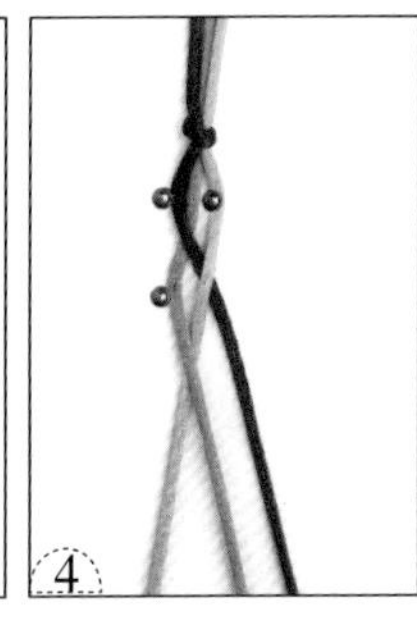

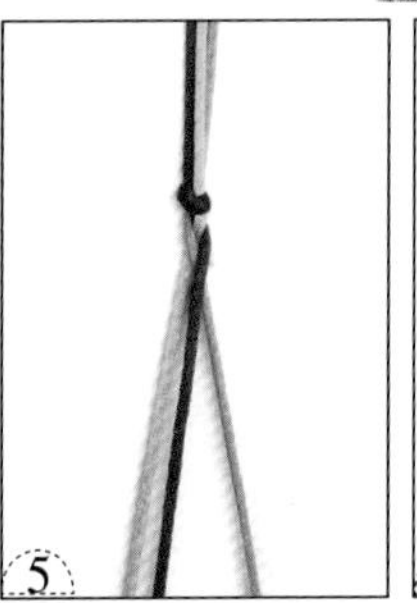

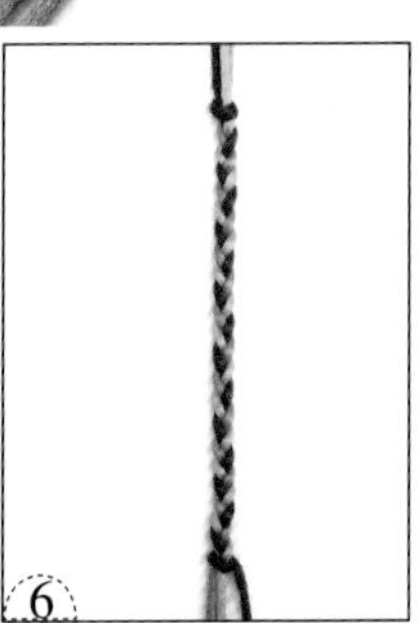

四股辫

1. 准备四条线。
2. 用其中的一条线包住其他的三条线打一个单结，以固定四条线。
3. 如图，用红色线以左线下、右线上的方式交叉。
4. 如图，用黄色线在第一个交叉的下面，以左线上、右线下的方式交叉，并用大头针定位四条线。
5. 重复步骤 3、4 的做法，边编边把线收紧。
6. 编至合适的长度，用一条线包住其余三条线打一个单结，以防止四股辫松散即可。

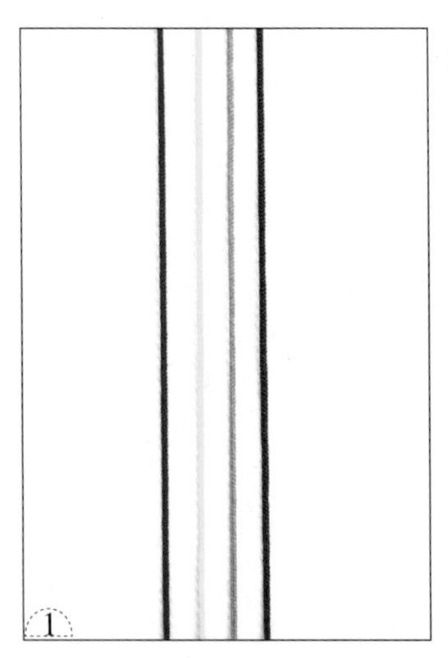

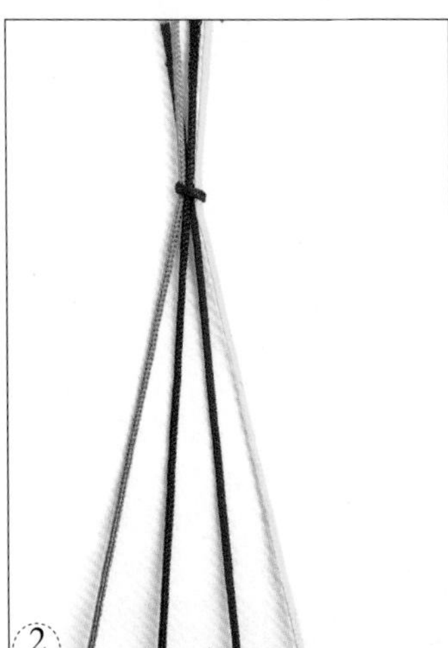

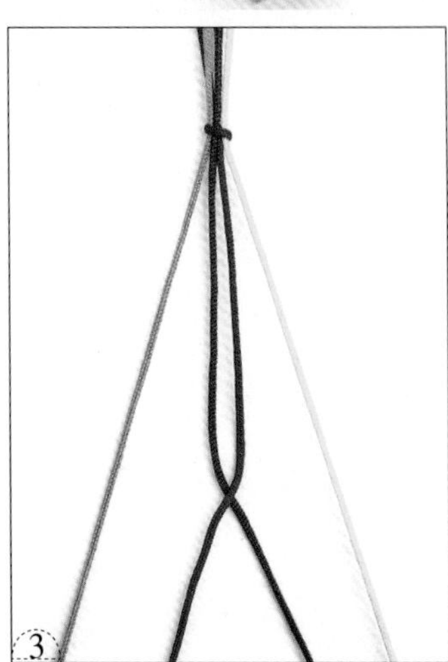

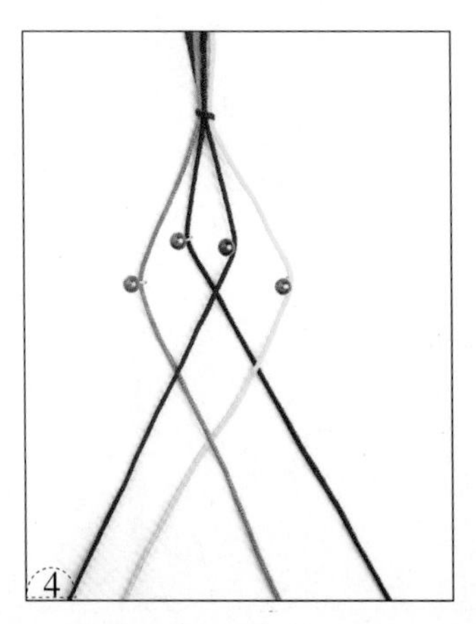

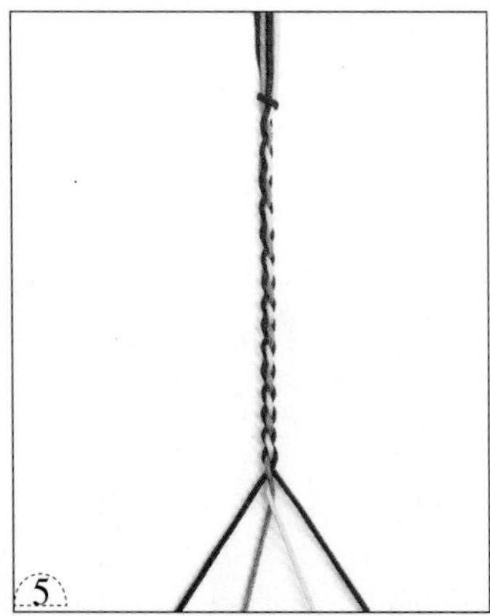

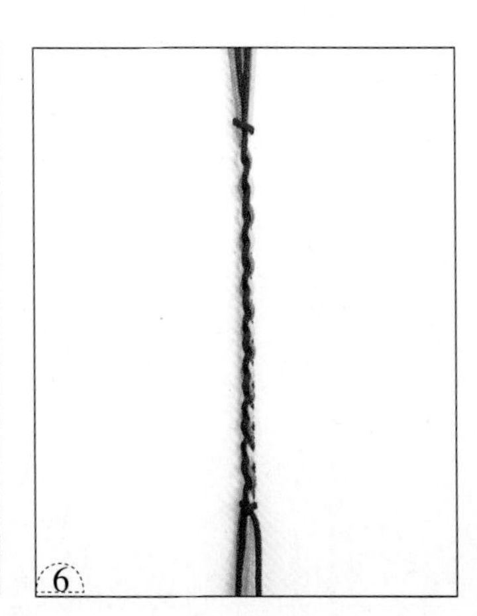

八股辫

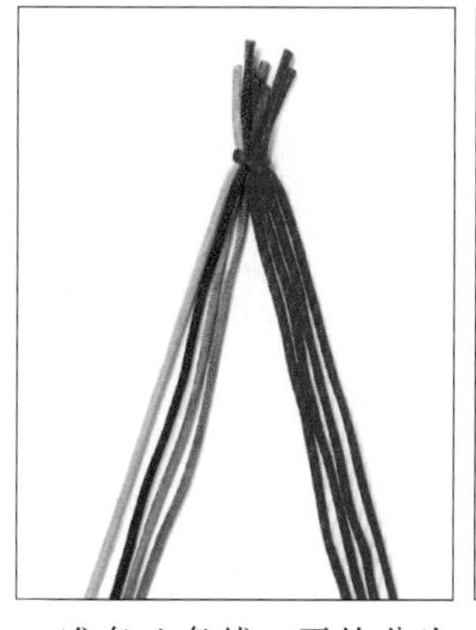

1. 准备八条线，平均分为两组，用其中的一条线如图编一个单结。

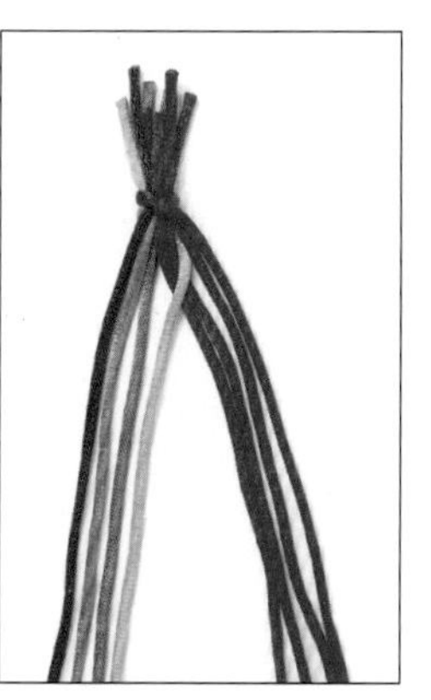

2. 用最左侧的线如图从后往前压着右边的两条线。

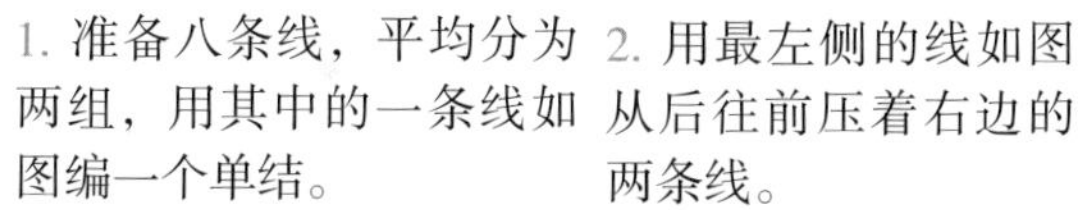

3. 用最右侧的线如图从后往前压着左边的两条线，与原最左侧线在中间做一个交叉。

4. 重复步骤2的做法。

5. 重复步骤3的做法。

6. 拉紧线，重复步骤2的做法。

7. 重复步骤3的做法。

8. 重复编结，一边编结一边拉紧线。

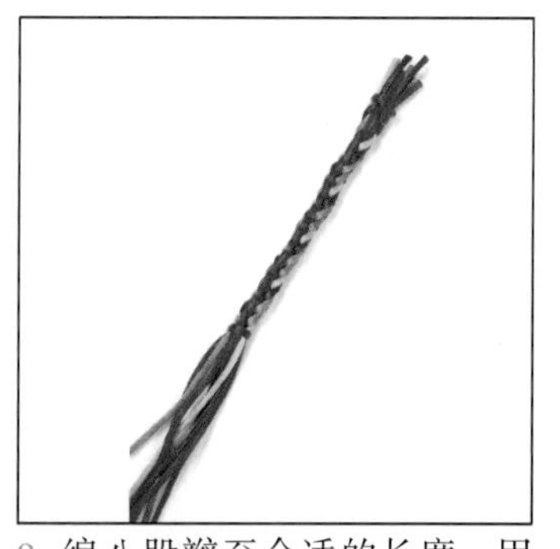

9. 编八股辫至合适的长度，用一条线包着其他的线编一个单结，以防止八股辫松散即可。

左斜卷结

1. 准备两条线。
2. 以红色线为中心线，橘色线如图在中心线的上面绕一个圈。
3. 拉紧两条线。
4. 橘色线如图在中心线的上面再绕一个圈。
5. 再次拉紧两条线，由此完成一个左斜卷结。
6. 橘色线如图绕一个圈。
7. 拉紧两条线。
8. 橘色线如图再次绕一个圈。
9. 拉紧两条线，由此又完成一个左斜卷结。

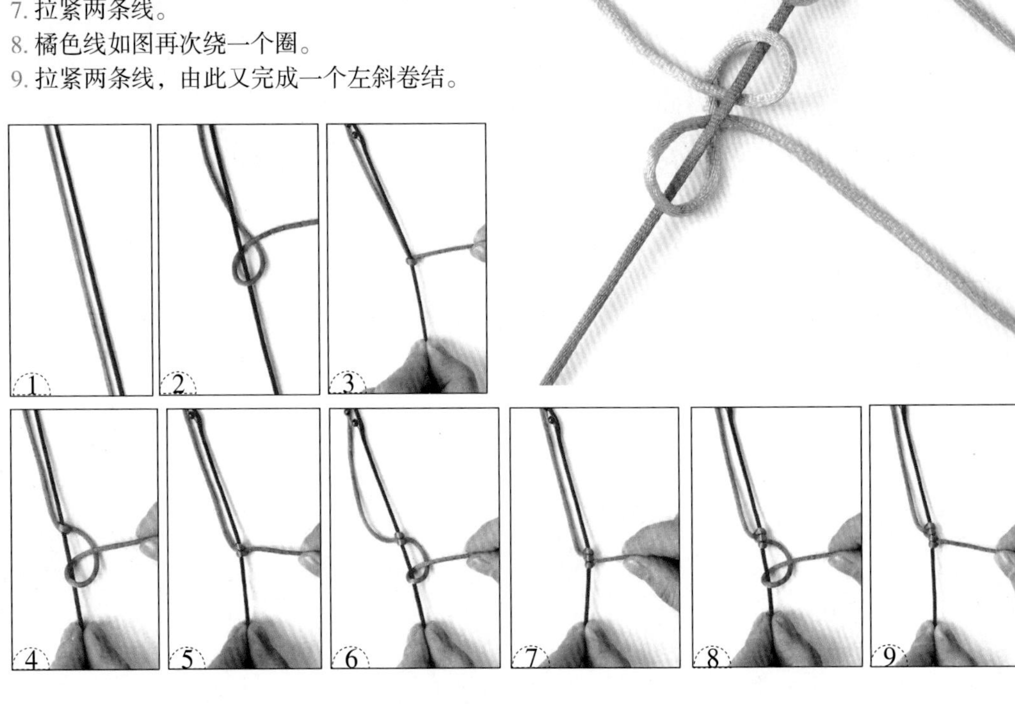

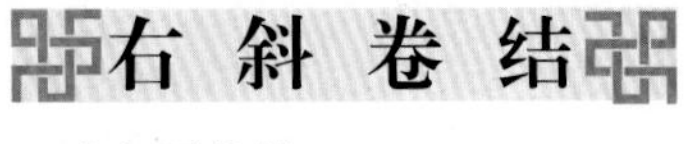

右斜卷结

1. 准备两条线。
2. 以红色线为中心线，橘色线如图在中心线的上面绕一个圈。
3. 拉紧两条线。
4. 橘色线如图在中心线的上面再绕一个圈。
5. 拉紧两条线，由此完成一个右斜卷结。

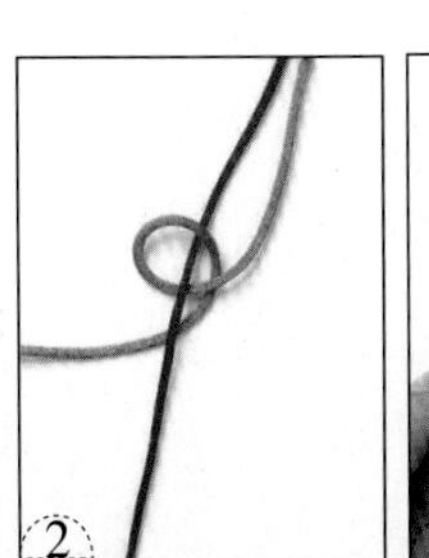

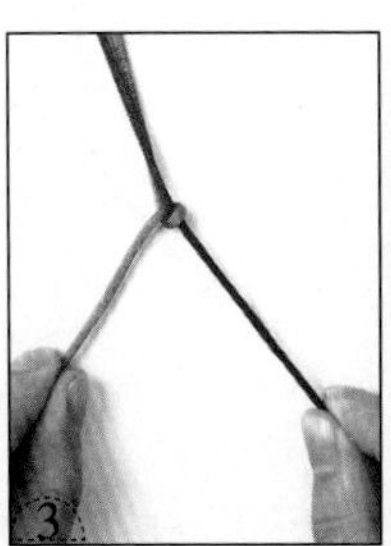

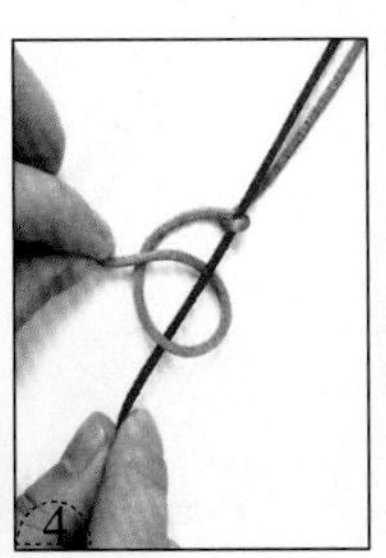

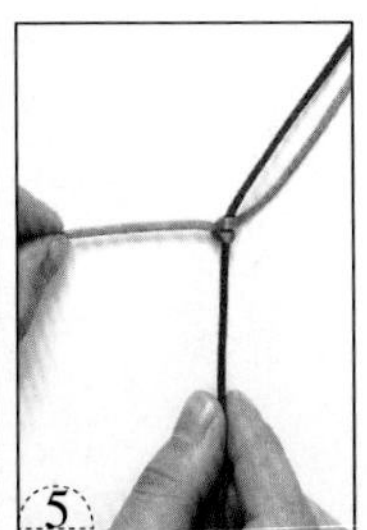

七 宝 结

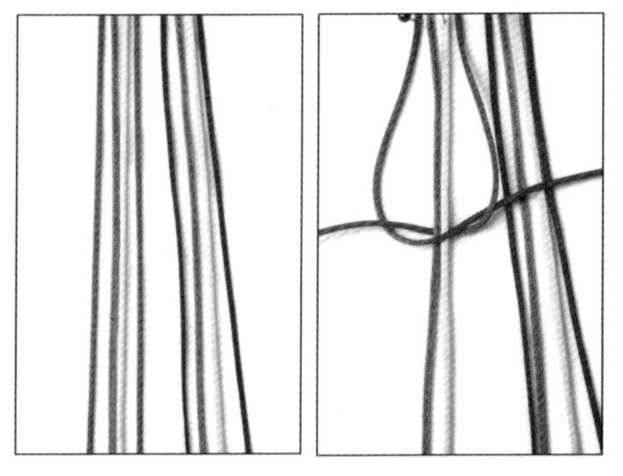

1. 准备八条线，如图平均分成左右两组。

2. 如图，用左边的一组线编一次平结。

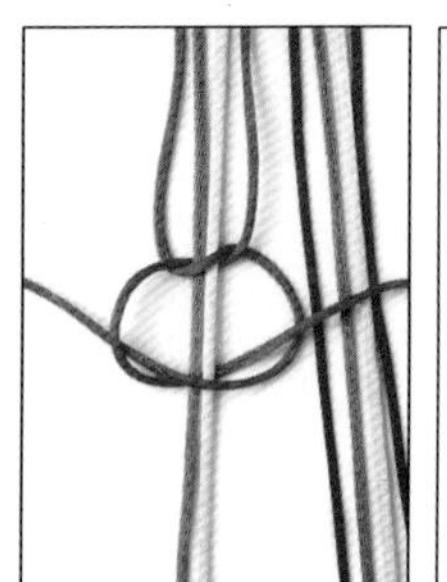

3. 如图，用左边的一组线再编一次平结。

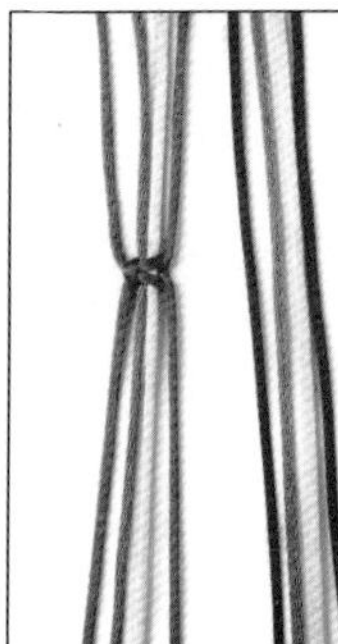

4. 拉紧两条线，如图完成一个左上双向平结。

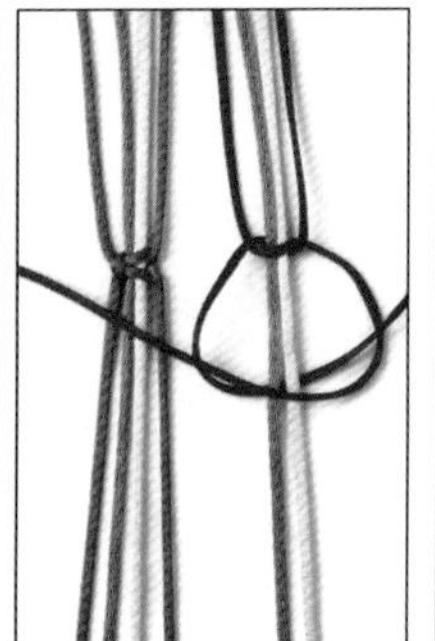

5. 用右边的一组线编一个左上双向平结。

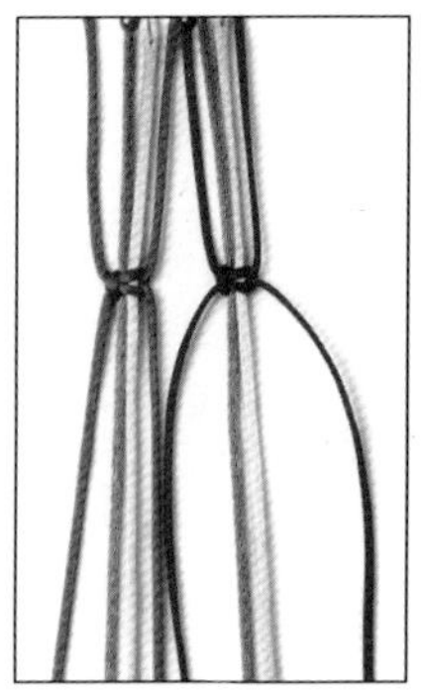

6. 拉紧两条线。

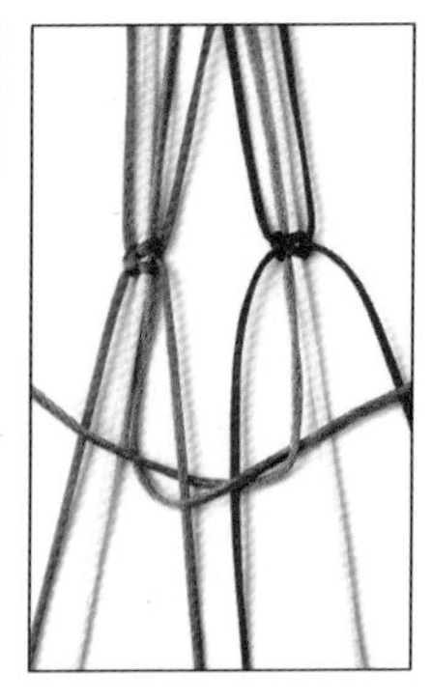

7. 如图，以中间的四条线为一组，编一次平结。

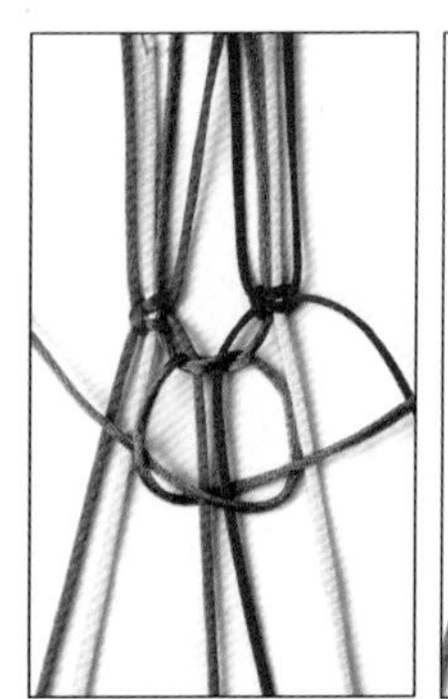

8. 如图再编一次平结。

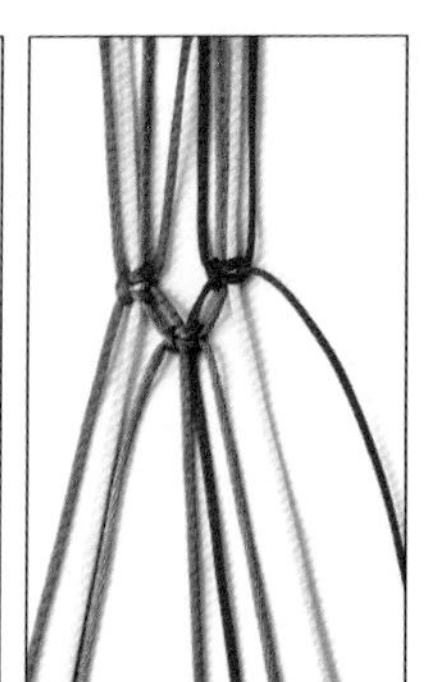

9. 拉紧两条线，如图完成一个左上双向平结。

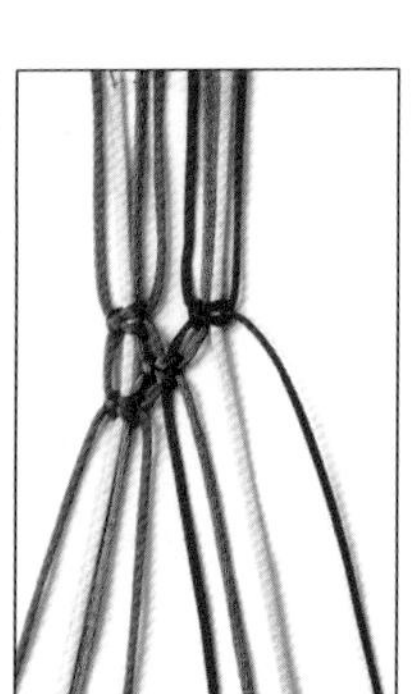

10. 用左边的一组线再编一个左上双向平结。

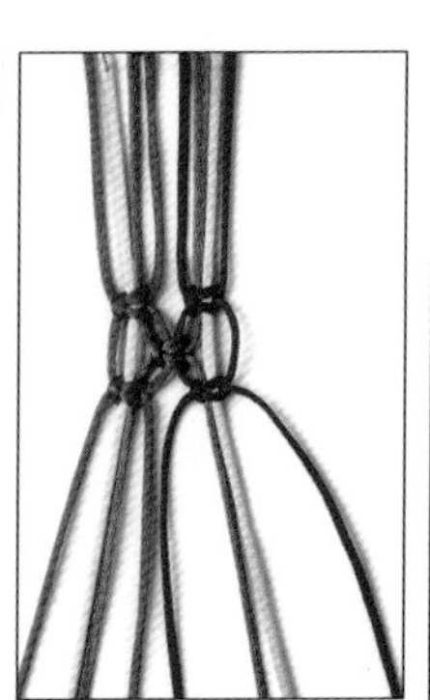

11. 用右边的一组线再编一个左上双向平结。

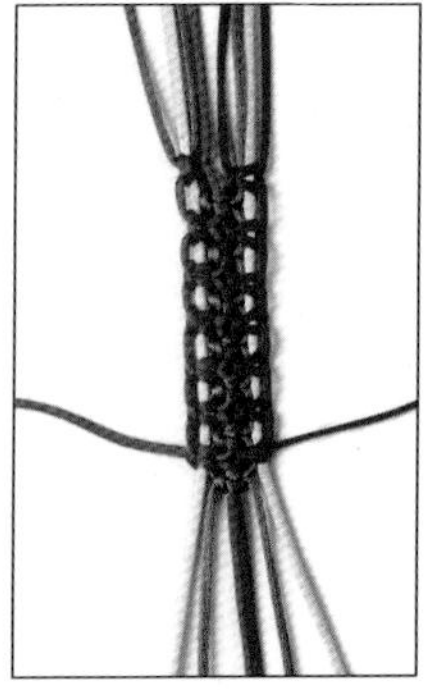

12. 重复前面的做法，即可形成七宝结。

万字结

1. 准备一条线并对折，用大头针定位。
2. 右边的线按顺时针方向绕一个圈。
3. 左边的线如图穿过右边形成的圈。
4. 左边的线按逆时针方向绕一个圈。
5. 如图，将左边的圈从右边的圈中拉出来。
6. 如图，将右边的圈从左边的圈中拉出来。
7. 拉紧左右的两个耳翼。由此完成一个万字结。
8. 重复步骤 2 ～ 7 的做法，即可编出连续的万字结。

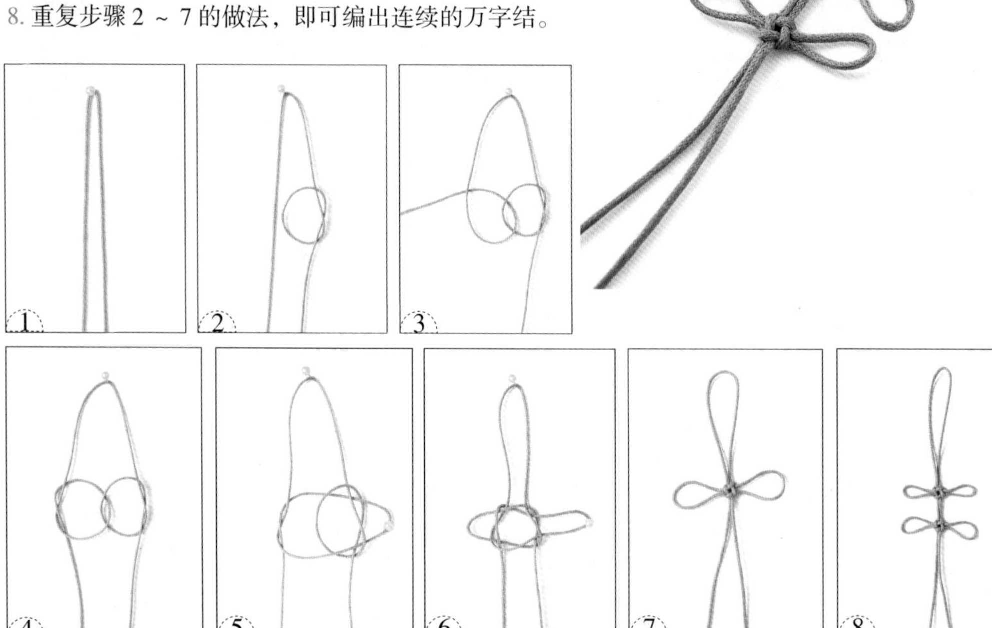

十字结

1. 准备一条线并对折。
2. a 段如图压挑 b 段，绕出右圈。
3. a 段在 b 段下方再绕出左圈。
4. b 段如图压挑左右圈，穿出左圈。
5. 拉紧线，完成一个十字结。
6. 重复前面的做法编结，即可编出连续的十字结。

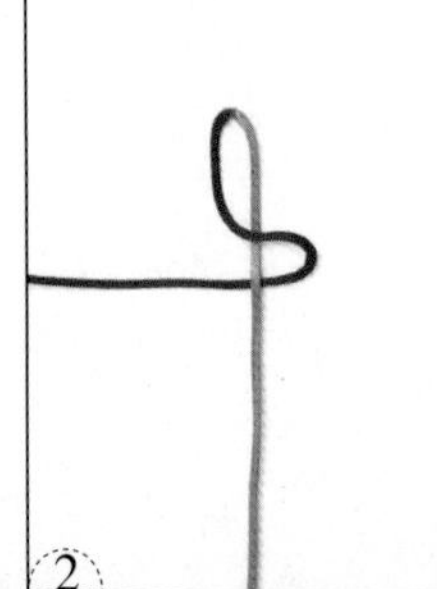

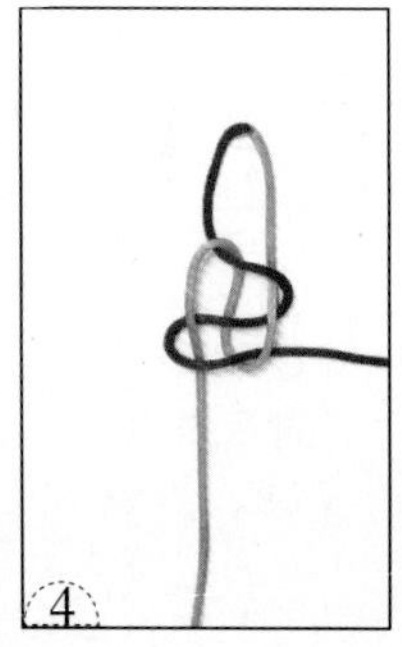

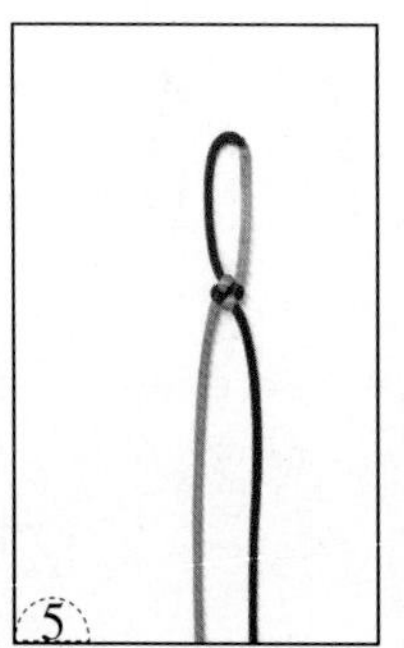

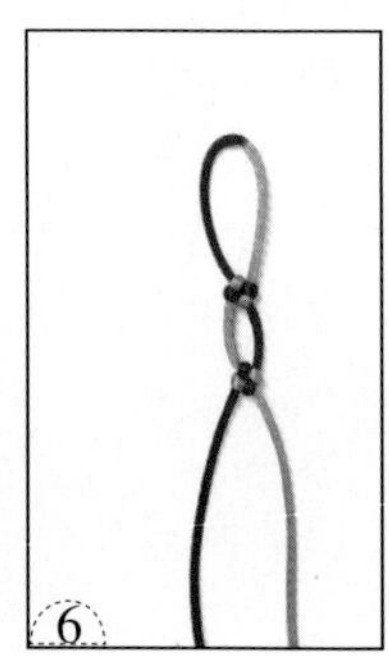

藻井结

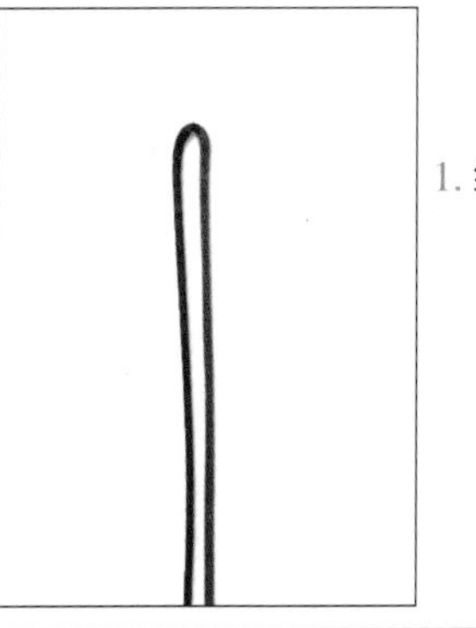

1. 线对折。

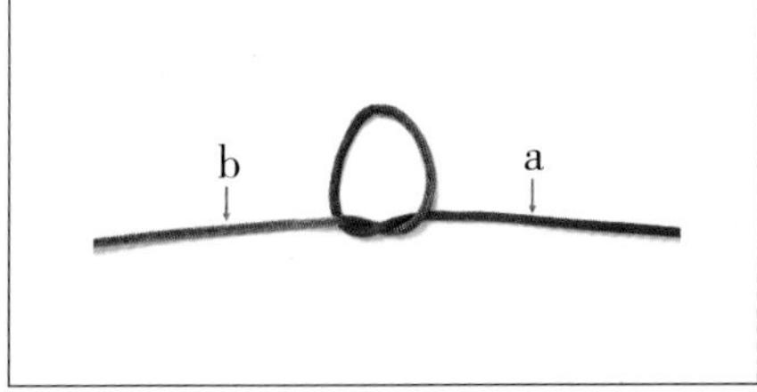

2.a、b 线打一个松松的结。

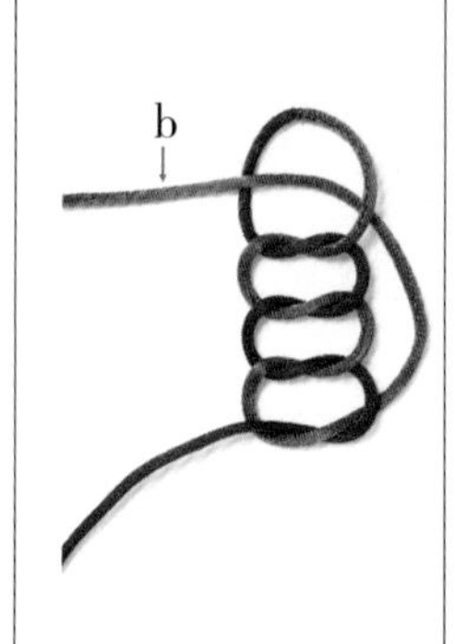

3. 在下面再连续打三个结。

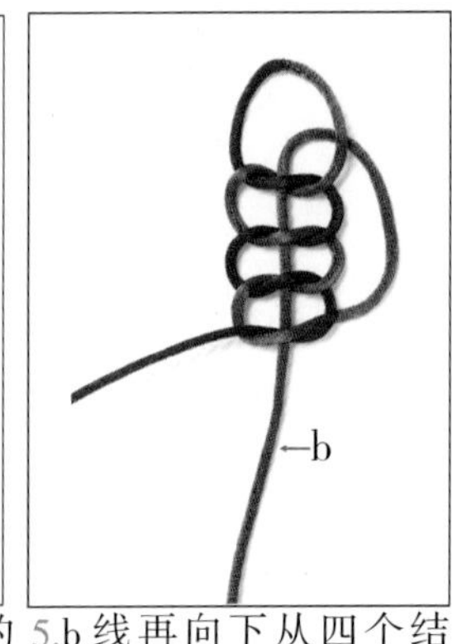

4.b 线向上穿过上面的一个圈。

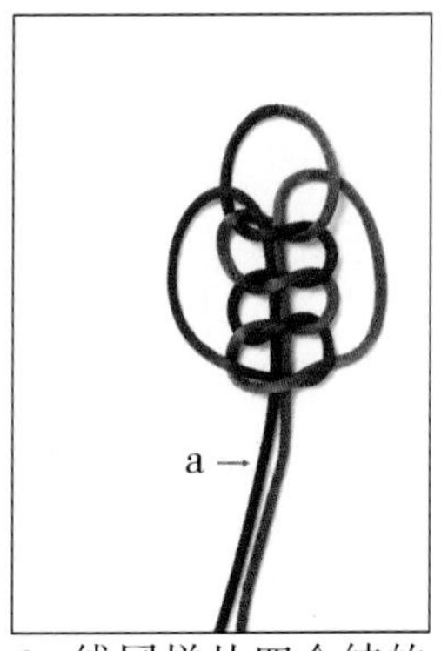

5.b 线再向下从四个结的中间穿过。

6.a 线同样从四个结的中间穿向下。

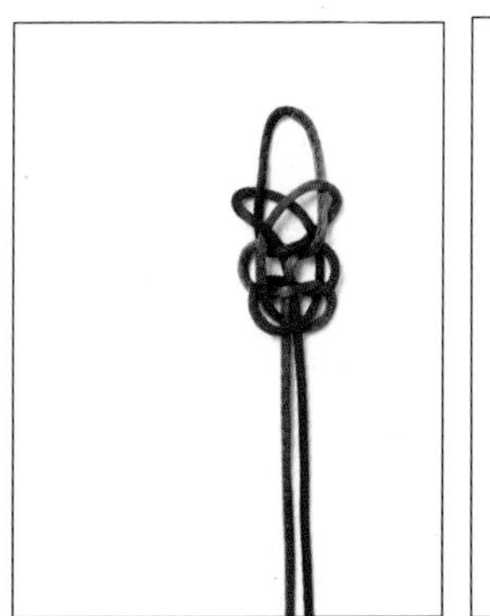

7. 最下面的左圈从前面往上翻，最下面的右圈从后面往上翻。

8. 把上面的线收紧，留出下面的两个圈。

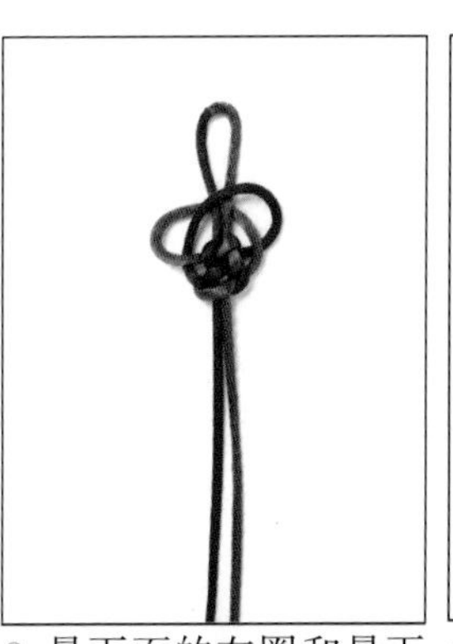

9. 最下面的左圈和最下面的右圈仿照步骤 7 的方法如图向上翻。

10. 收紧结体。

锁 结

1. 将红色线和黄色线的一头用打火机略烧后，对接起来。
2. 用红色线绕出圈①。
3. 用黄色线绕出圈②,进到前面做好的圈①中。
4. 拉紧红色线，然后用红色线做圈③，进到圈②中。
5. 拉紧黄色线。
6. 用黄色线做圈④，进到圈③中。
7. 拉紧红色线。
8. 用红色线做圈⑤，进到圈④中。
9. 拉紧黄色线。
10. 重复编结，编至合适的长度。
11. 最后将黄色线穿入最后一个圈中。
12. 拉紧红色线即可。

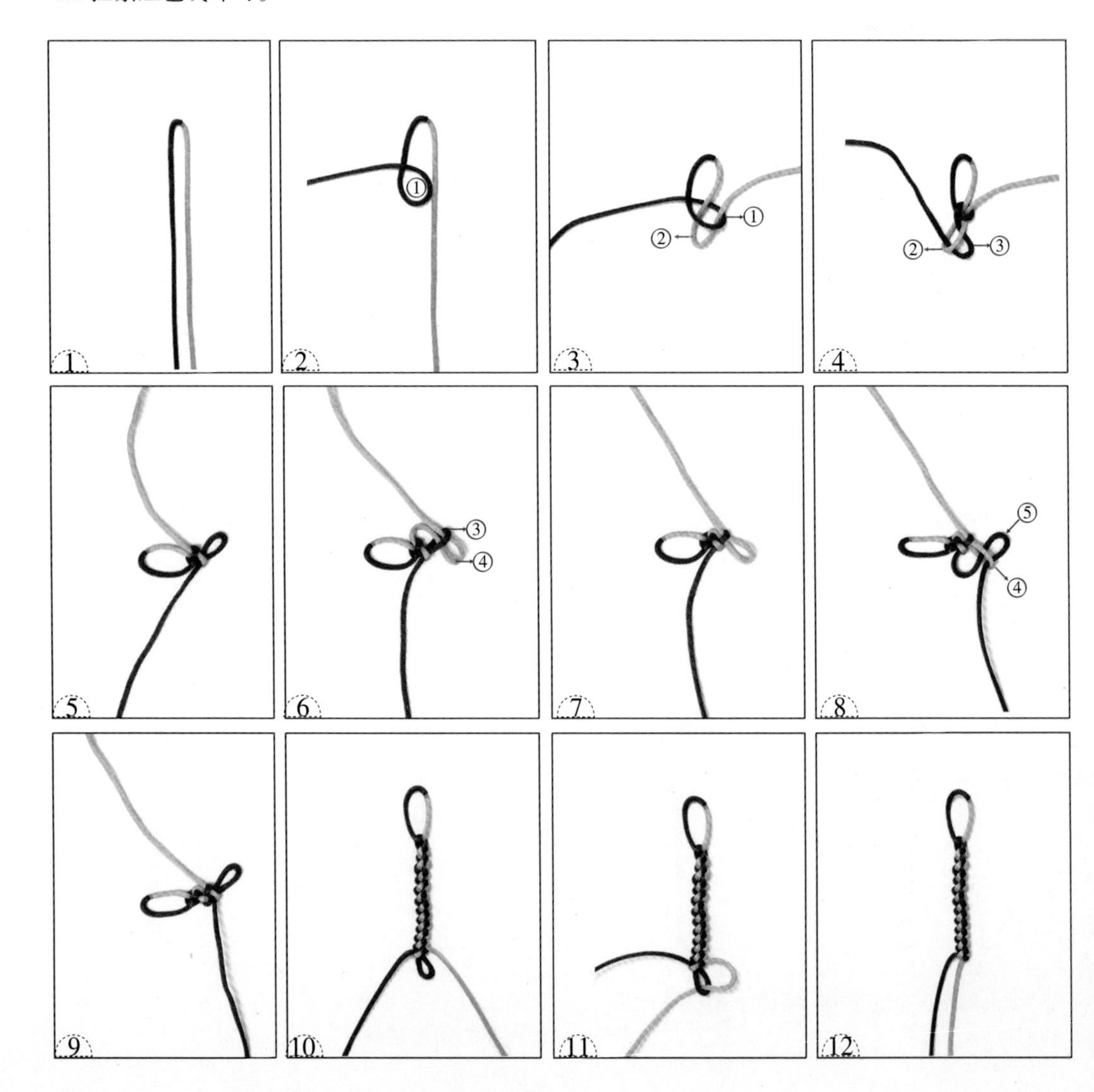

轮 结

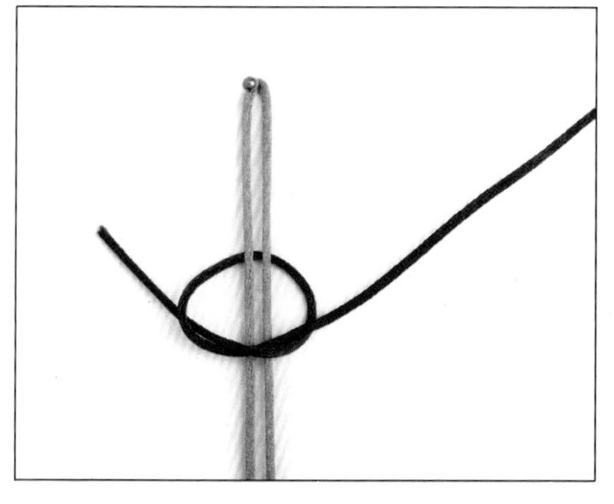

1. 如图，将橘色线对折作为中心线并用大头针定位，将红色线绕着中心线编一个单结。

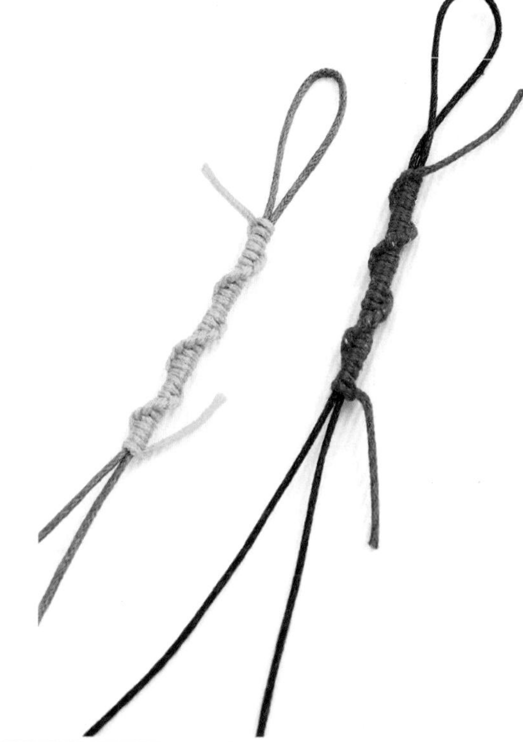

2. 拉紧单结。

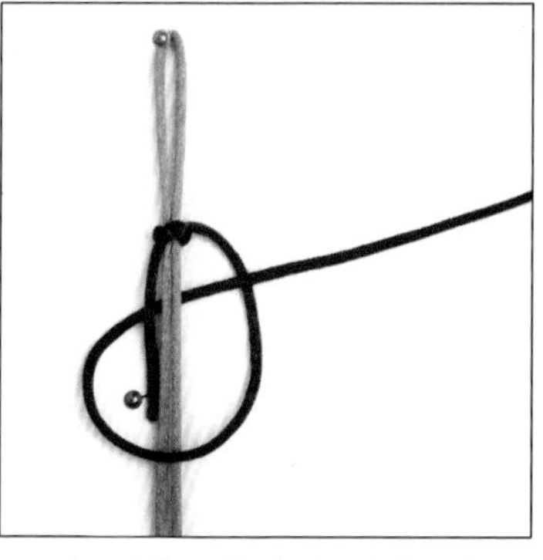

3. 如图将红色线按顺时针方向绕着中心线及线头一圈，然后如图穿出。

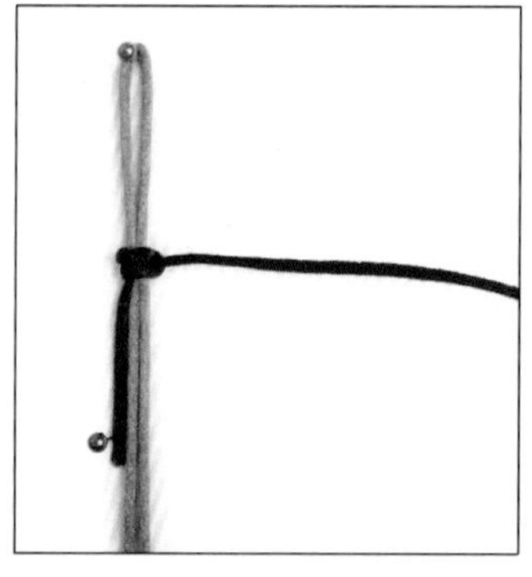

4. 向右拉紧红色线。

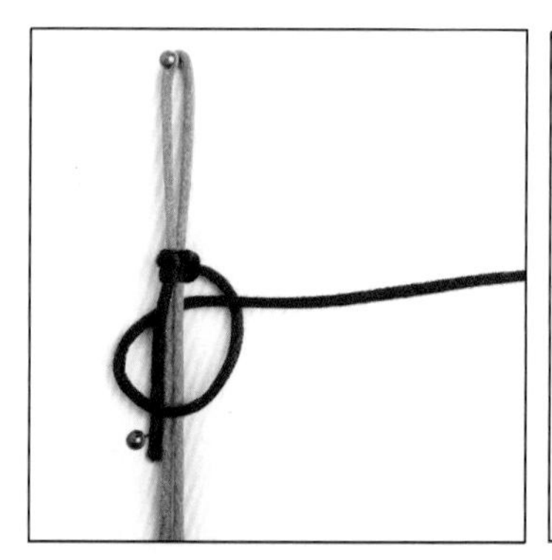

5. 重复步骤 3 的做法。

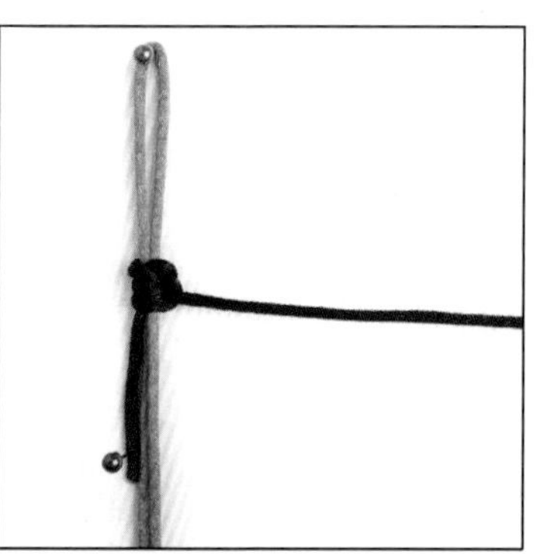

6. 向右拉紧红色线。

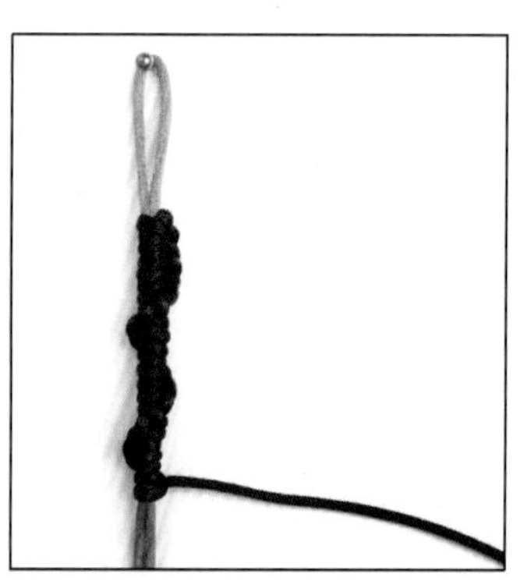

7. 重复编结，即可编出螺旋状的轮结。

绶带结

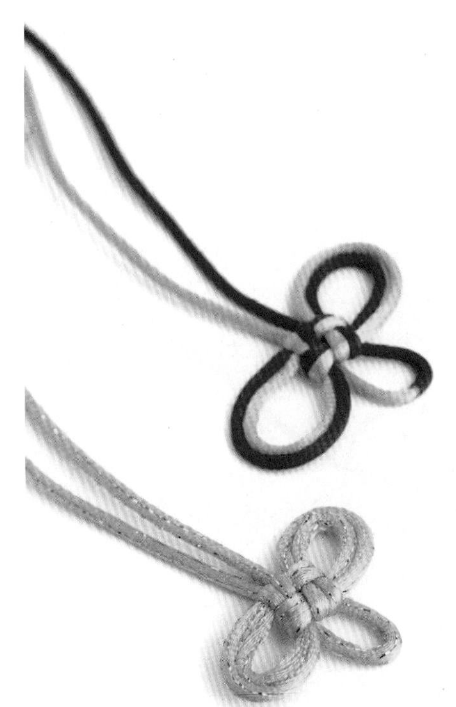

1. 线对折。
2. 线如图在右边绕出圈①。
3. 线在左边绕出圈②，然后穿过圈①。
4. 线拉向左。
5. 绕出圈③，然后穿过圈②。
6. 钩针如图做挑、压，从中间伸过去，钩住两条线。
7. 把线从中间的洞中拉向下。
8. 分别向两侧拉出圈①和圈③作耳翼，收紧线，调整成形。

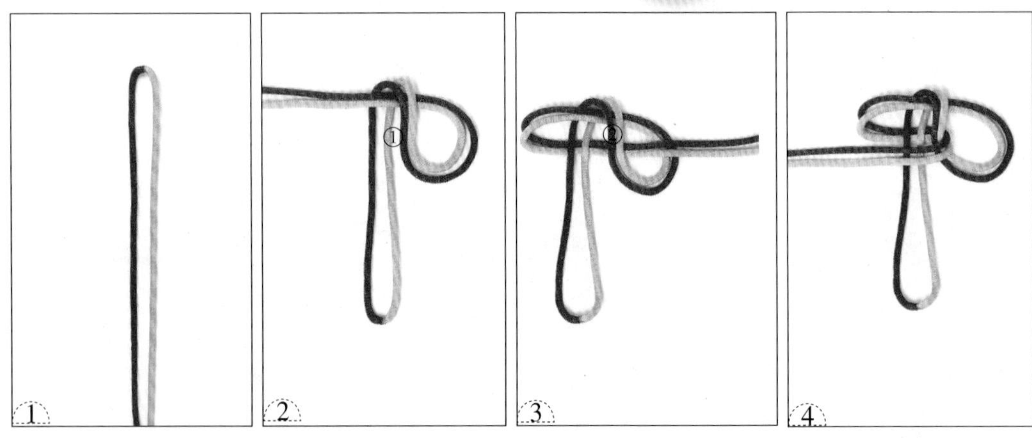

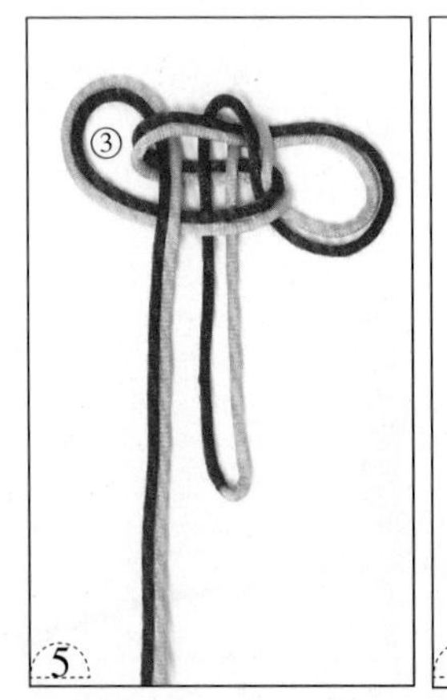

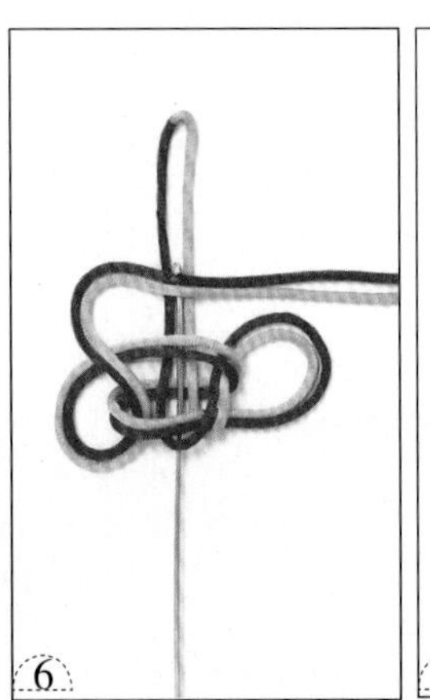

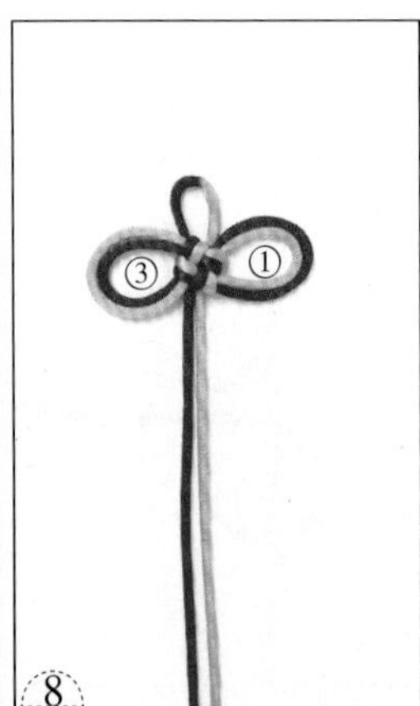

双环结

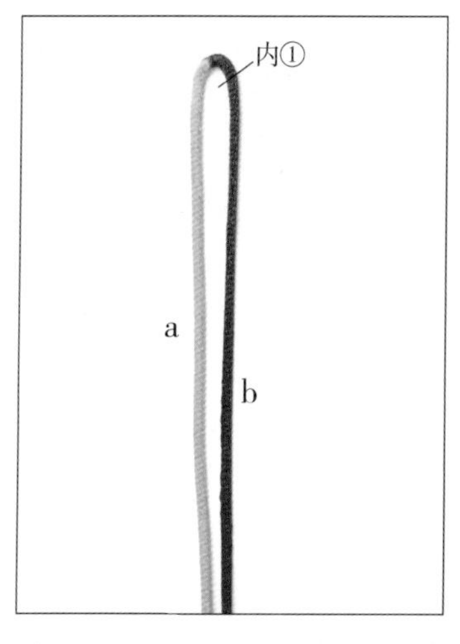

1. 如图准备一条线，a、b对折，形成内①。

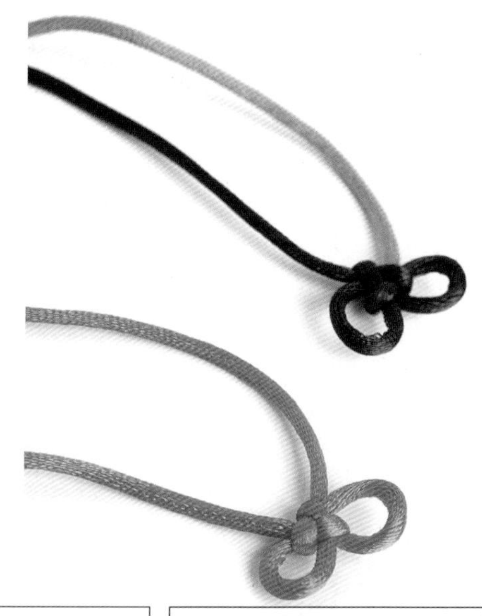

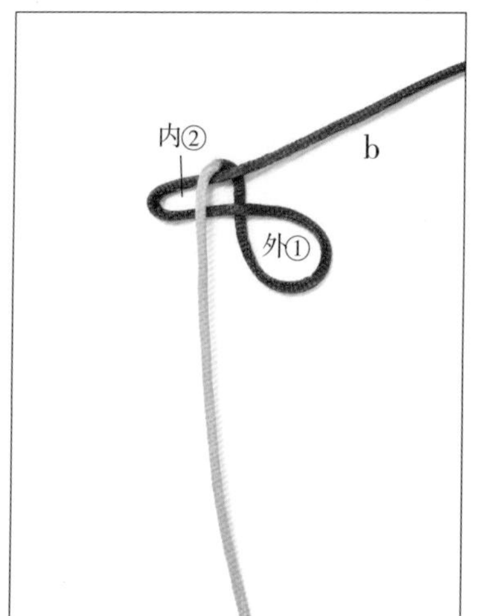

2.b线如图走线，做出内②和外①。

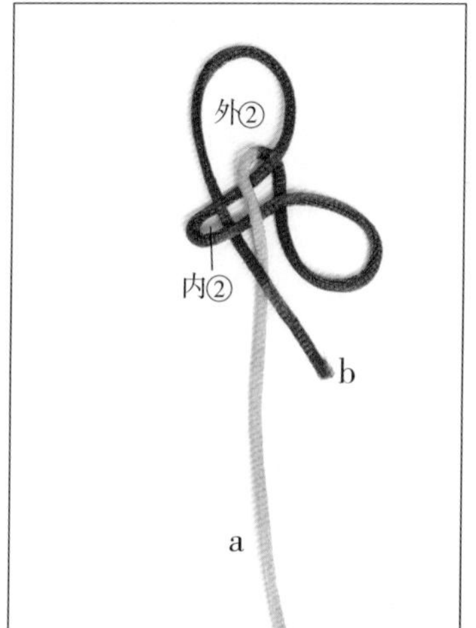

3.b线穿过内②，形成外②，然后压a线。

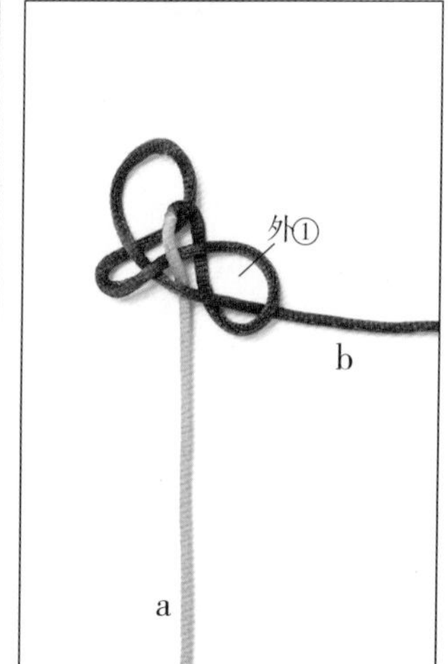

4.b线再穿过外①。

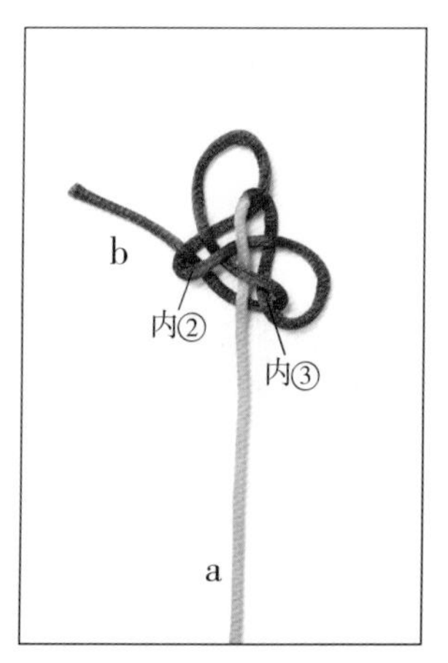

5.b线挑a线，从内②中穿出，形成内③。

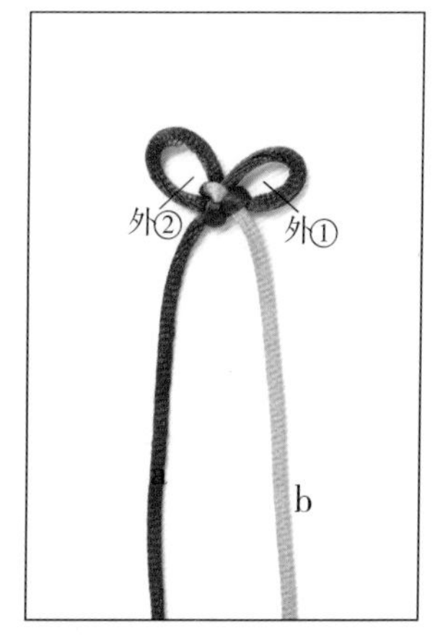

6. 收紧a、b，调整好外①和外②这两个圈的大小，即成双环结。

龟 结

1. 线对折。
2.a 线绕出圈①。
3.b 线绕出圈②。
4.a 线如图做挑压，压圈①，做出圈③。
5.b 线如图做挑压，挑圈②，做出圈④。
6. 把结体调整好即可。

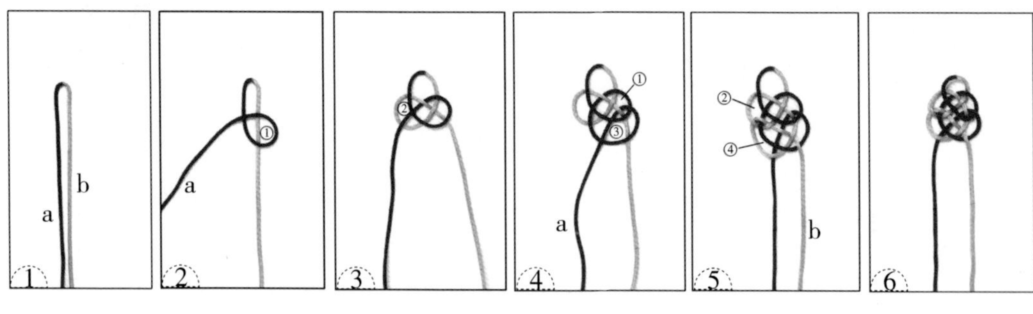

袈 裟 结

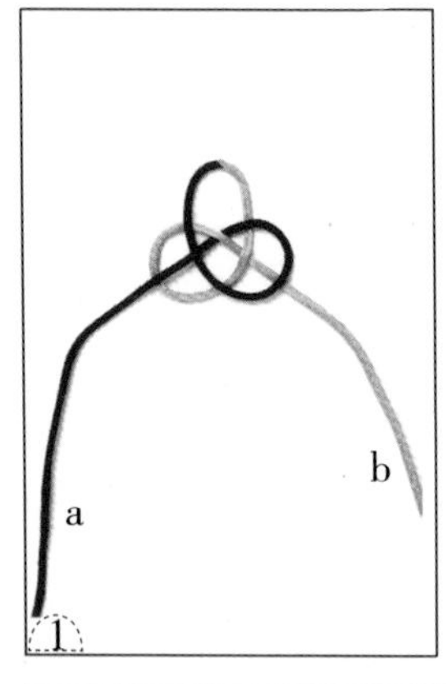

1. 与龟结的做法相仿，先用a、b线做一个双钱结。
2.a、b线分别在双钱结左右两个耳翼上挂圈。
3.a、b线如图分别向两边做挑压。
4.a、b线仿照步骤1的做法走线，组合完成一个双钱结。
5. 调整好结体即可。

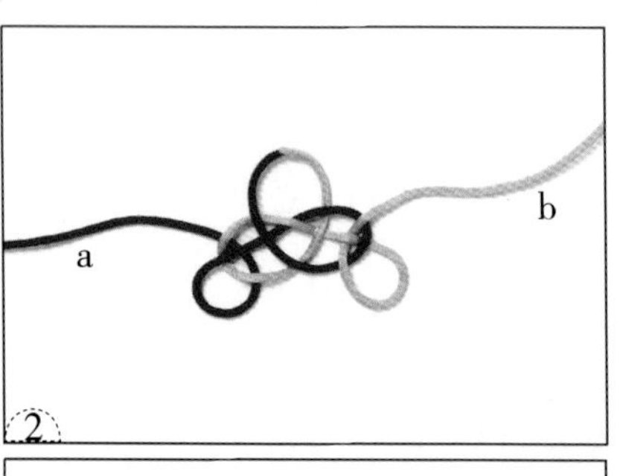

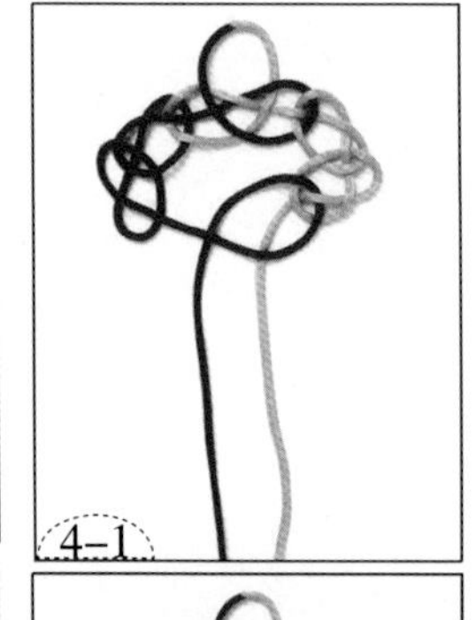

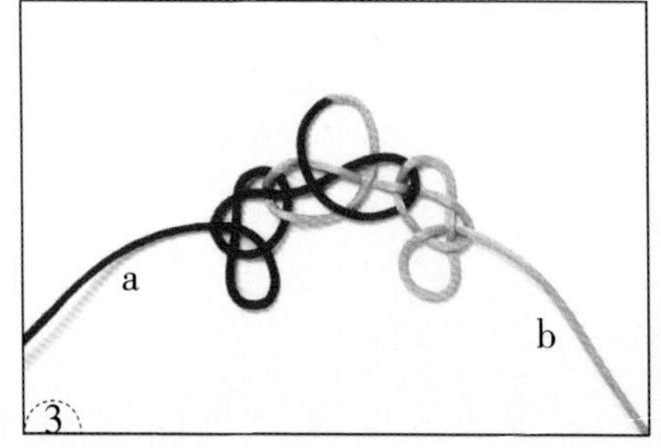

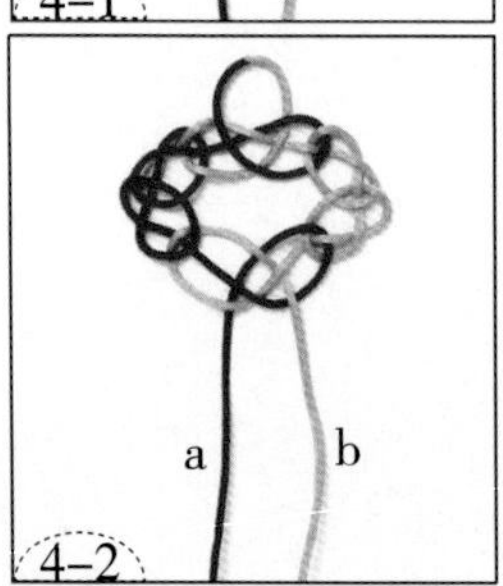

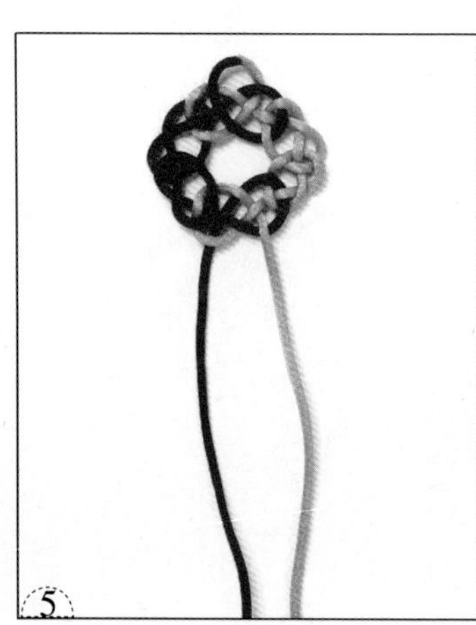

双耳酢浆草结

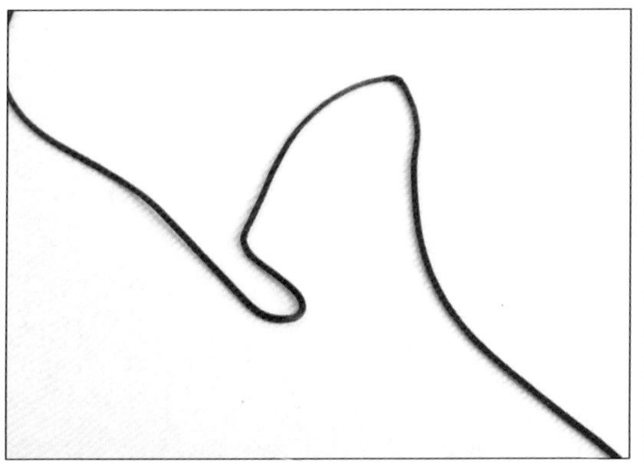

1. 摆放好线，蓝线向左揪出一个耳翼。

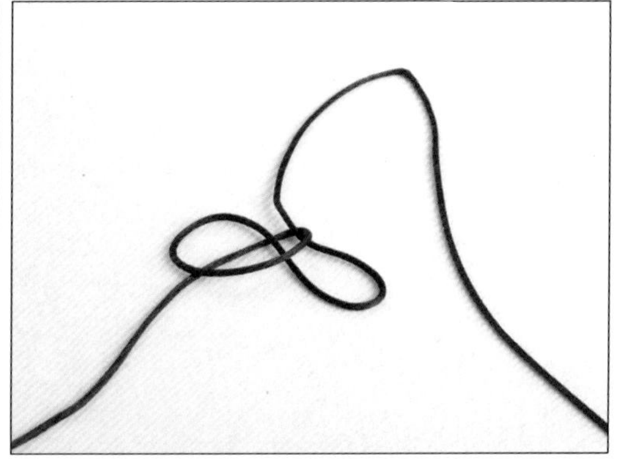

2. 蓝线反方向做出同样的耳翼，然后用蓝线线头端从上绕过第一个耳翼再从下面穿出。

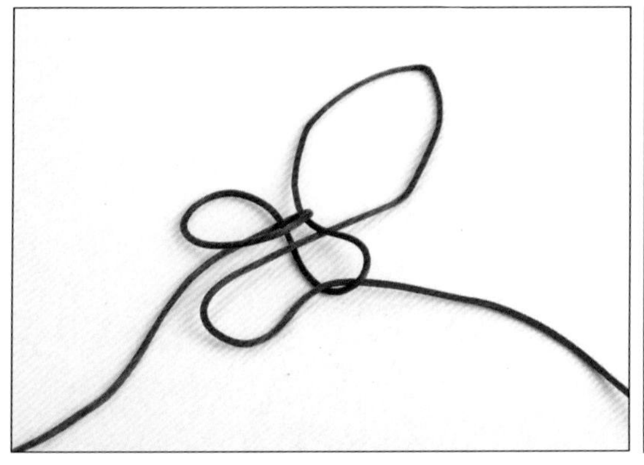

3. 红线揪出一个耳翼插进蓝线右边的圈里。

4. 红线线头按压红线、挑红线、压蓝线两 次、挑蓝线的顺序分别穿过红线耳翼和蓝线左边的圈。

5. 红线再从蓝线线头端下面穿过，然后从下面穿进红线耳翼。

6. 拉紧成结，调整好耳翼大小。

三耳酢浆草结

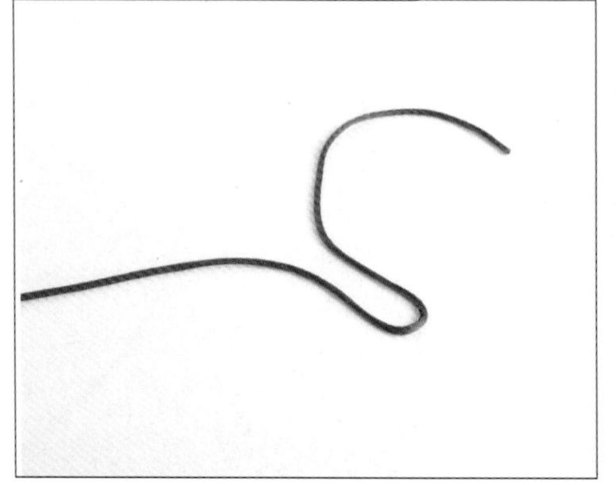

1. 取一条线，上端做出一个耳翼。

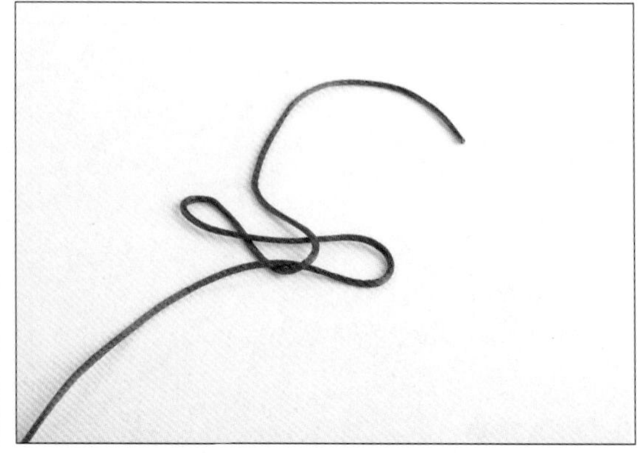

2. 然后将线穿过耳翼下面，然后穿出做出第二个耳翼，线在上方。

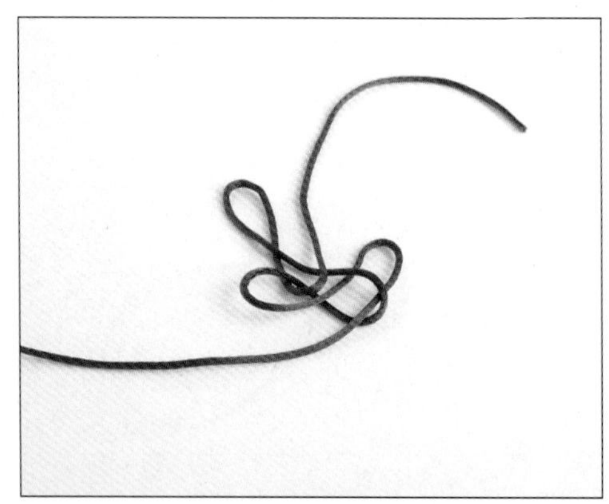

3. 继续揪出第三个耳翼，然后插进第二个耳翼里面。

4. 线头从上穿入第三个耳翼和左上方线圈。

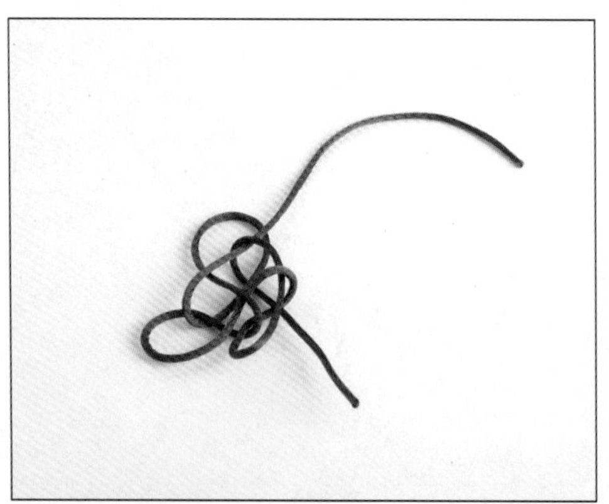

5. 线头再从下面绕过所有线，从第三个耳翼右边的线上面穿出来。

6. 拉紧成结。

一字盘长结

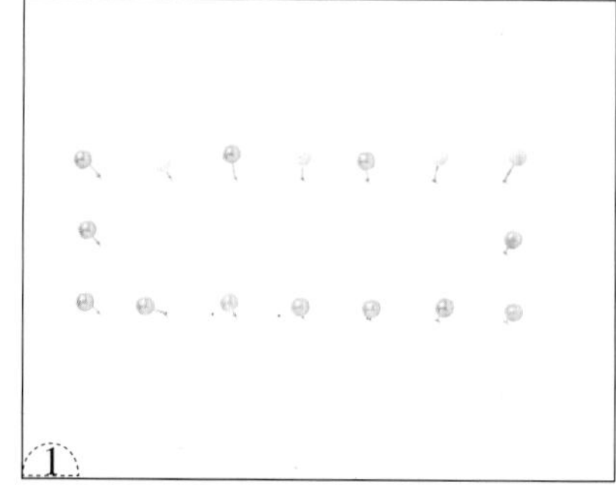

1. 在插垫上插上16根大头针，形成一个“一”字形。

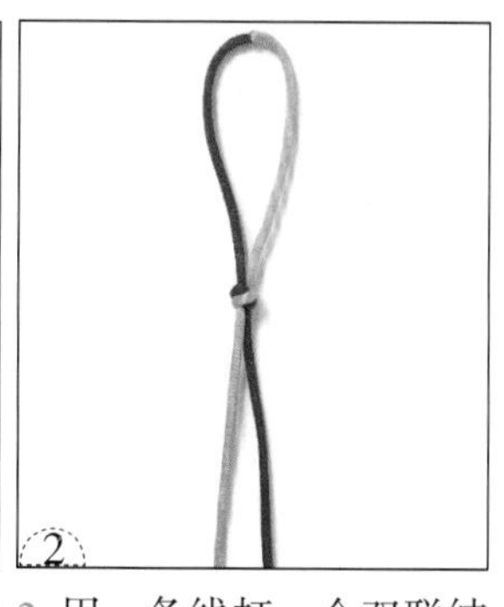

2. 用一条线打一个双联结作为开头。

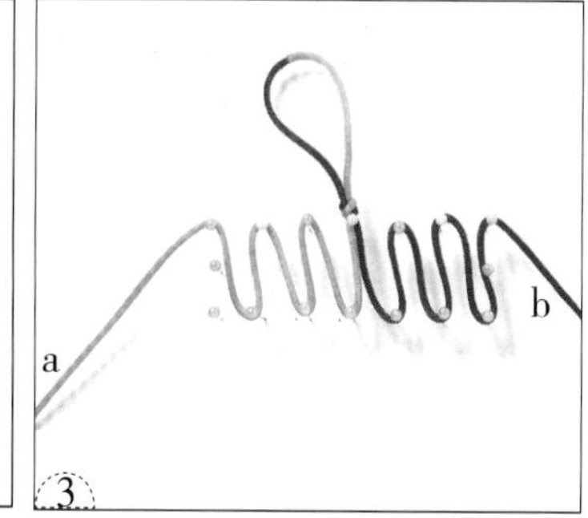

3.a、b线如图分别走六行竖线。

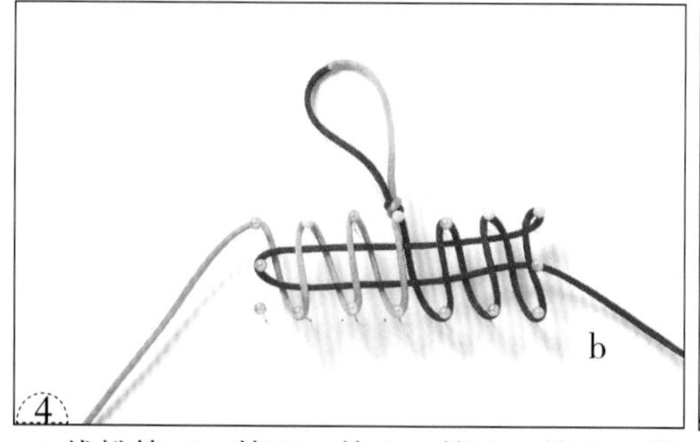

4.b线挑第二、第四、第六、第八、第十、第十二行竖线，如图一来一回走两行横线。

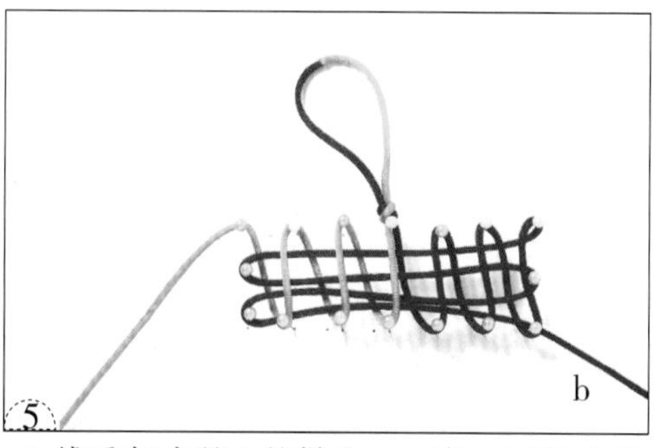

5.b线重复步骤4的做法，一来一回再走两行横线。

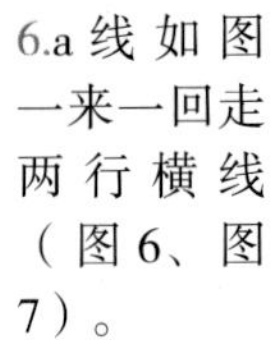

6.a线如图一来一回走两行横线（图6、图7）。

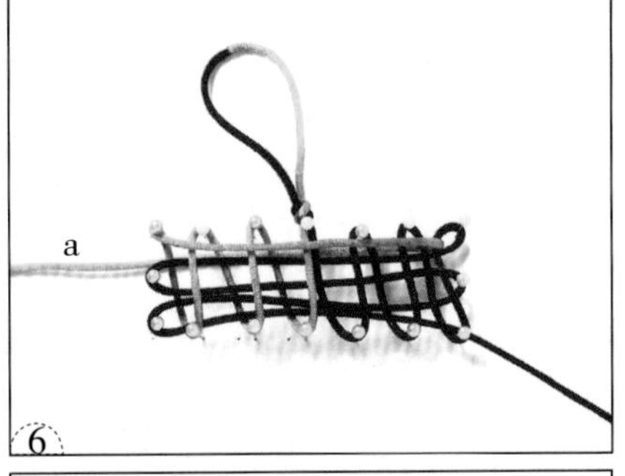

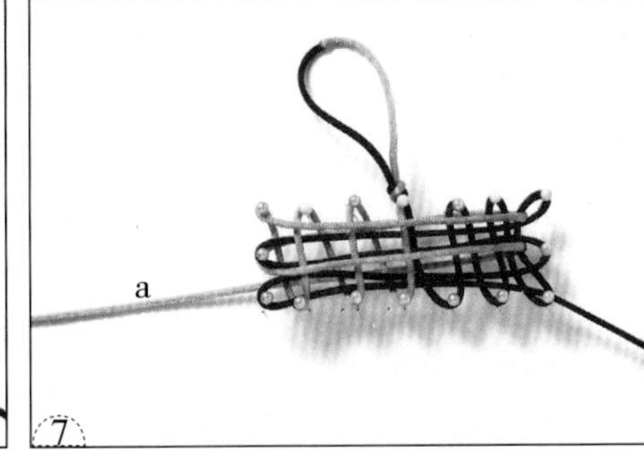

7.钩针挑2线，压1线，挑3线，压1线，挑1线，钩住a线，然后把a线钩向上方（图8、图9）。

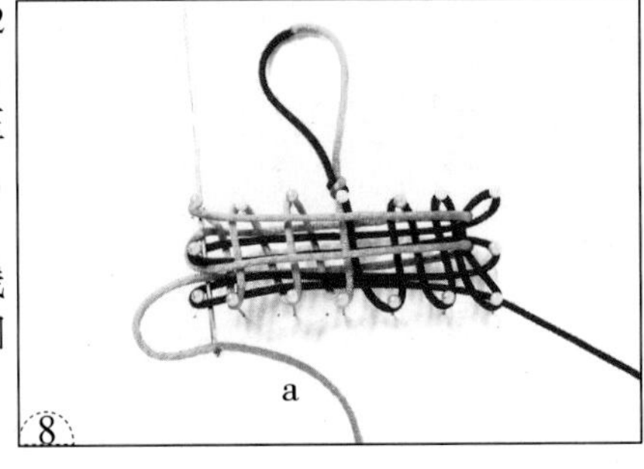

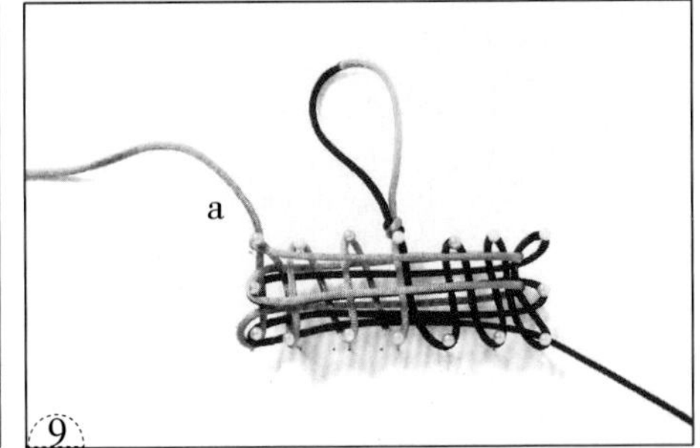

8.钩针挑第二、四行b横线，钩住a线，然后把a线钩向下方（图10、图11）。

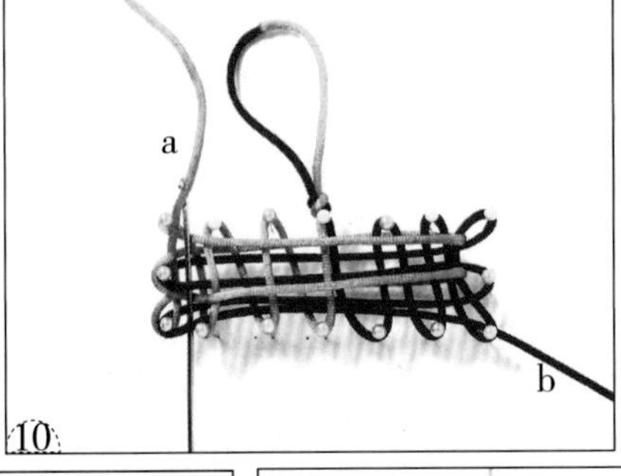

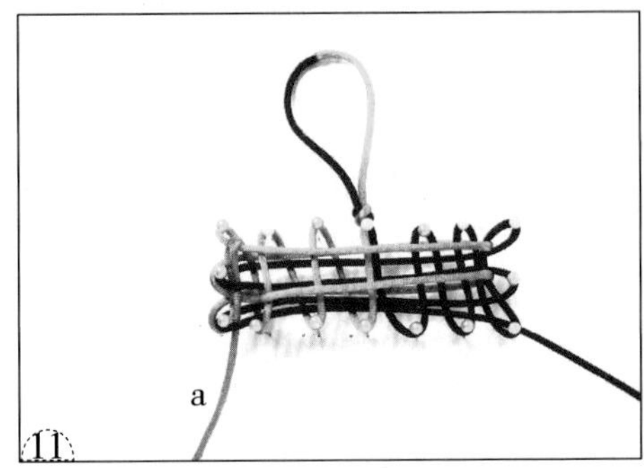

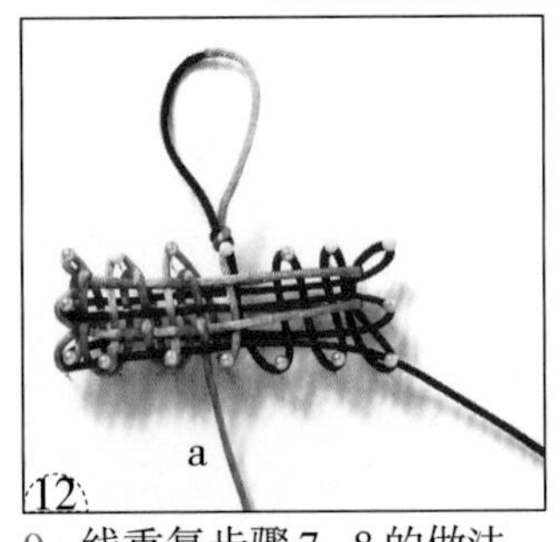

9.a线重复步骤7、8的做法，再走四行竖线。

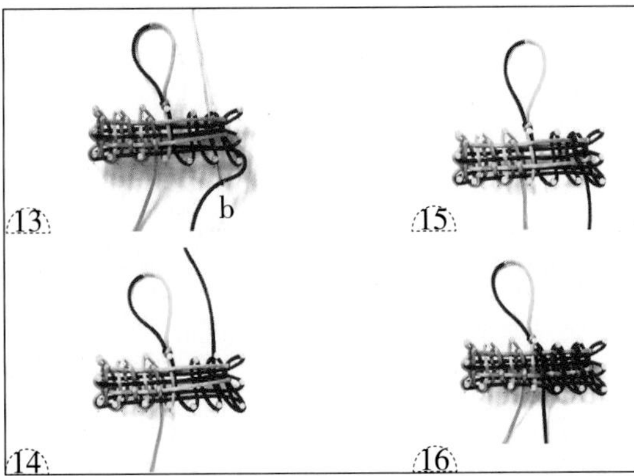

10.b线仿照a线的走线方法，同样走六行竖线（图13～16）。

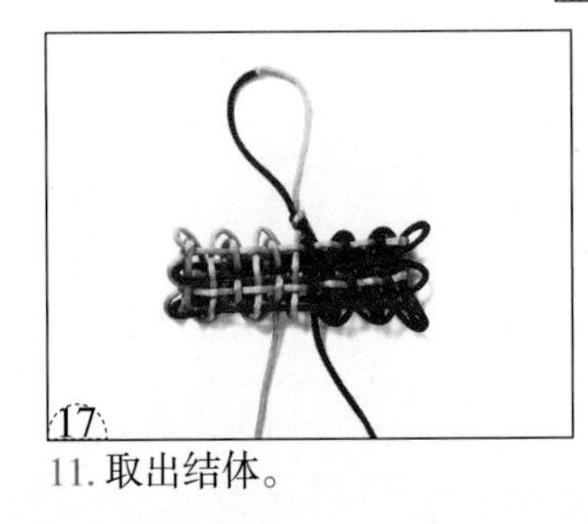

11.取出结体。

12.收紧线，把结体调整好。

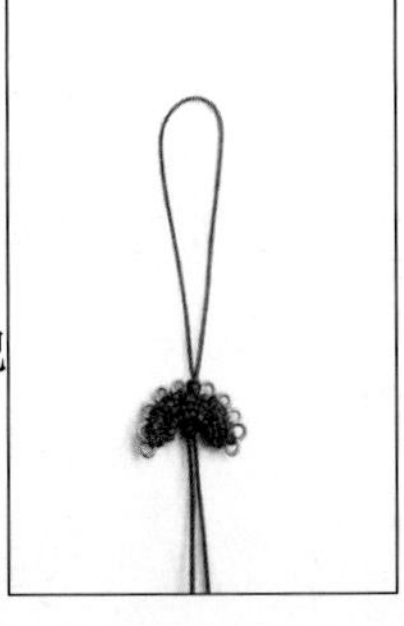

13.作品展示。

二回盘长结

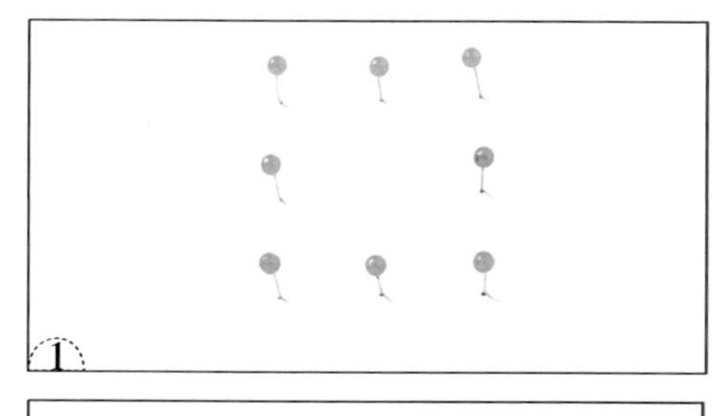

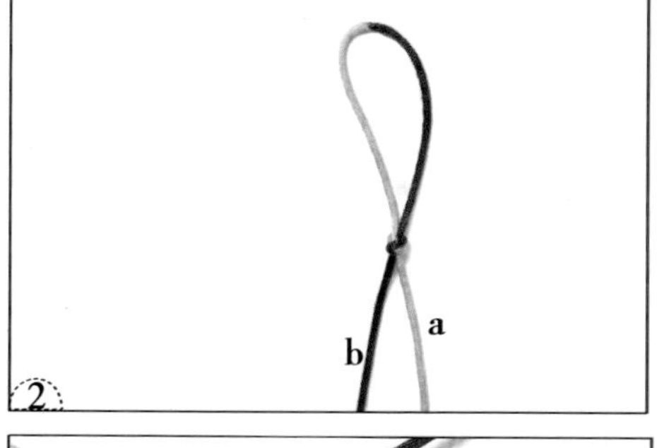

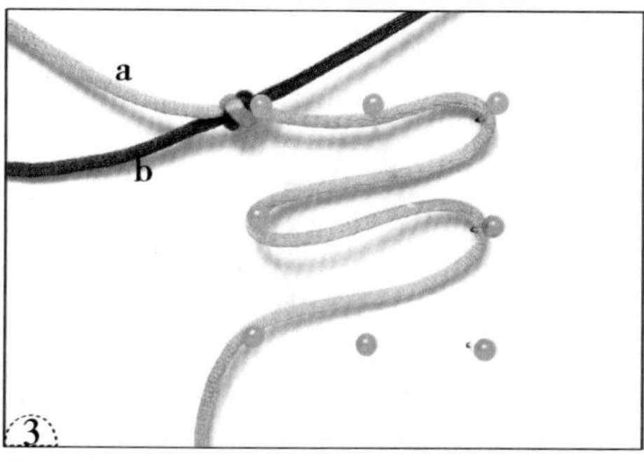

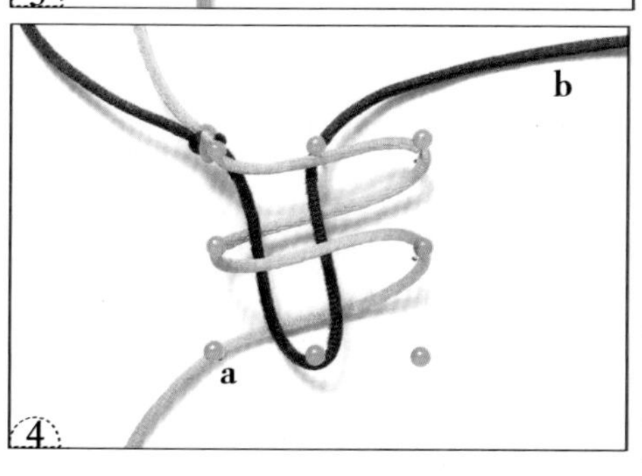

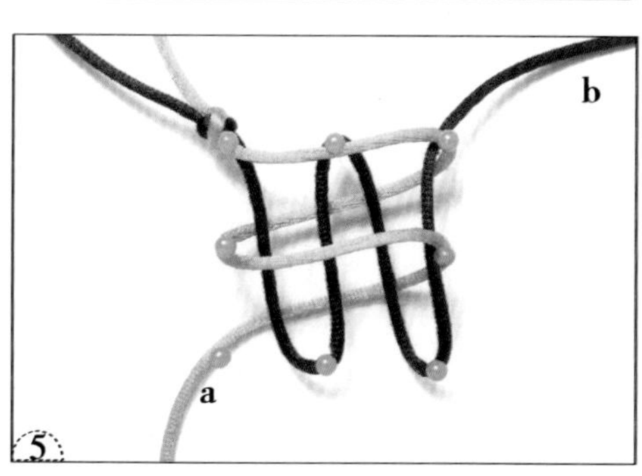

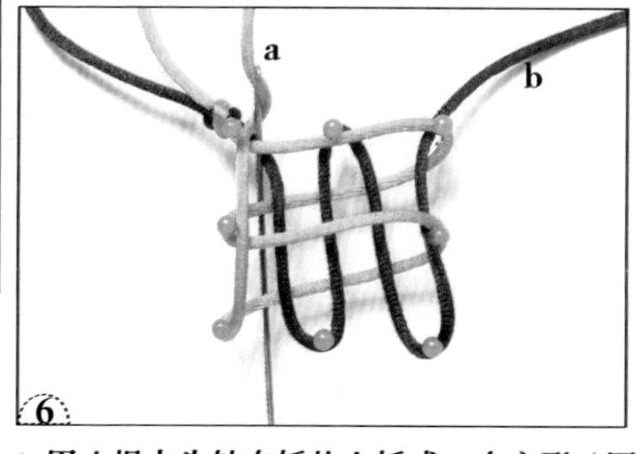

1. 用八根大头针在插垫上插成一个方形（图 1）。
2. 先用线打一个双联结作为开头（图 2）。
3. 用 a 线走四行横线（图 3）。
4. b 线挑第一、三行 a 横线，走两行竖线（图 4）。
5. b 线仿照步骤 4 的方法，再走两行竖线（图 5）。
6. 钩针从四行 a 横线的下面伸过去，钩住 a 线（图 6）。
7. 把 a 线钩向下（图 7）。
8. a 线仿照步骤 6、7 的做法，一来一回走两行竖线（图 8、图 9）。
9. 钩针挑 2 线，压 1 线，挑 3 线，压 1 线，挑 1 线，钩住 b 线（图 10）（注意："挑 2 线，压 1 线，挑 3 线，压 1 线，挑 1 线"，指的是用钩针挑住两条线，然后压住一条线，再挑起三条线，压住一条线，挑起一条线）。

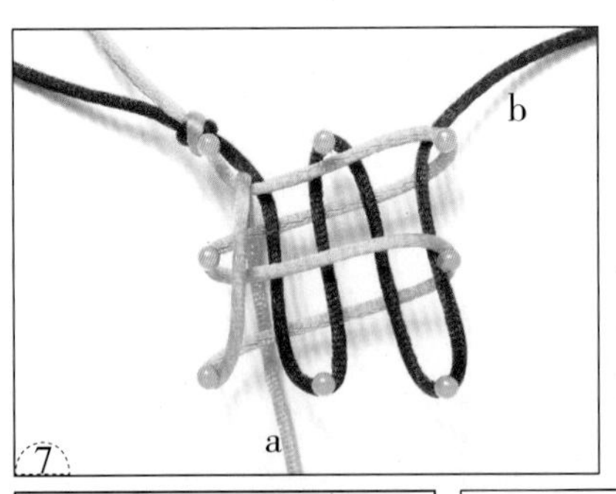

10. 把 b 线钩向左（图 11）。

11. 钩针挑第二、四行 b 竖线，钩住 b 线（图 12）。

12. 把 b 线钩向右（图 13）。

13. b 线仿照步骤 9、步骤 12 的做法，一来一回走两行横线（图 14~17）。

14. 从大头针上取出结体（图 18）。

15. 确定并拉出六个耳翼，把结体调整好，在下面打一个双联结固定（图 19）。

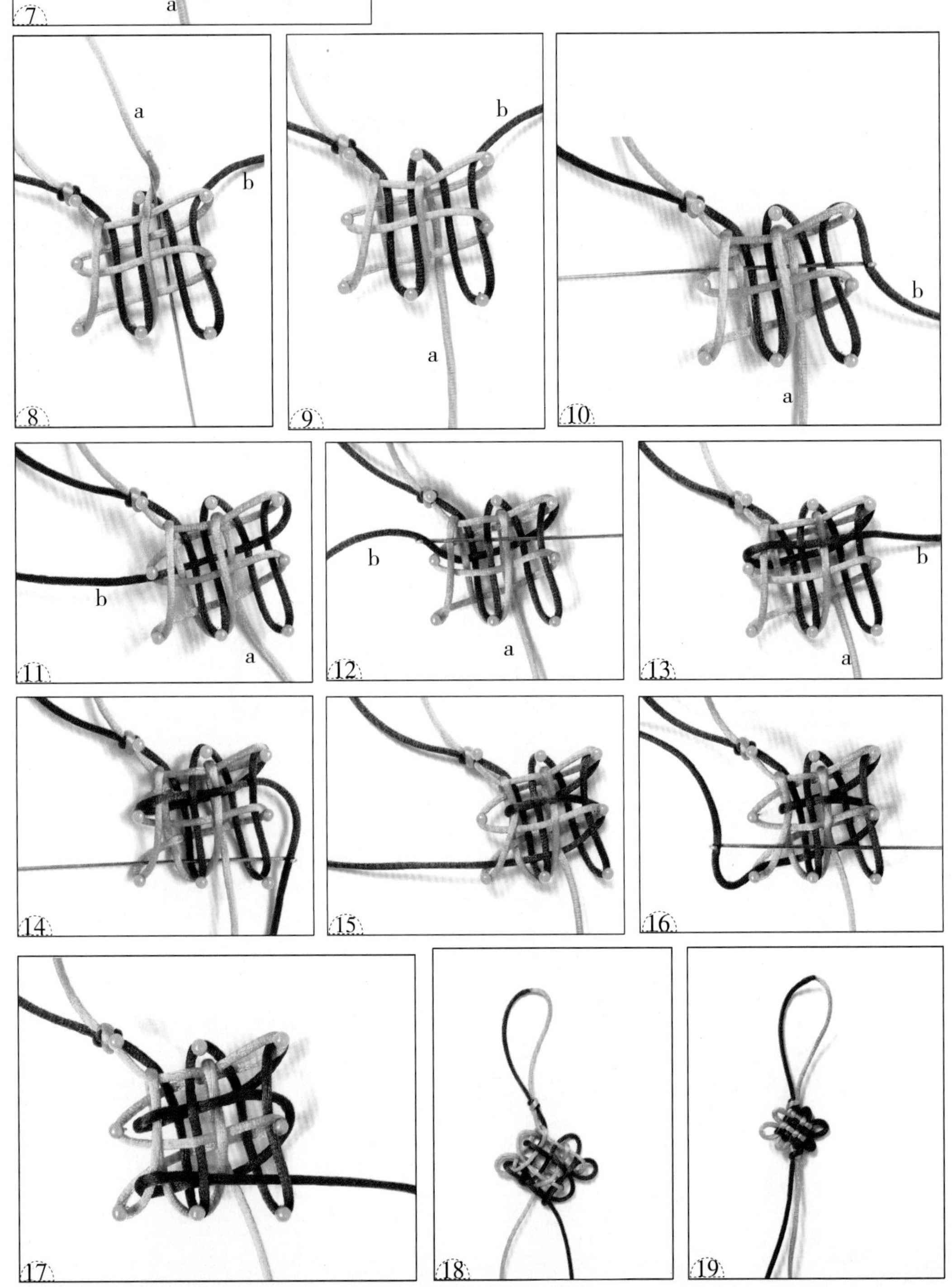

三回盘长结

1. 在插垫上插上十二根大头针，形成一个方形。
2.a 线如图绕六行横线。
3.b 线挑第一、三、五行 a 横线，走两行竖线。
4.b 线仿照步骤 3 的方法，再走四行竖线。
5. 钩针从所有横线下面伸过去，钩住 a 线。
6. 把 a 线钩向下。

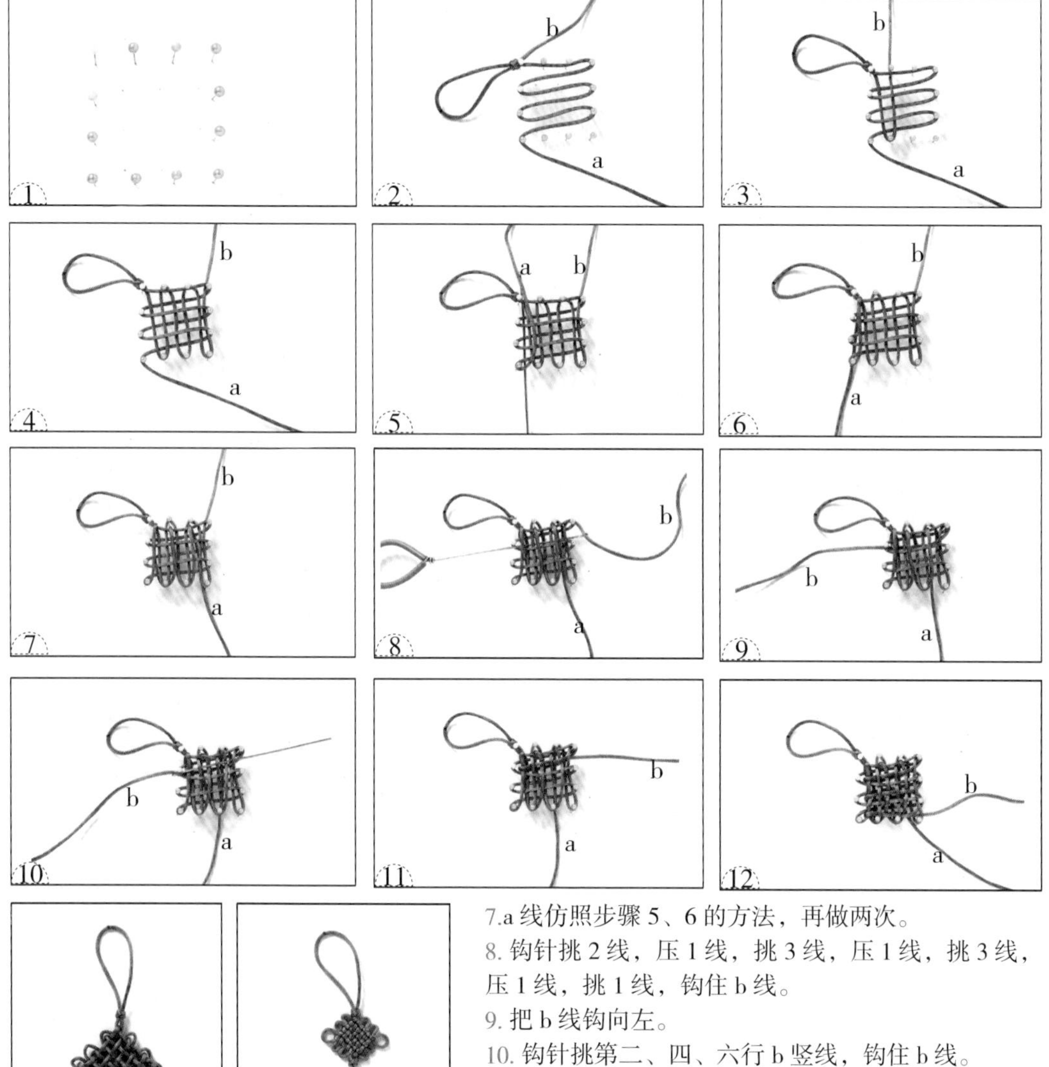

7.a 线仿照步骤 5、6 的方法，再做两次。
8. 钩针挑 2 线，压 1 线，挑 3 线，压 1 线，挑 3 线，压 1 线，挑 1 线，钩住 b 线。
9. 把 b 线钩向左。
10. 钩针挑第二、四、六行 b 竖线，钩住 b 线。
11. 把 b 线钩向右。
12.b 线仿照步骤 8~ 11 的方法，再做两次。
13. 取出结体。
14. 拉出十个耳翼，收紧线，把结体调整好。

四回盘长结

1. 用十六根大头针插成一个方形。
2. 先用一条线打一个双联结作为开头。
3.a 线走八行横线。
4.b 线挑第一、三、五、七行 a 横线，走两行竖线。
5.b 线仿照步骤 4 的方法，再做三次。

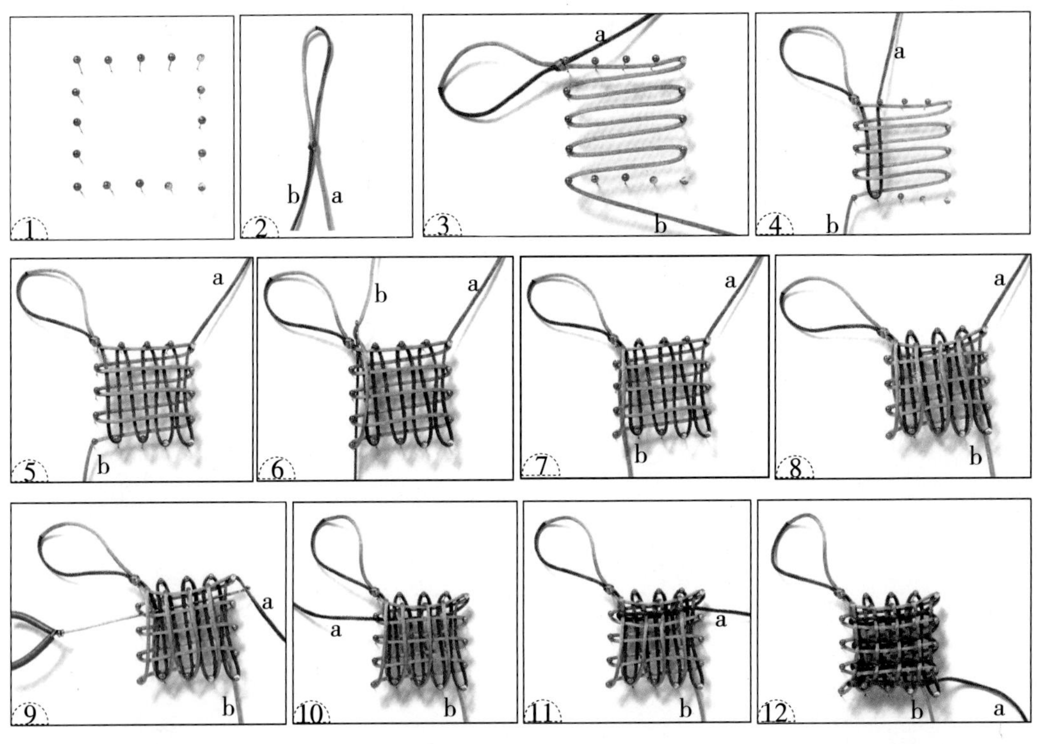

6. 钩针从所有 a 横线下面伸过去，钩住 a 线。
7. 把 a 线钩向下。
8.a 线仿照步骤 6 和步骤 7 的方法，再做三次。
9. 钩针挑 2 线，压 1 线，挑 3 线，压 1 线，挑 3 线，压 1 线，挑 3 线，压 1 线，挑 1 线，钩住 b 线。
10. 把 b 线钩向左。
11. 用钩针挑第二、四、六、八行 b 竖线，把 b 线钩向右。
12.b 线仿照步骤 9~11 的做法，再做三次。
13. 从大头针上取出结体。
14. 确定并拉出十四个耳翼，调整好结形。

四耳吉祥结

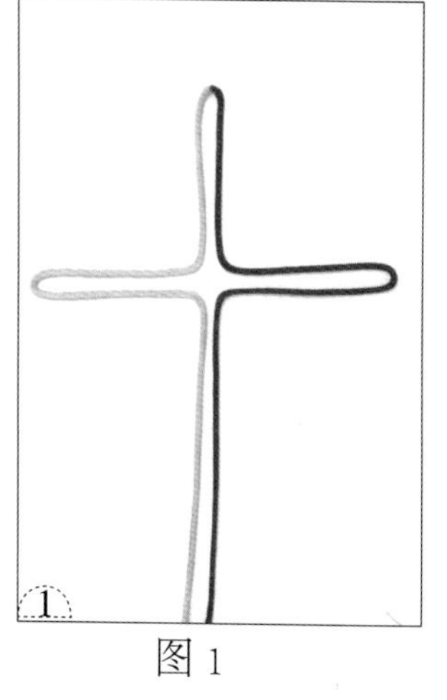
图 1

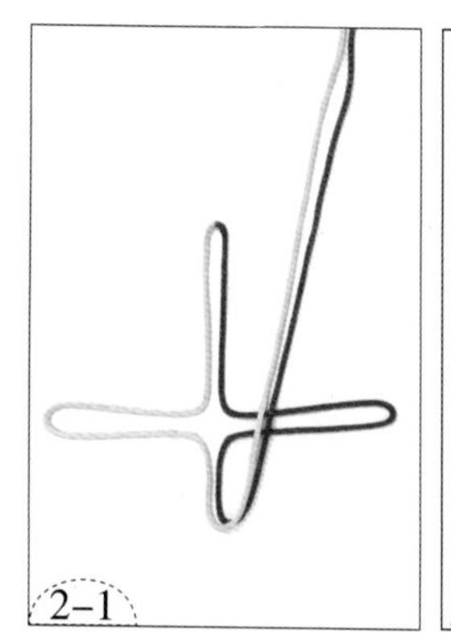

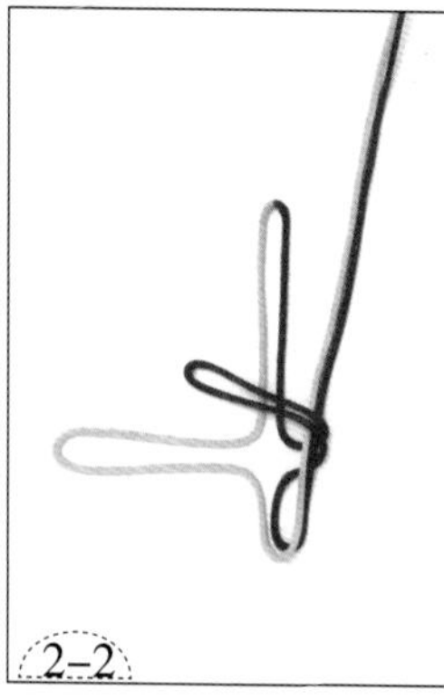

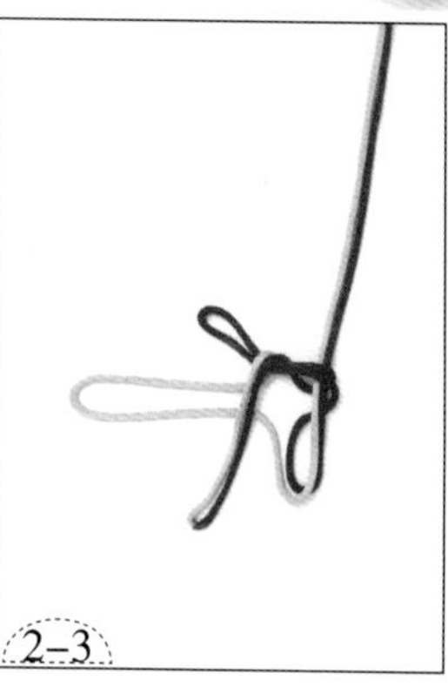

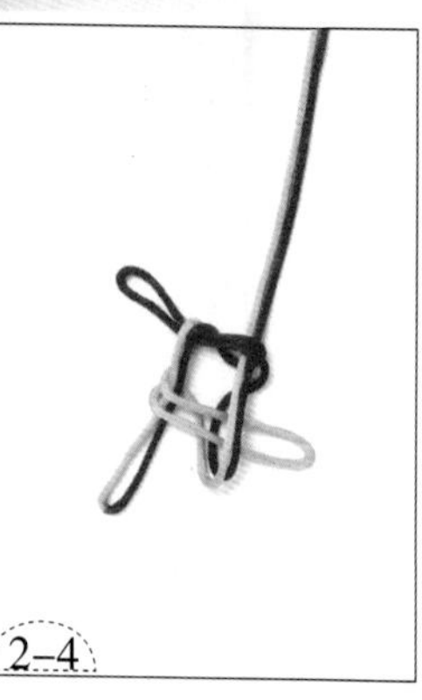

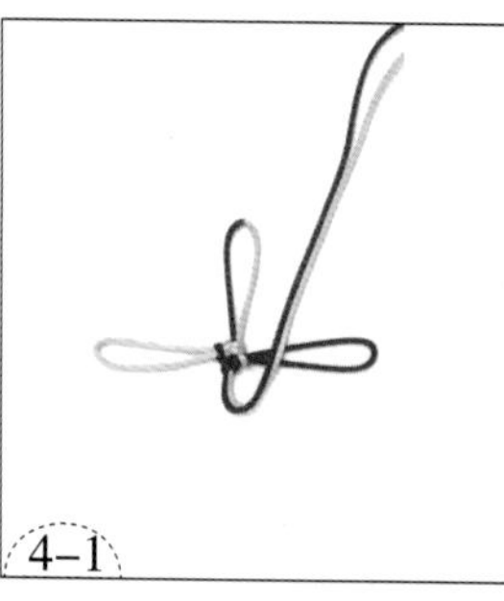

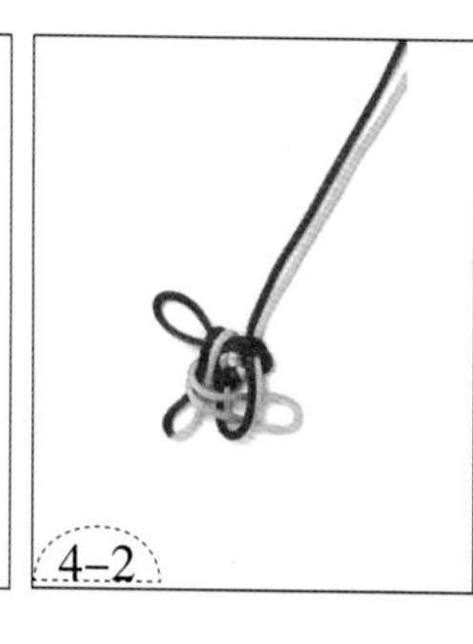

1. 取一条线对折摆放好，左右各拉成一个耳翼。
2. 从线头端开始取一耳翼逆时针方向压着相邻的耳翼（图 2-1~2-4）。
3. 拉紧四个方向的线，调整好结体。
4. 重复步骤 2，然后拉紧成结（图 4-1~4-3）。
5. 拉出耳翼，调整形状即成。

六耳吉祥结

1. 准备一条线（图 1）。
2. 左右各拉成四个耳翼，如图形成六个耳翼（图 2）。
3. 六个耳翼以逆时针方向相互挑、压（图 3–1 ~ 3–6）。
4. 拉紧结体，将大耳留出来（图 4）。
5. 以同样的方法逆时针方向再挑、压一次（图 5–1、5–2）。
6. 将线调紧拉好（图 6）。
7. 将所有的耳翼调整好（图 7）。

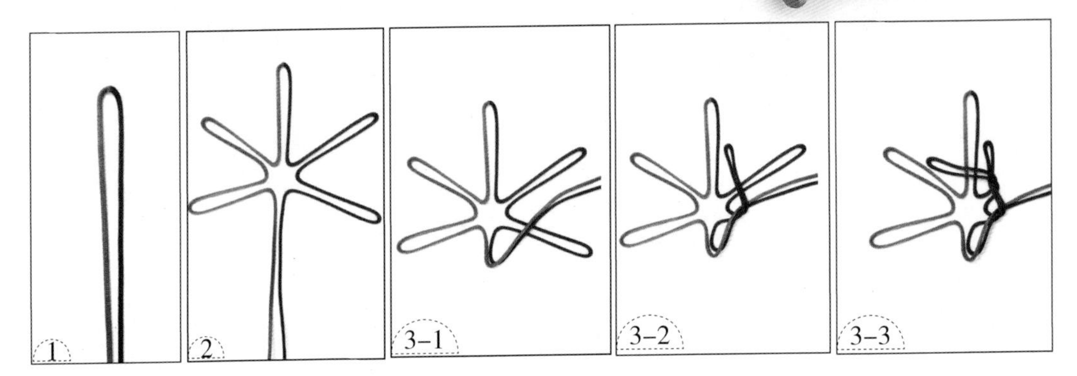

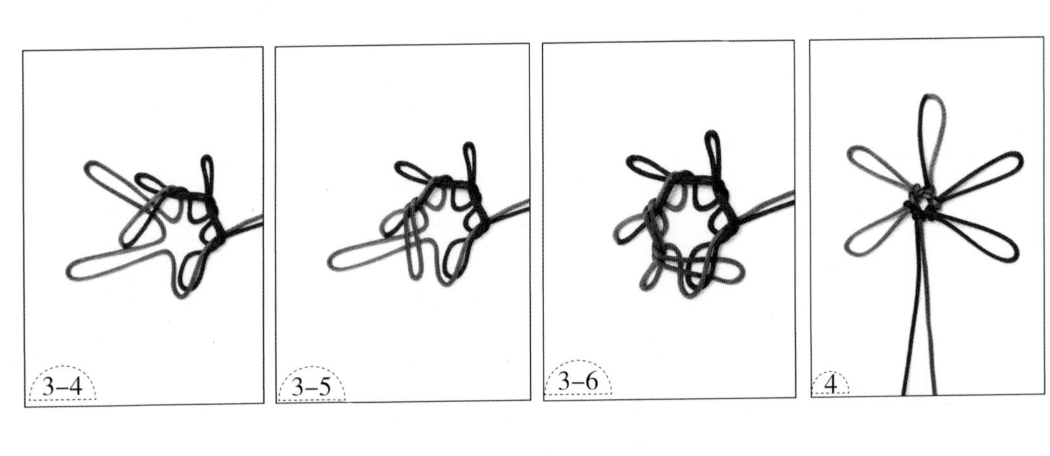

六耳团锦结

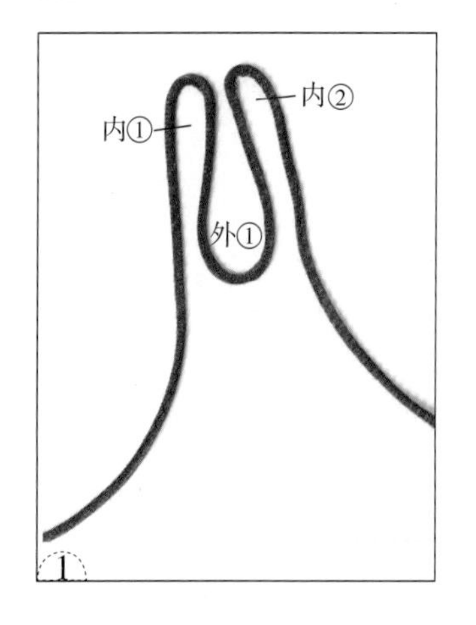

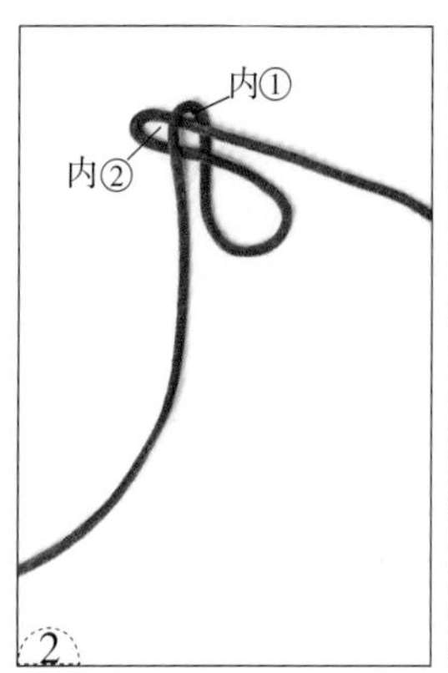

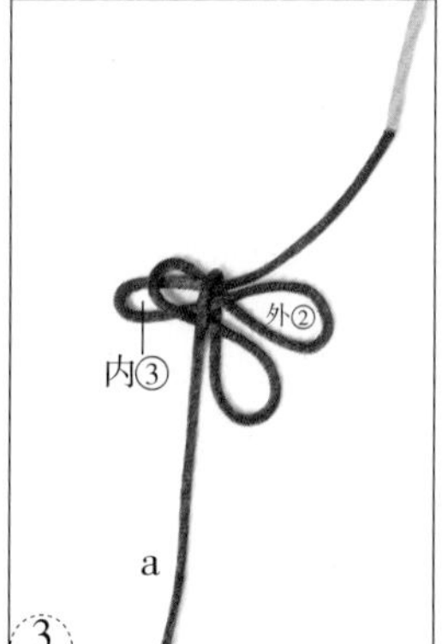

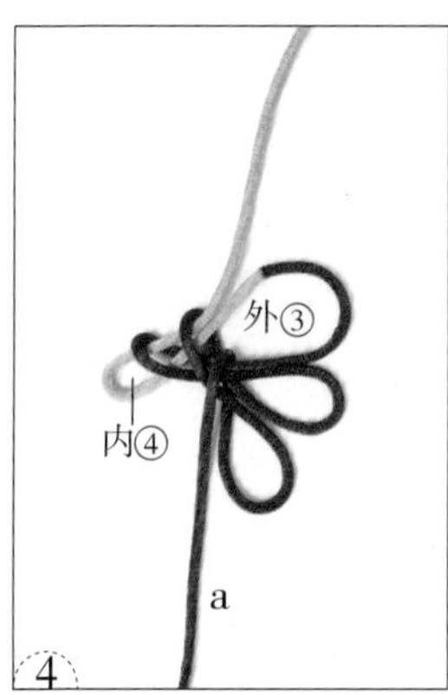

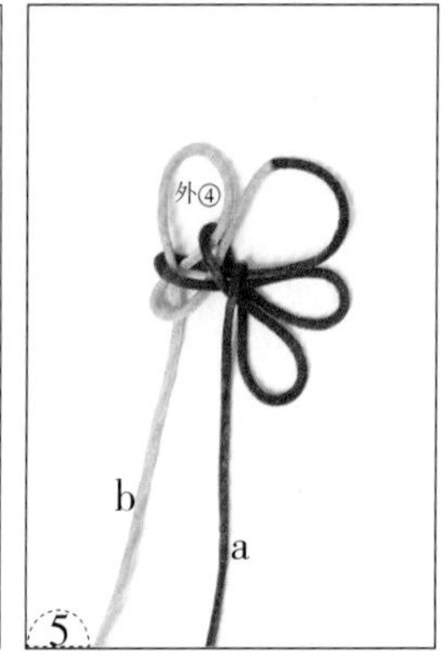

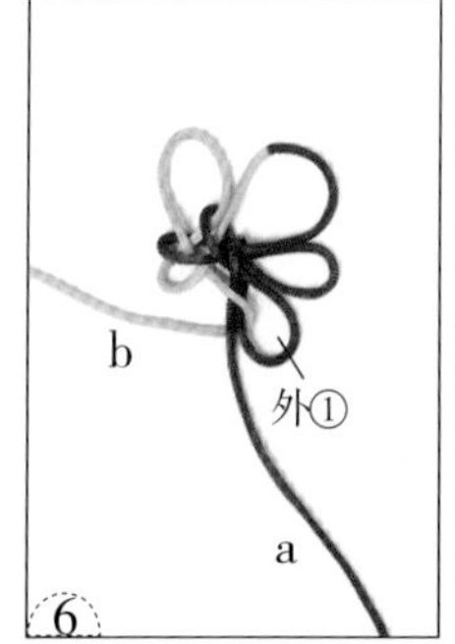

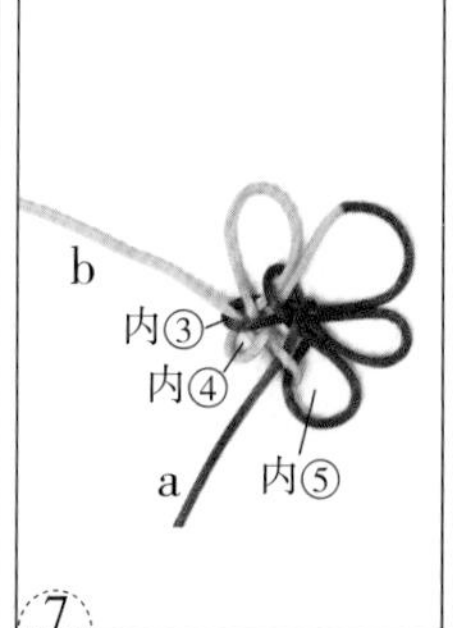

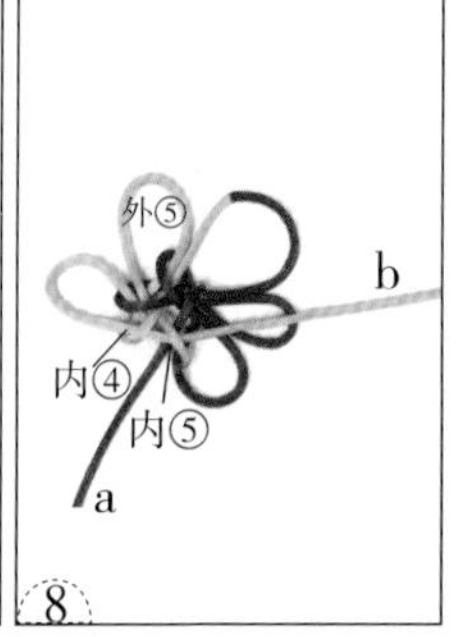

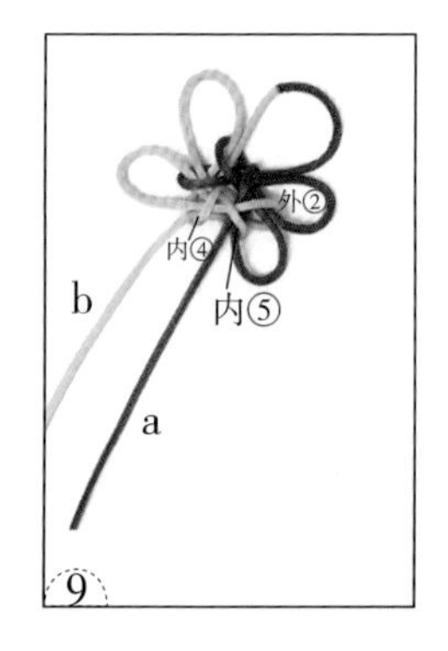

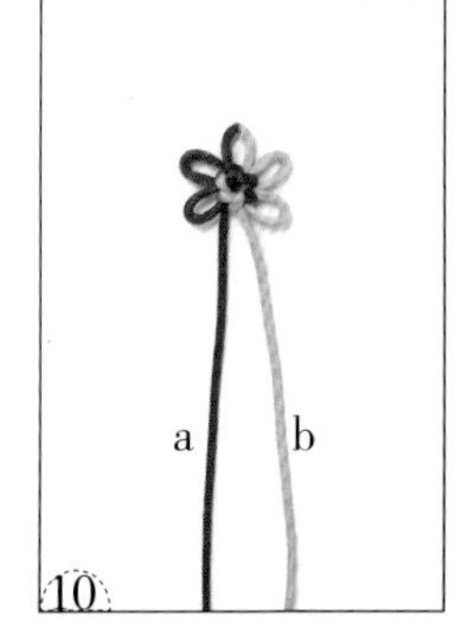

1. 先用 a 线绕出内①和内②，形成外①。
2. 内②进到内①中。
3. 再用 a 线绕出内③，套进前面做好的内①和内②，形成外②。
4. 用 b 线绕出内④，进到内②和内③中，形成外③。
5.b 线穿过内③和内④，形成外④。
6.b 线压 a 线，再穿过外①。
7.b 线挑 a 线，穿过内③和内④，形成内⑤。
8.b 线穿过内④和内⑤，形成外⑤。
9.b 线压 a 线，再穿过外②，穿过内⑤、内④。
10. 调整耳翼，收紧内耳，调整好结体。

空心八耳团锦结

1. 先走 b 线，如图在大头针上绕出右①（图 1）。
2. 钩出右②（图 2）。
3. 钩出右③（图 3）。
4. 钩出右④（图 4）。
5. 接下来走 a 线，用钩针如图钩出左①（图 5）。
6. 钩出左②（图 6）。
7. 钩出左③（图 7、图 8）。
8. 钩出左④（图 9、图 10）。
9. 从大头针上取出结体，拉出六个耳翼，调整好结体。最后在团锦结的下端打一个双联结，使结形固定（图 11）。

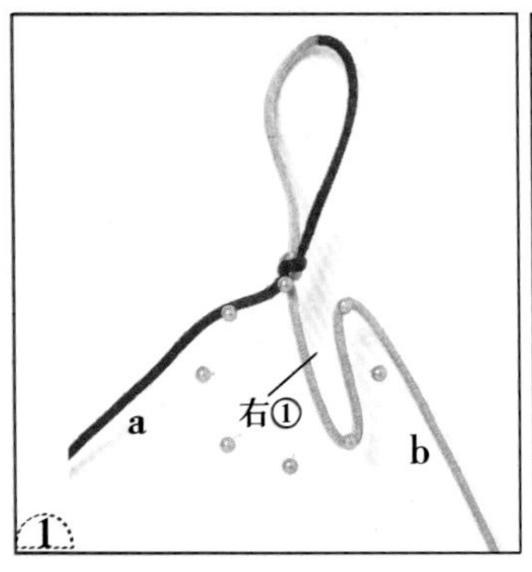

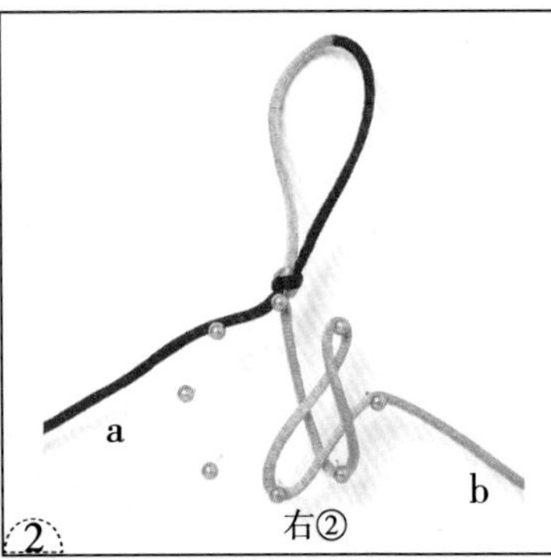

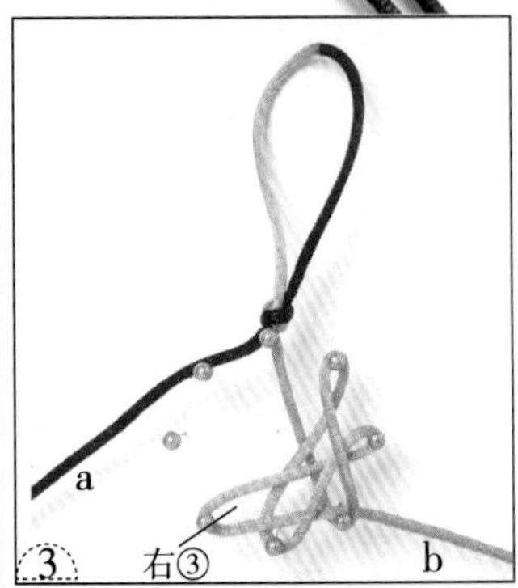

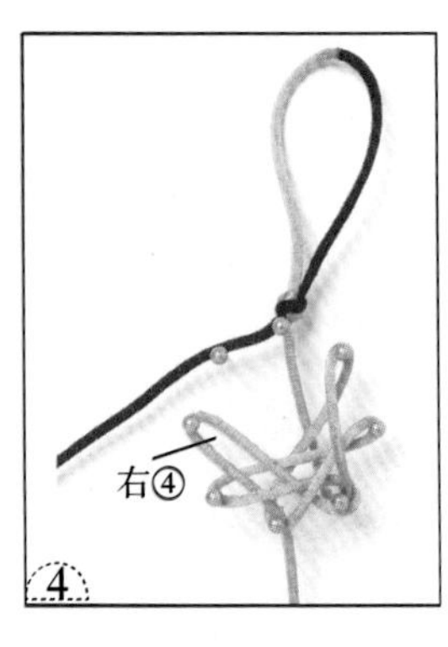

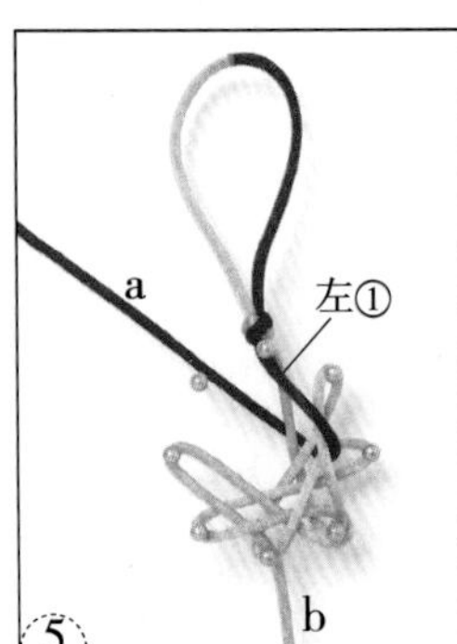

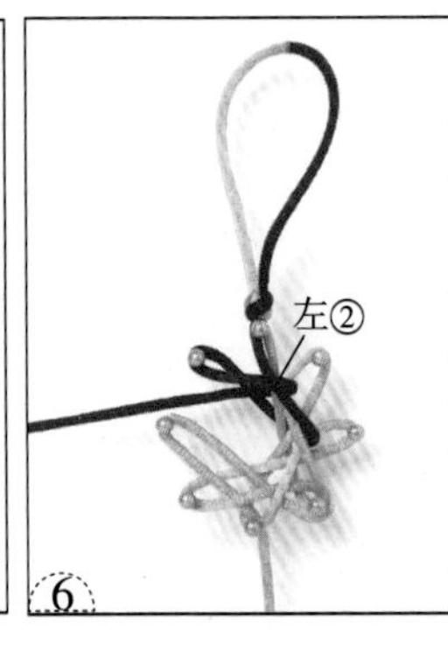

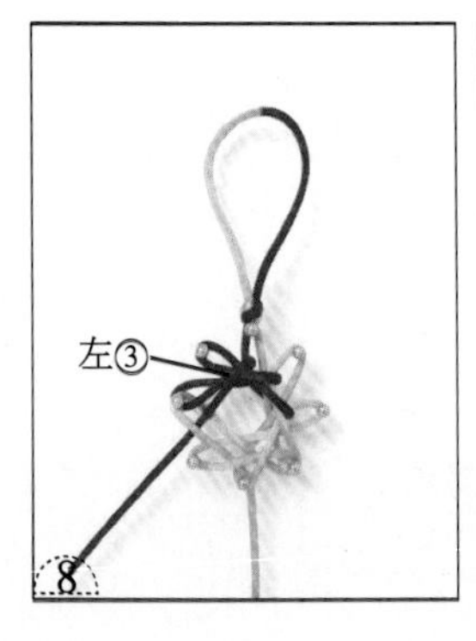

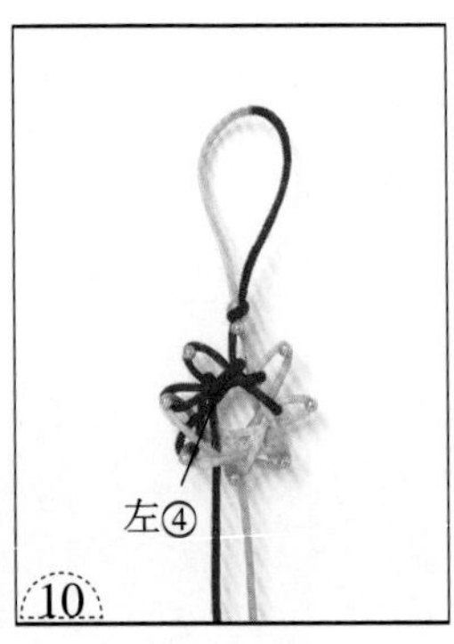

磐结

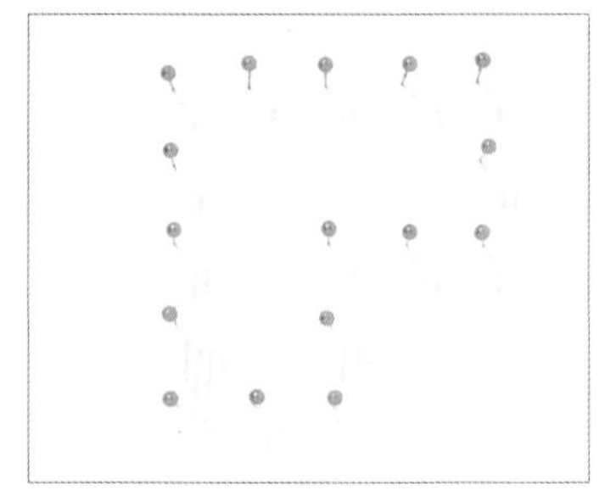

1. 如图所示插好大头针。

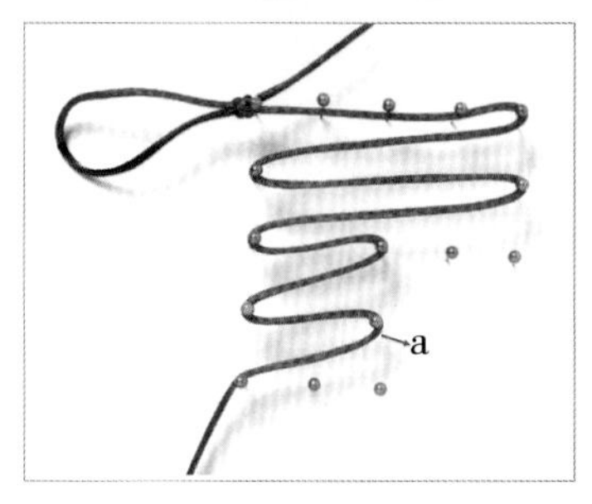

2. 先用一条线打一个双联结，然后用 a 线走四行长线和四行短线。

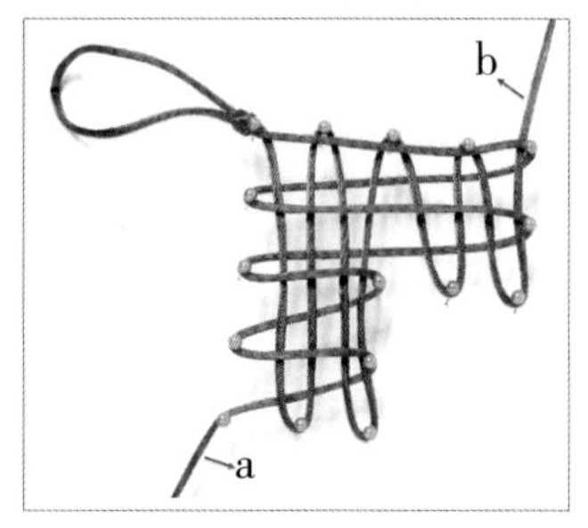

3.b 线仿照 a 线的方法绕四行长线和四行短线，注意挑、压的方法。

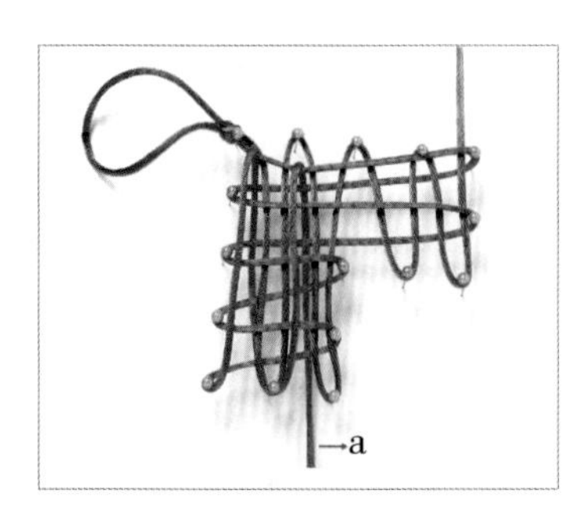

4.a 线上下各走四行竖线，包住前面走的八条 a 横线。

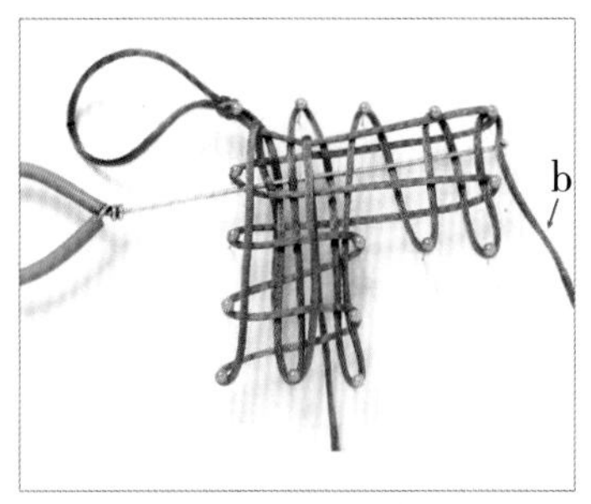

5. 钩针挑 2 线，压 1 线，挑 3 线，压 1 线，挑 1 线，压 1 线，挑 1 线，压 1 线，挑 1 线，钩住 b 线。

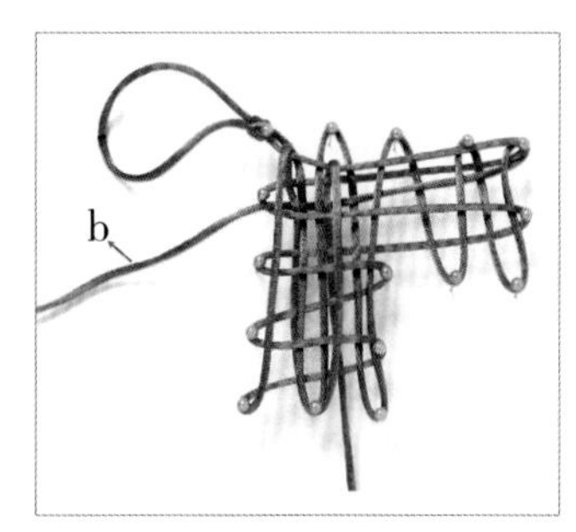

6. 把 b 线钩向左方。

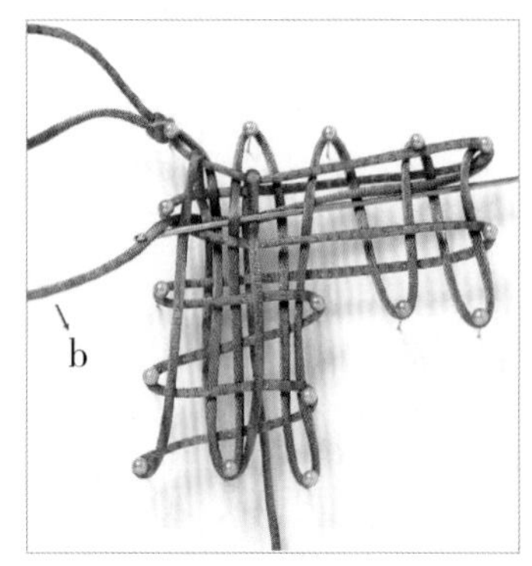

7. 钩针挑第二、四、六、八行b竖线，钩住b线。

8. 把b线钩向右。

9. b线仿照步骤5 ~ 8的方法，再走两行横线。

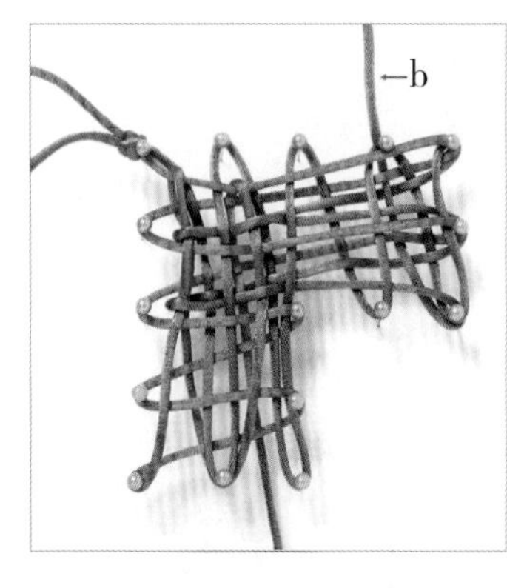

10. b线挑2线，压1线，挑3线，压1线，挑1线，如图向上走一行竖线。

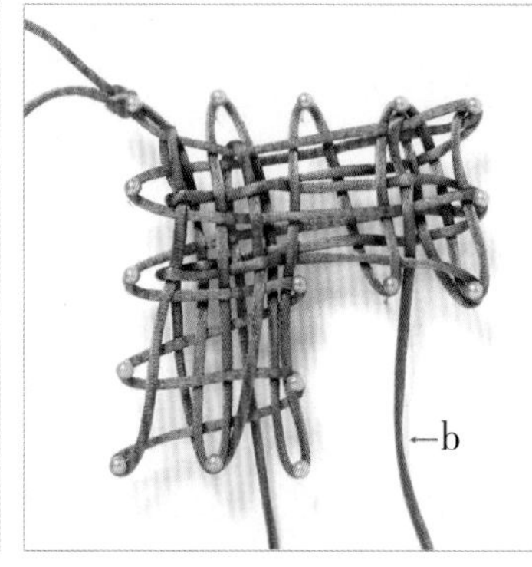

11. b线挑第二、四行b横线，向下走一行竖线。

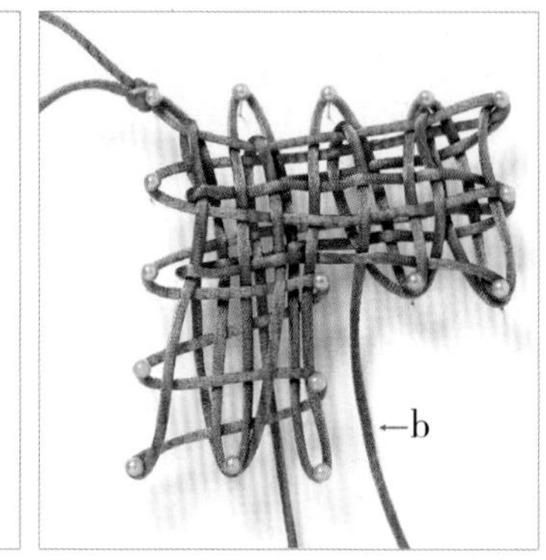

12. b线仿照步骤10、11的方法，再走两行竖线。

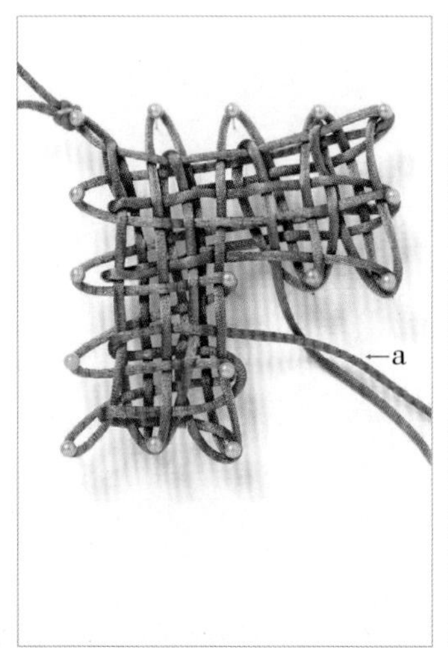

13. a仿照以上的方法走四行横线。

14. 取出结体。

15. 把线收紧，调整好结体。

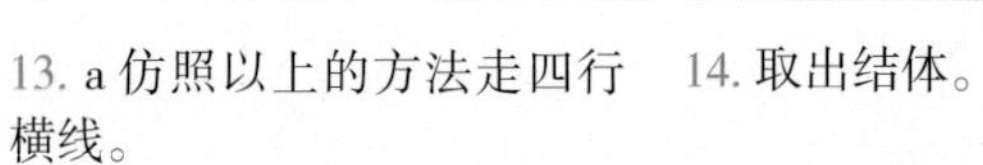

复翼一字盘长结

1. 在插垫上插上二十根大头针，形成一个“一”字形。
2. 先用一条线打双联结、酢浆草结、双联结作为开头。
3. 如图用 a、b 线分别打一个双环结，注意分别把双环结下面的耳翼拉出适当的长度。
4. 把双环结下面的两个耳翼挂在大头针上面。
5. 然后 a、b 线在两边分别走四行竖线，
6.b 线绕出耳翼右①，如图走两行长的横线。
7. 钩针从两行长的横线的下面伸过去，钩住 b 线。
8. 将 b 线钩向下方，如图形成耳翼右②。
9.b 线从下面拉向上。
10. 钩针连续做压、挑，钩住 b 线。
11. 将 b 线钩向左方，如图绕出耳翼右③。
12.a 线绕出耳翼左①，钩针从所有竖线的下面伸过去，钩住 a 线。
13. 把 a 线钩向左。

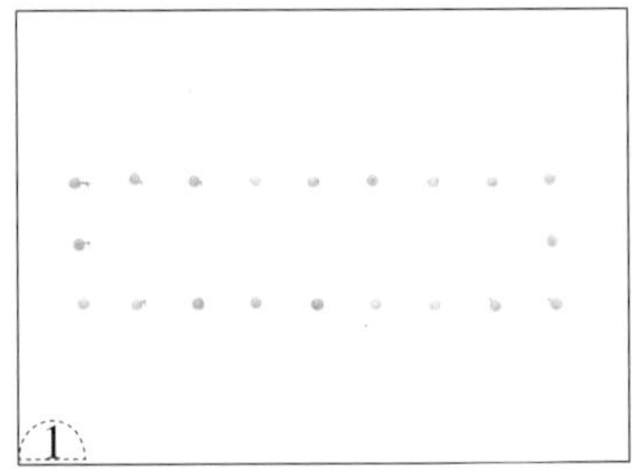

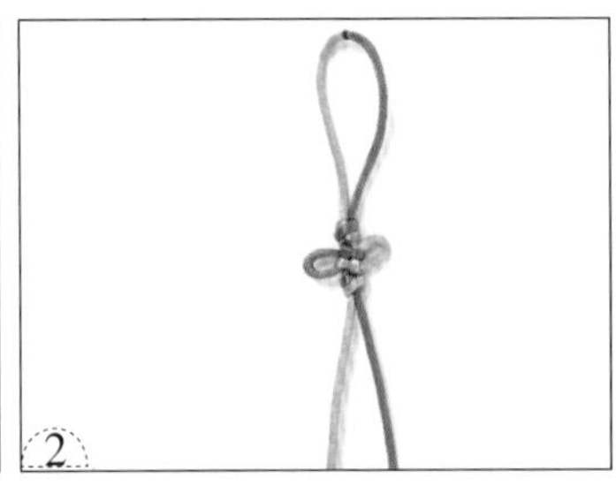

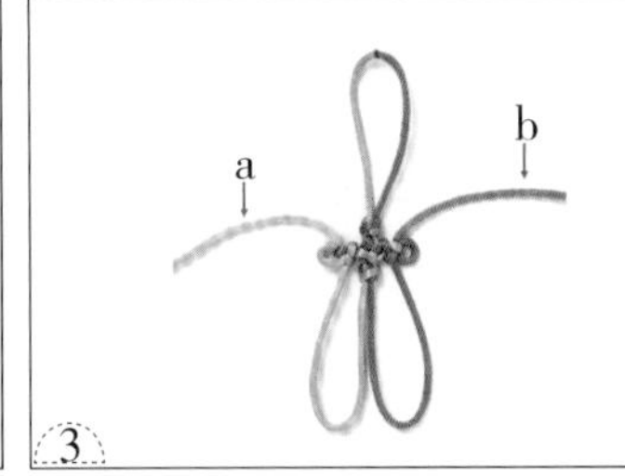

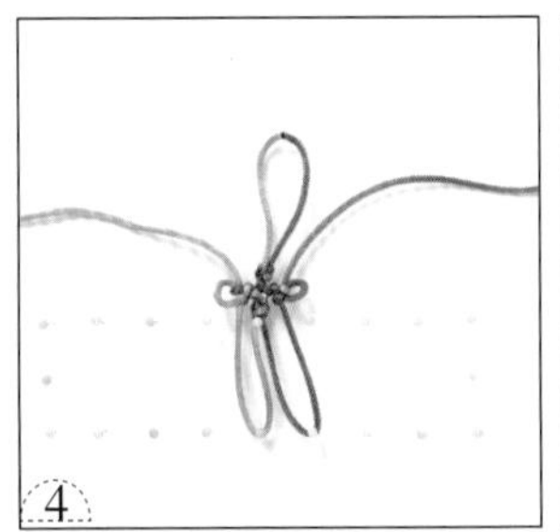

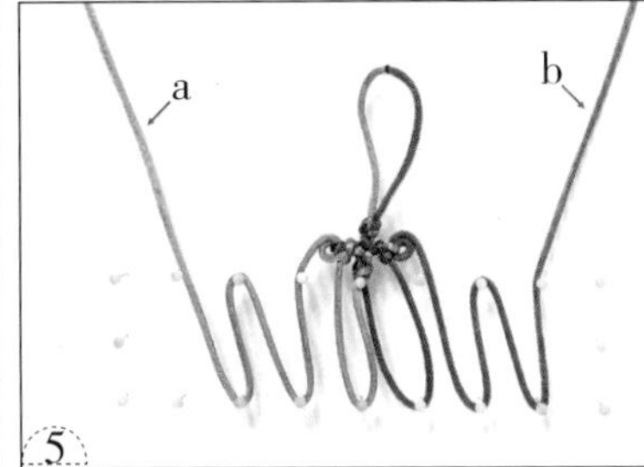

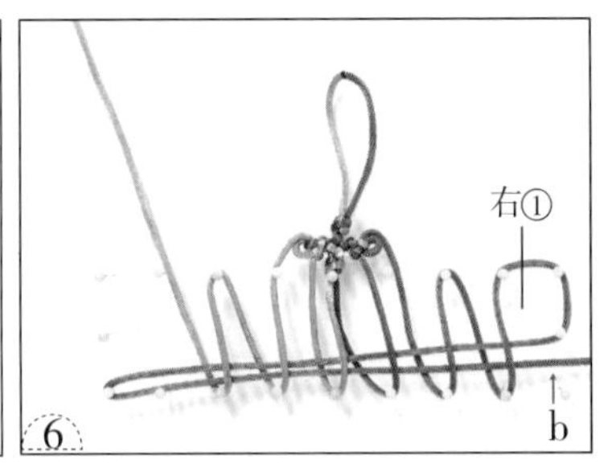

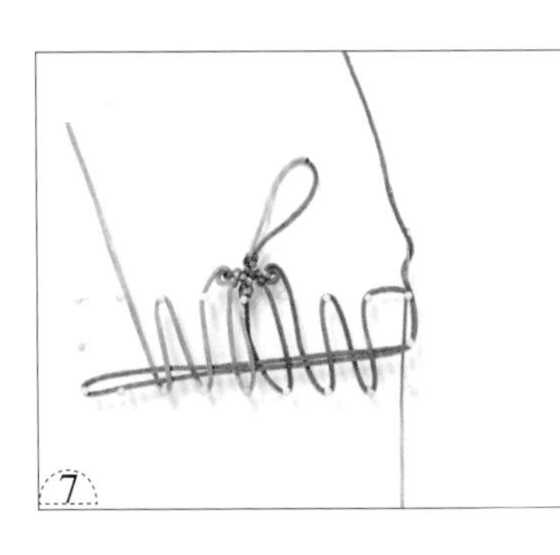

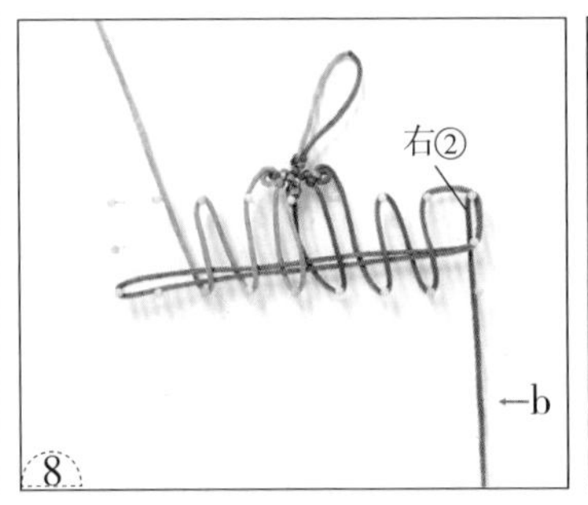

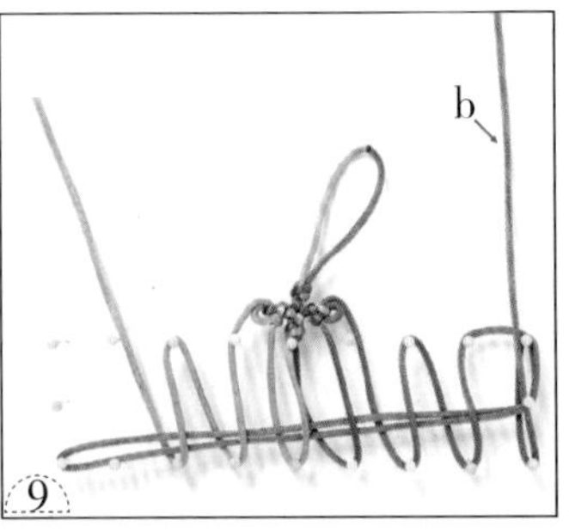

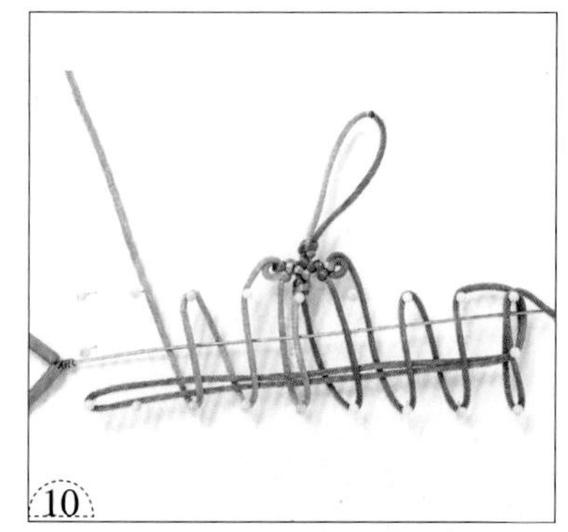

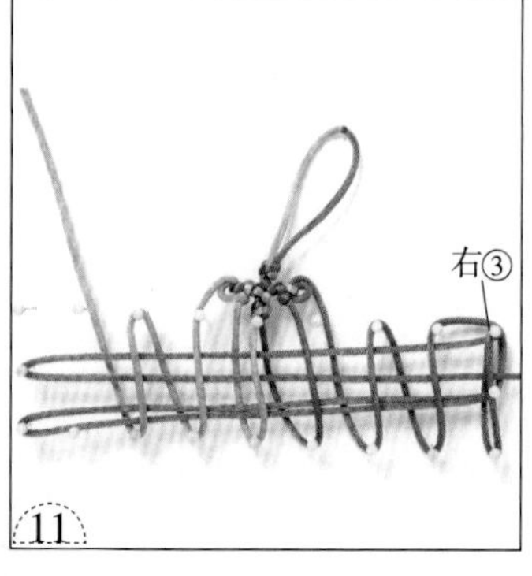

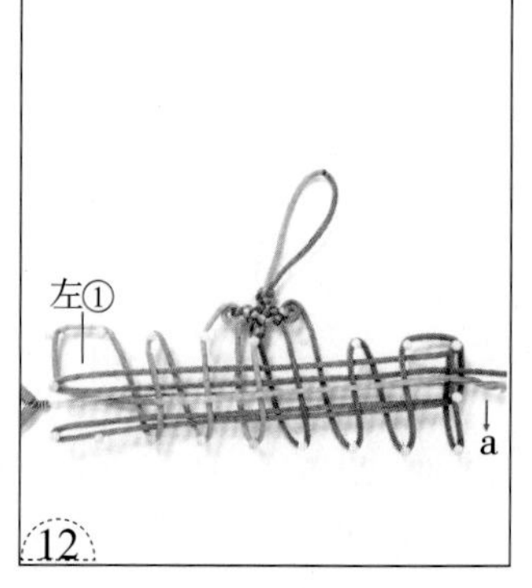

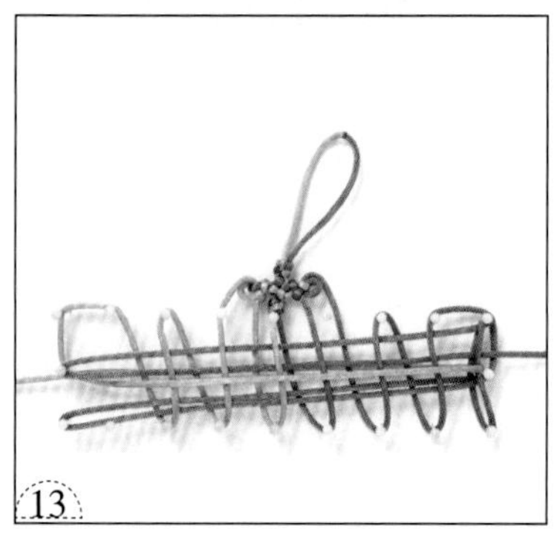

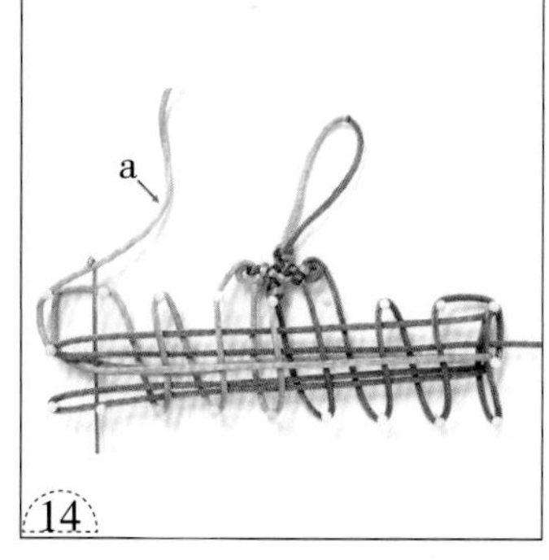

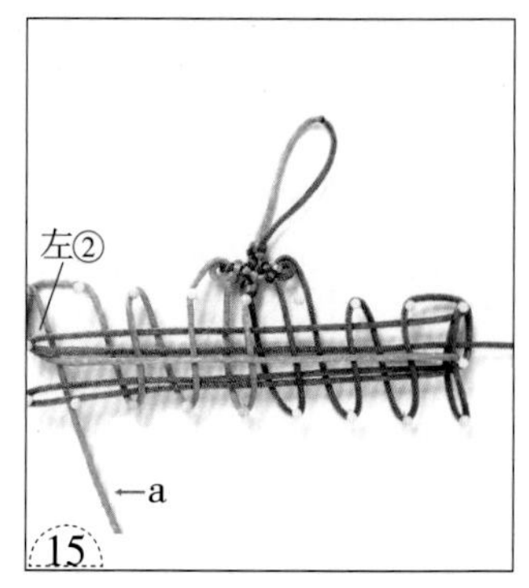

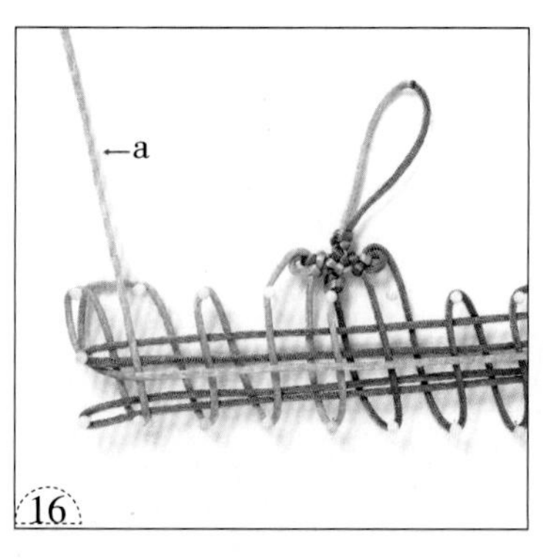

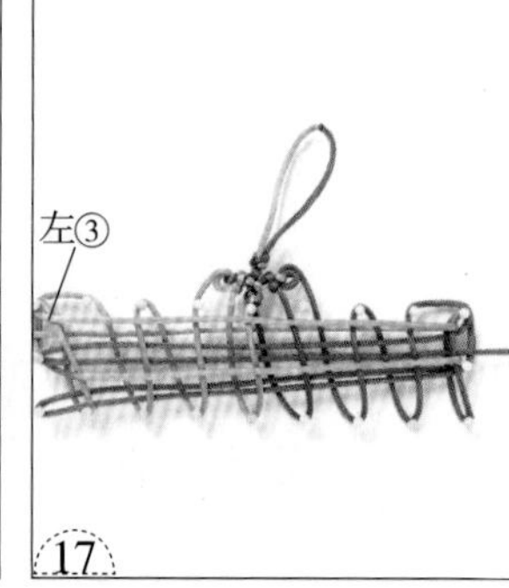

14. 钩针挑 3 线，压 1 线，挑 2 线，然后钩住 a 线。
15.a 线绕出耳翼左②。
16.a 线如图向上走。
17.a 线绕出耳翼左③，走两行长的横线。
18. 钩针挑 2 线，压 1 线，挑 3 线，压 1 线，挑 1 线，钩住 a 线。
19. 把 a 线钩向上。
20.a 线向下走。
21.a 线仿照步骤 18 ~ 20 的方法，走六行竖线。
22. 钩针挑 2 线，压 1 线，挑 3 线，压 1 线，挑 1 线，钩住 b 线。
23. 把 b 线钩向上。
24.b 线向下走。
25.b 线仿照步骤 22 ~ 24 的方法，走六行竖线。
26. 从大头针上取出结体。
27. 调整成形。

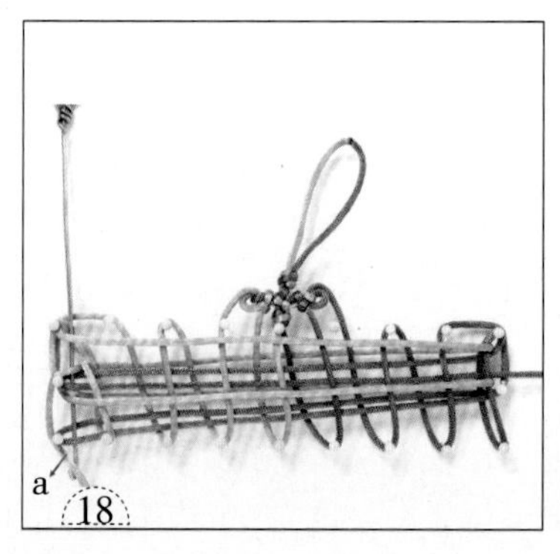

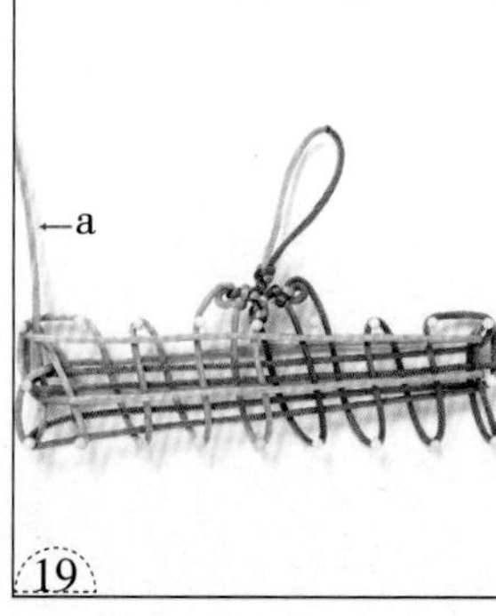

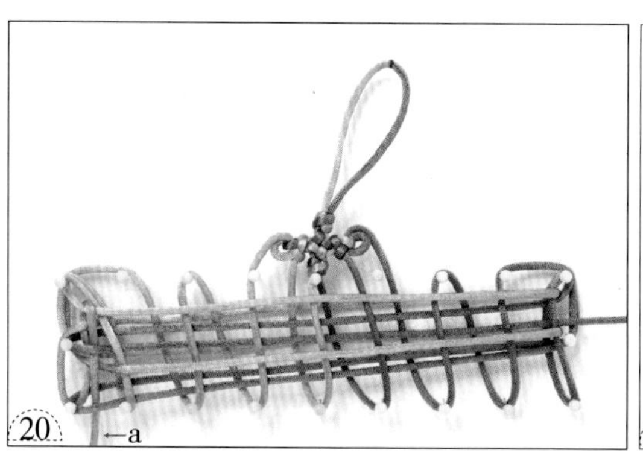
20
a

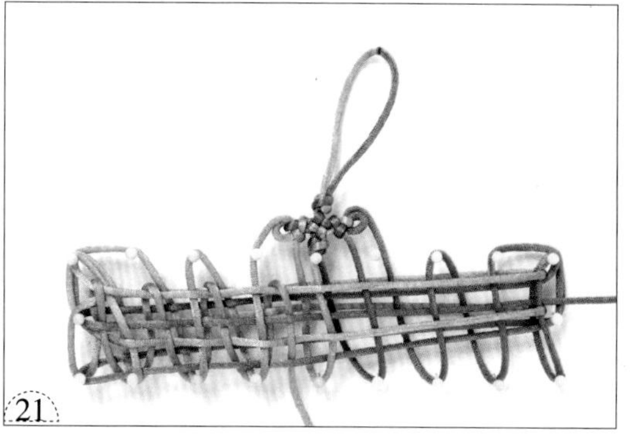
21

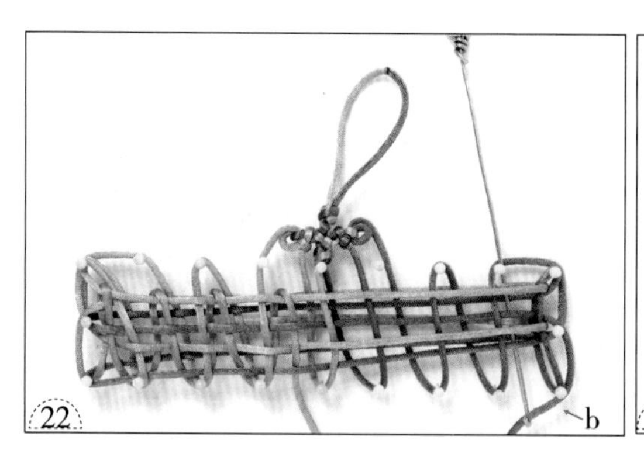
22
b

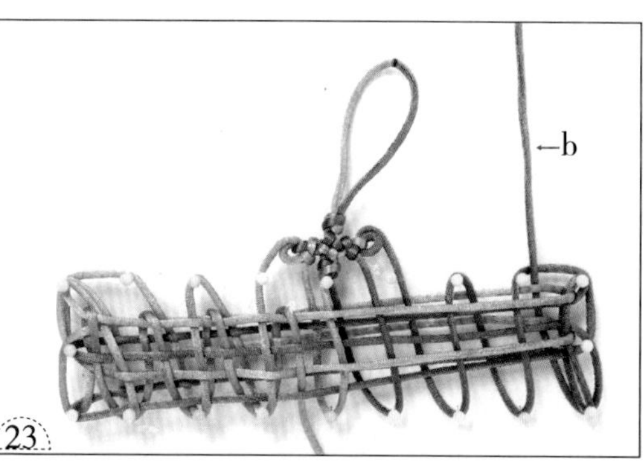
b
23

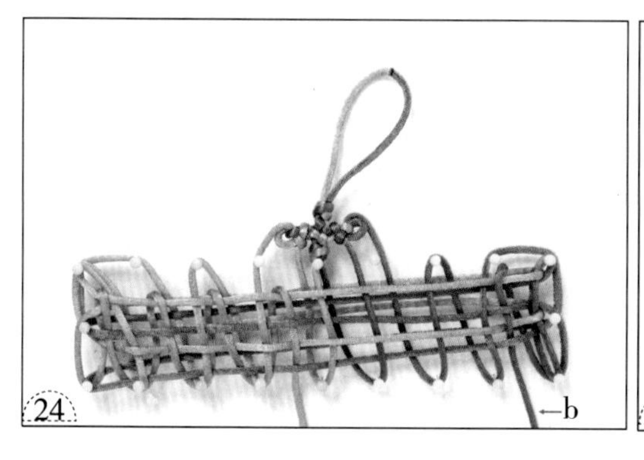
24
b

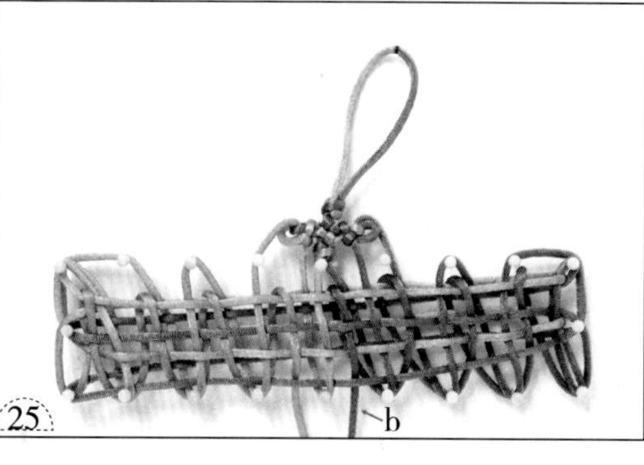
25
b

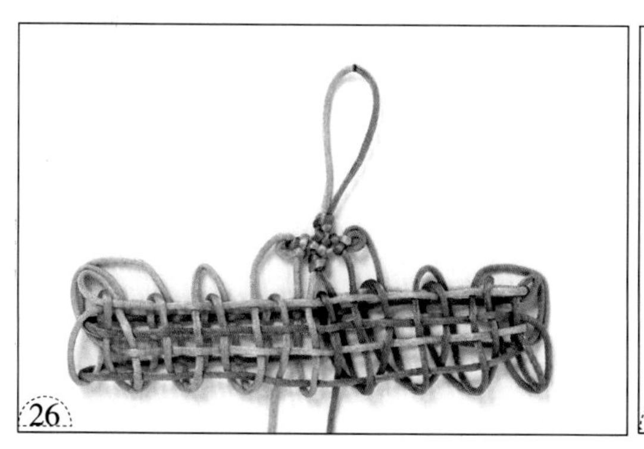
26

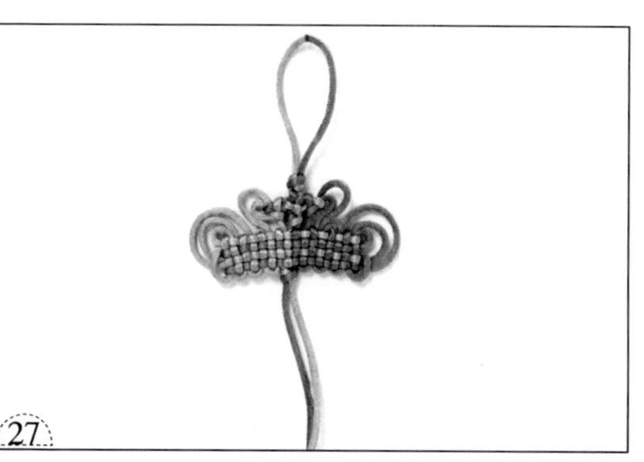
27

复翼盘长结

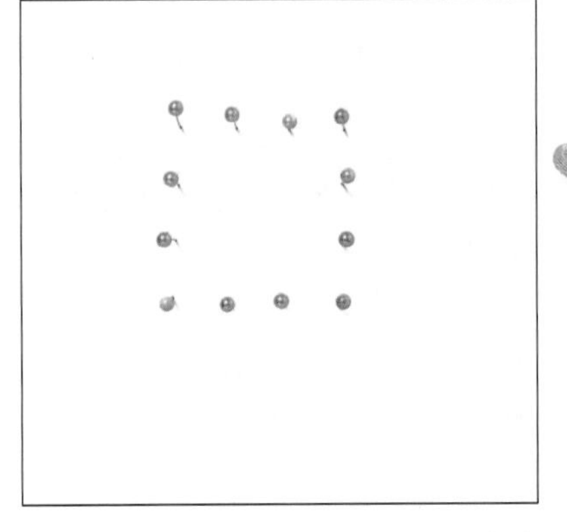

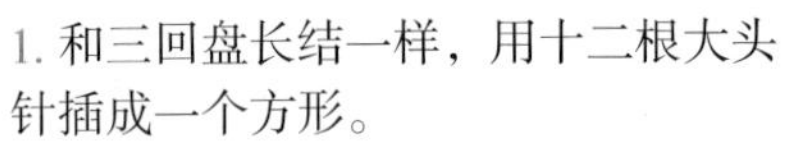

1. 和三回盘长结一样，用十二根大头针插成一个方形。

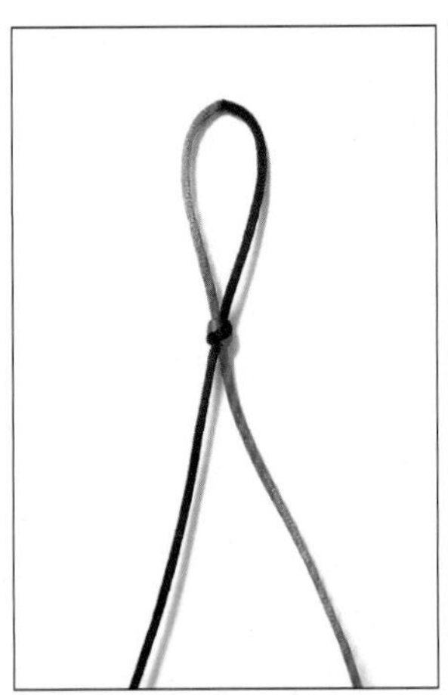

2. 先用一条线打一个双联结。

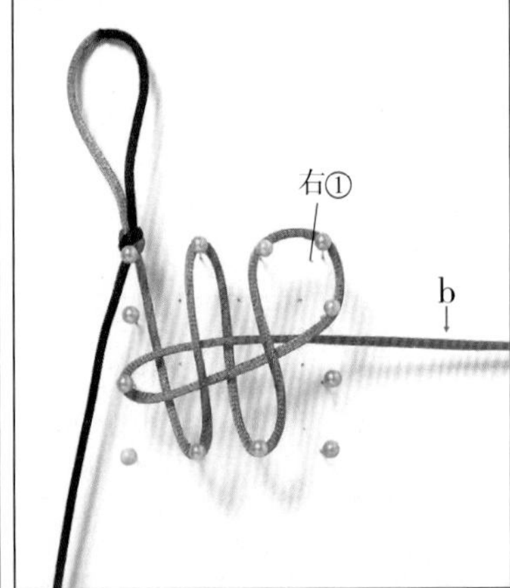

3.b 线钩出右边第一个耳翼右①，然后挑第二、四行竖线，走两行横线。

4.b 线如图在右边第一个耳翼内绕出第二个耳翼右②。

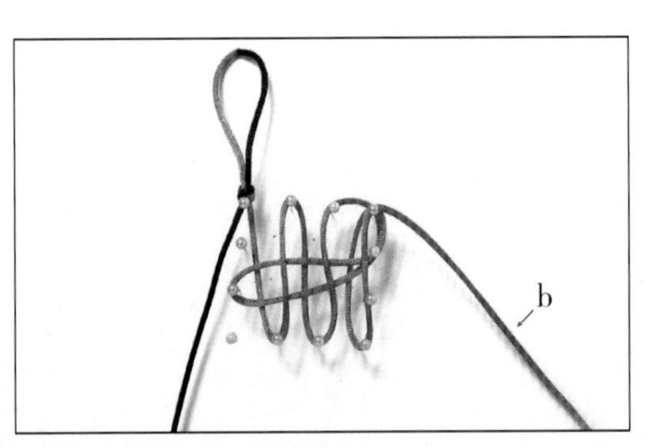

5.b 线走第五、六行竖线。

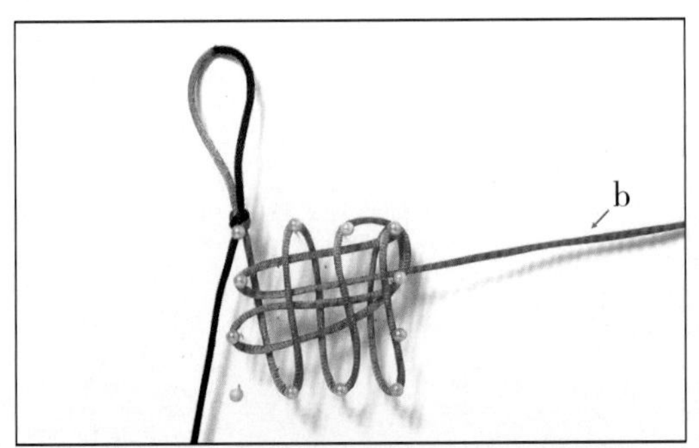

6.b 线挑第二、四、六行 b 竖线，走两行横线，如图绕出第三个耳翼右③。

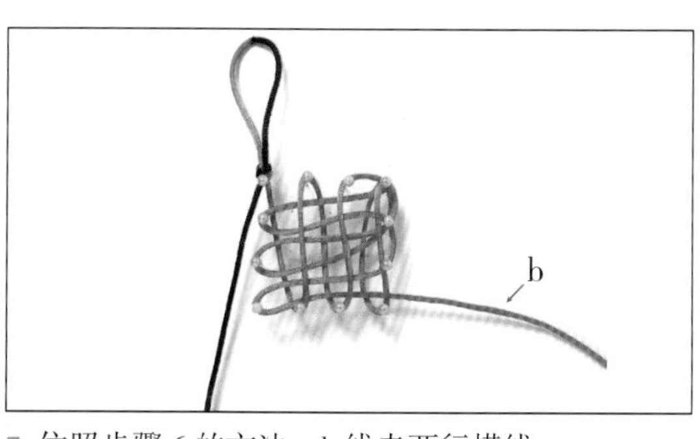

7. 仿照步骤 6 的方法，b 线走两行横线。

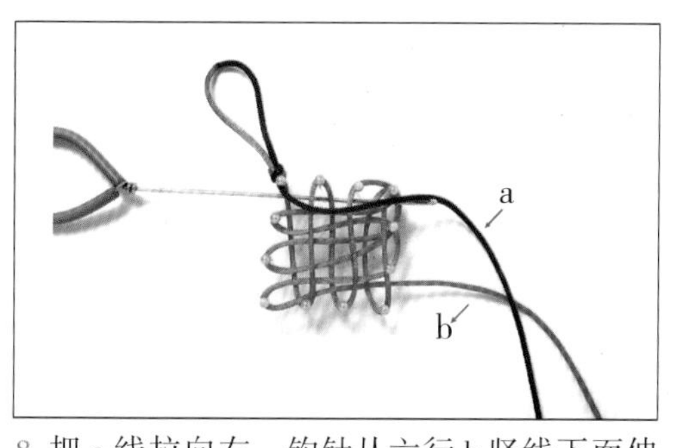

8. 把 a 线拉向右，钩针从六行 b 竖线下面伸过去，钩住 a 线。

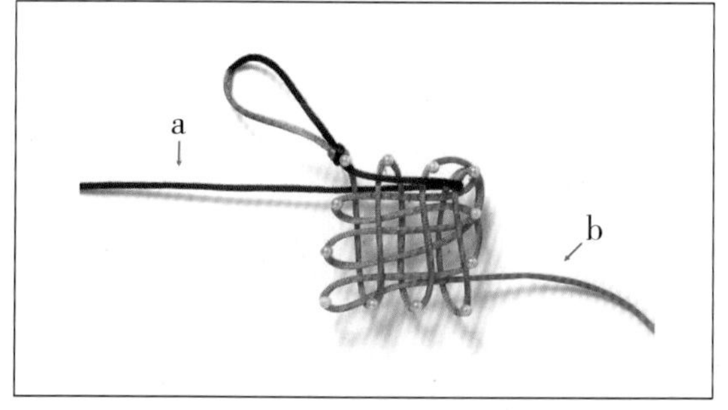

9. 把 a 线从六行 b 竖线的下面钩向左。

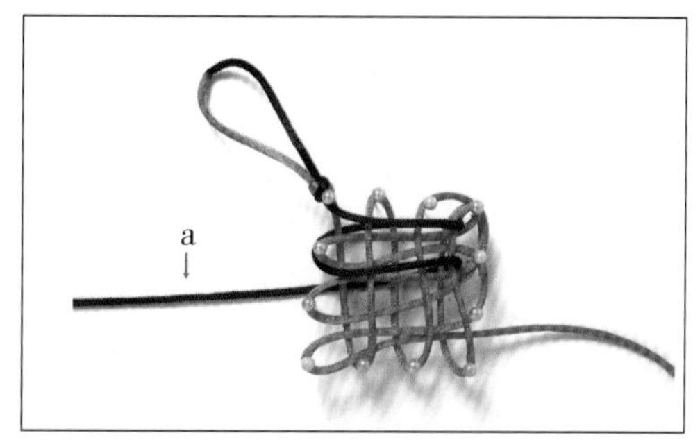

10.a 线仿照步骤 8、9 的方法，再做两行横线。

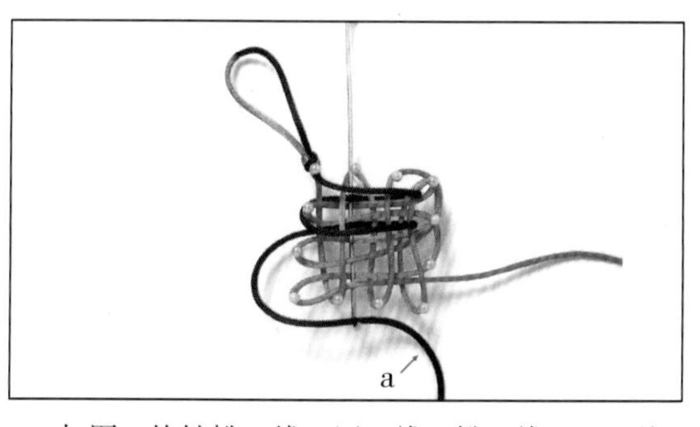

11. 如图，钩针挑 2 线，压 1 线，挑 3 线，压 1 线，挑 1 线，压 1 线，挑 1 线，钩住 a 线。

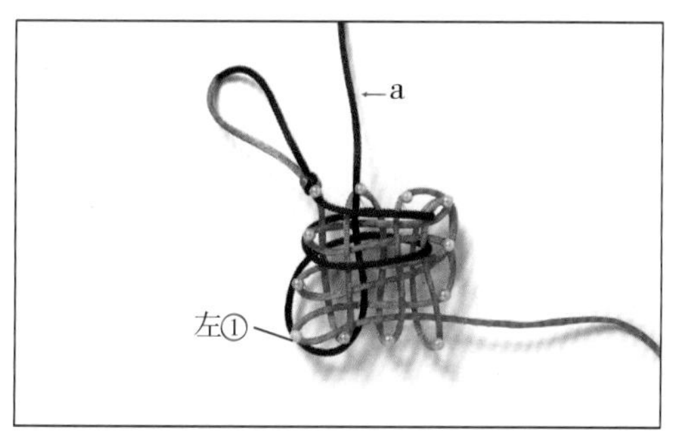

12. 把 a 线拉向上，钩出左边第一个耳翼左①。

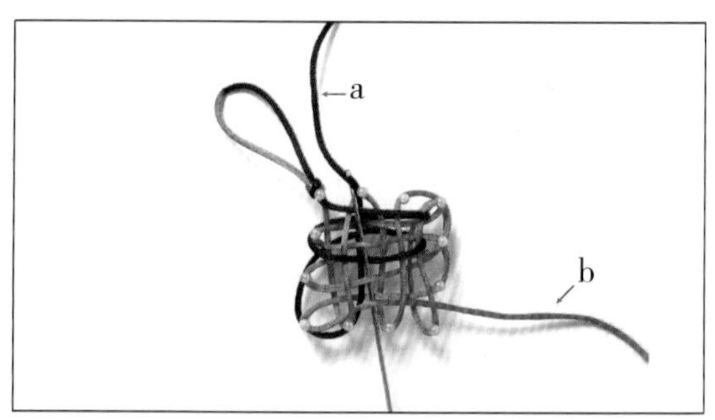

13. 钩针挑第二、四、六行 b 横线，钩住 a 线。

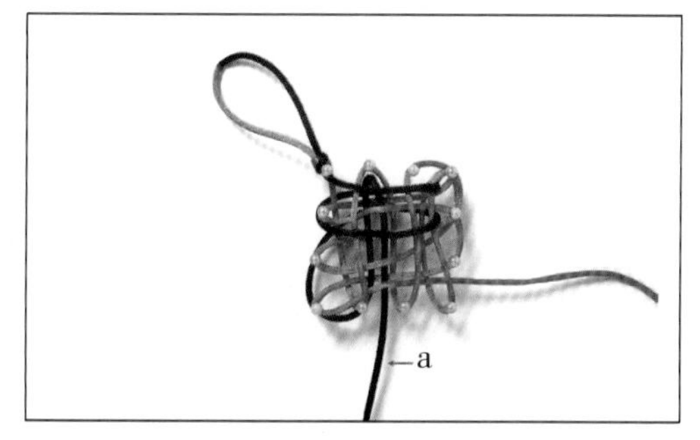

14. 把 a 线拉向下。

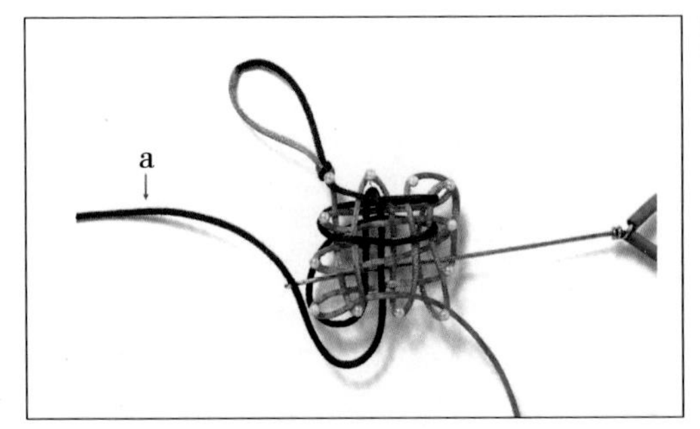

15. 钩针如图挑、压，钩住 a 线。

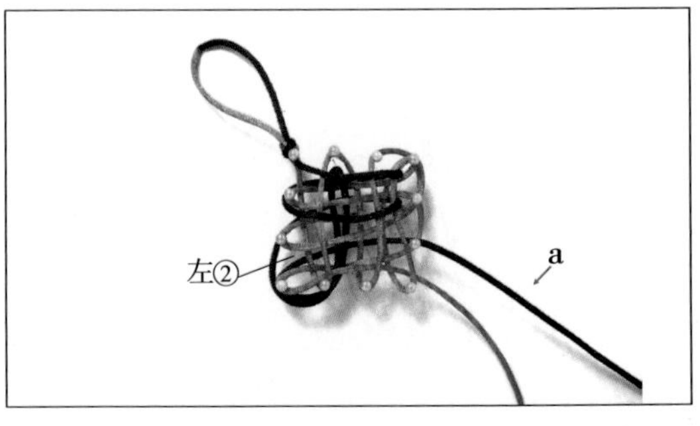

16.a 线拉向右，如图钩出左边第二个耳翼左②。

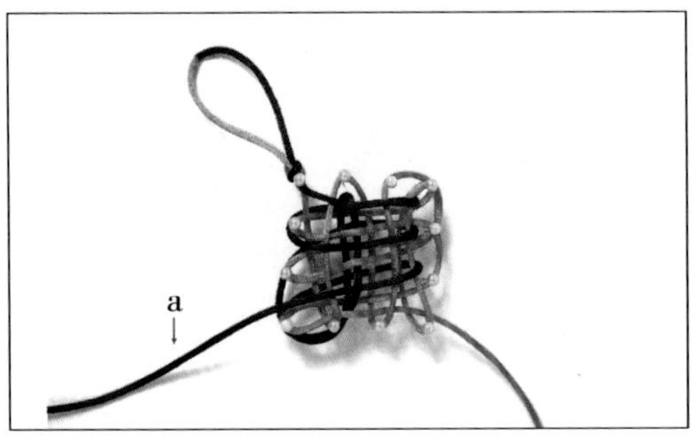

17.a 线如图向左走线。

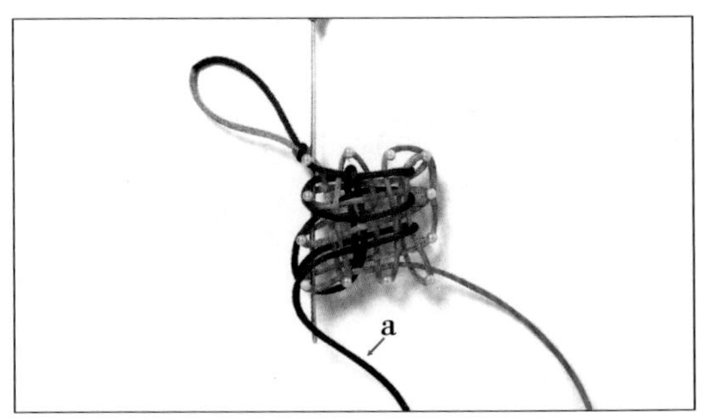

18. 钩针挑 2 线，压 1 线，挑 3 线，压 1 线，挑 3 线，压 1 线，挑 1 线，钩住 a 线。

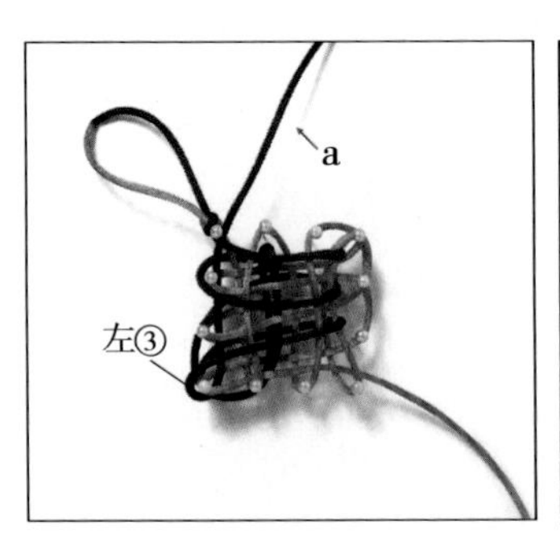

19. 把 a 线拉向上，钩出左边第三个耳翼左③。

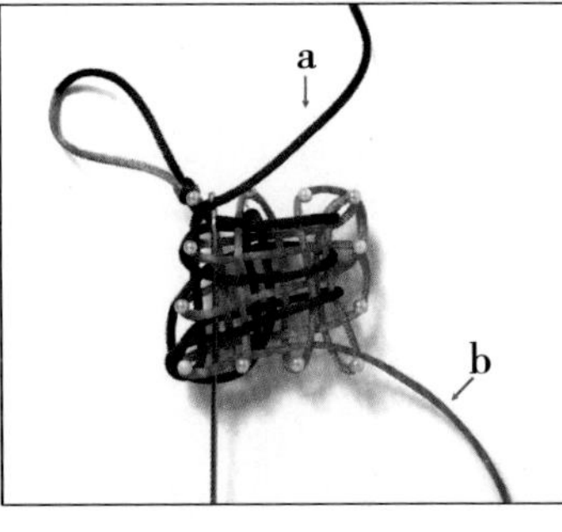

20. 钩针挑第二、四、六行 b 横线，钩住 a 线。

21. 把 a 线拉向下。

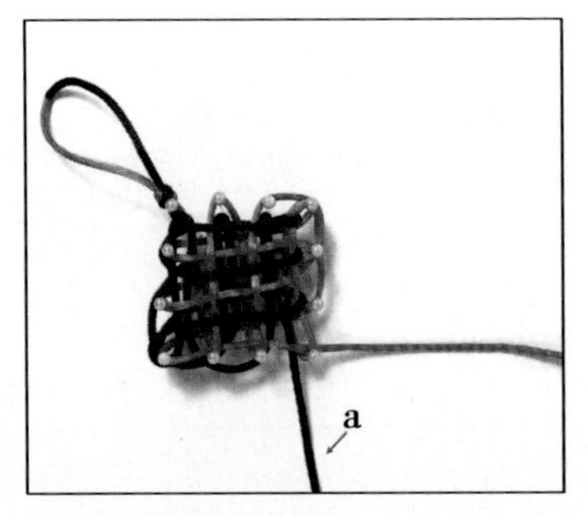

22.a 线仿照步骤 19 ~ 21 的方法，走两行竖线。

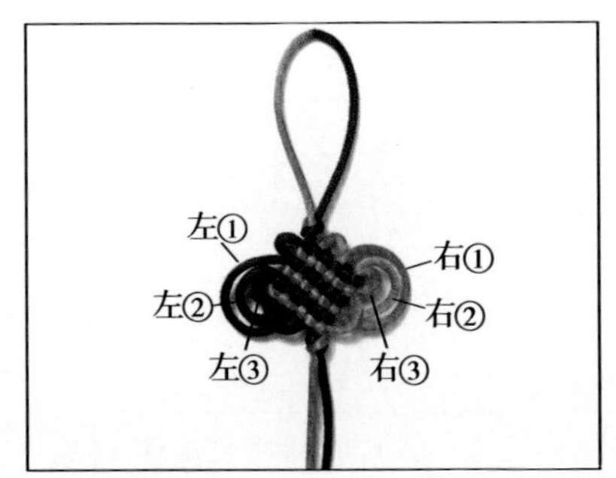

23. 取出结体，确定并拉出耳翼，调整好结形。

叠翼盘长结

1. 用十二根大头针插成一个方形（图 1）。
2.a 如图走线，绕出耳翼左①（图 2）。
3.a 如图走线，绕出耳翼左②（图 3）。
4.b 线如图走四行横线，绕出耳翼右①(图 4)。
5.b 线走两行竖线，绕出耳翼右②（图 5）。
6.a 线绕出耳翼左③，然后如图走两行竖线(图 6、图 7）（注意：钩针从六行 a 横线的下面伸过去，钩住 a，把 a 线钩下来。这样，a 线包住所有的横线，完成一个包套。后面的做法是一样的）。
7.a 线仿照步骤 6 的方法走两行竖线，绕出耳翼左④（图 8）。
8.a 线绕出耳翼左⑤（图 9）。

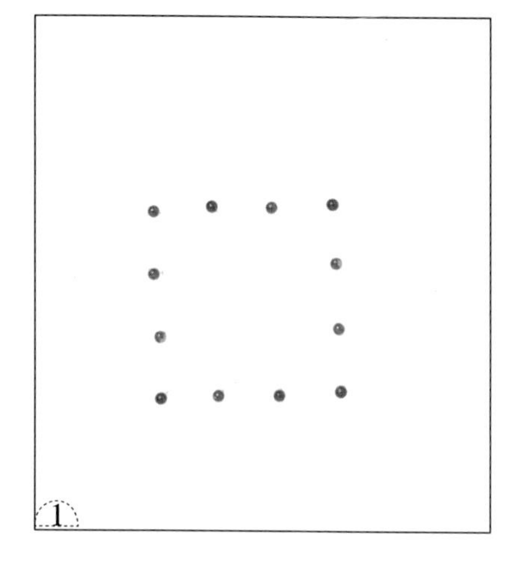

1

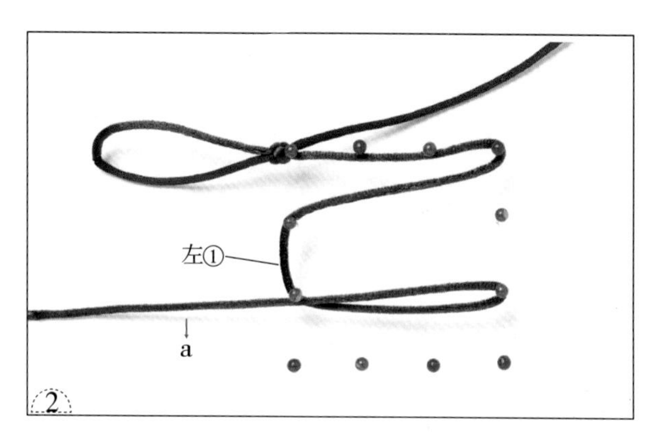

2

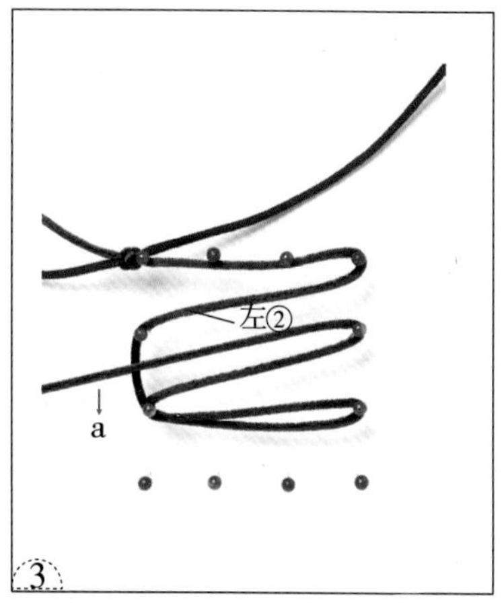

3

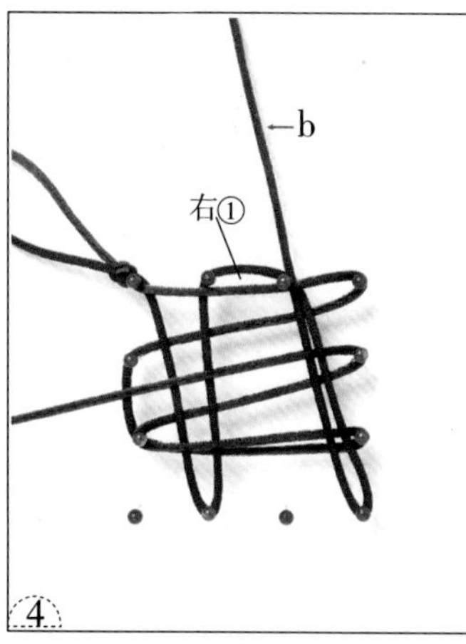

4

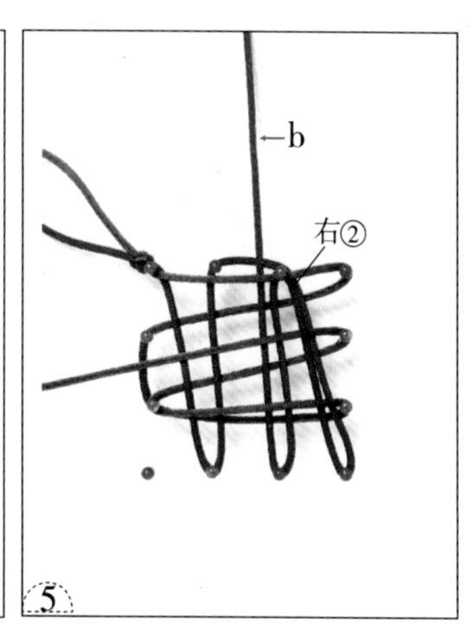

5

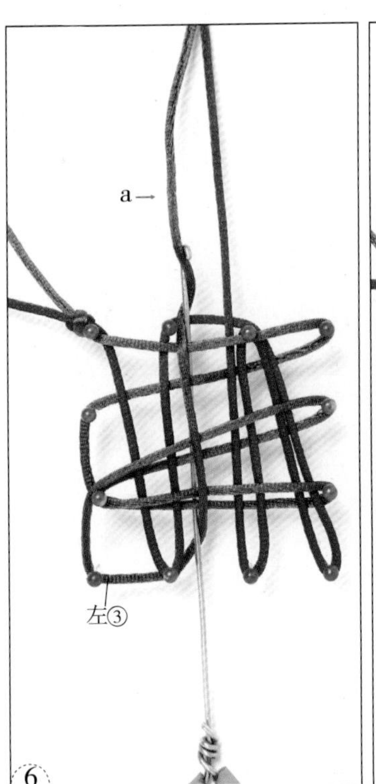
a
左③
6

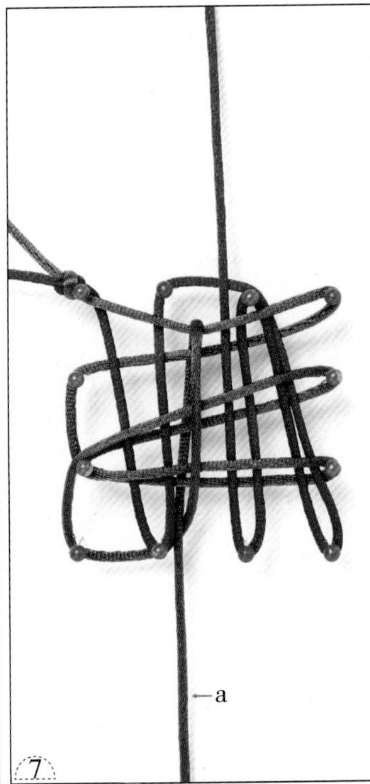
a
7

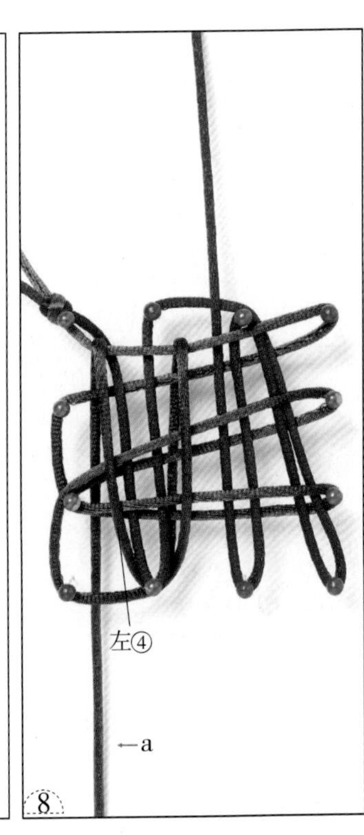
左④
a
8

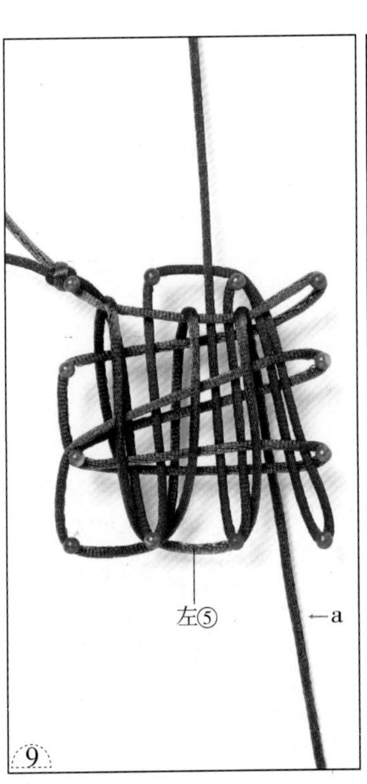
左⑤
a
9

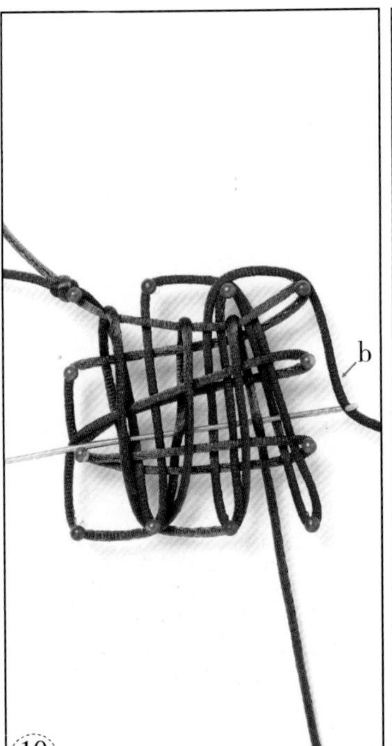
b
10

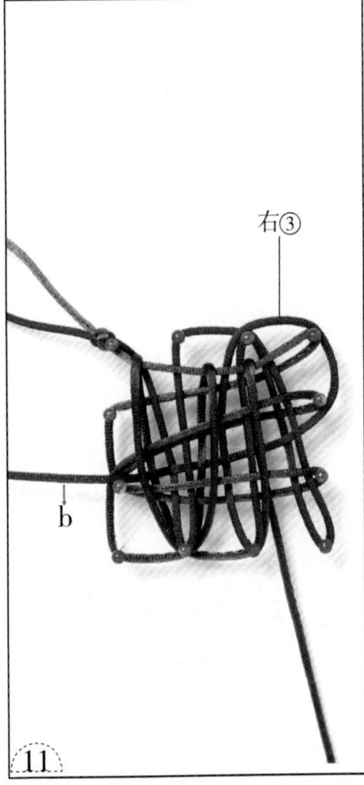
右③
b
11

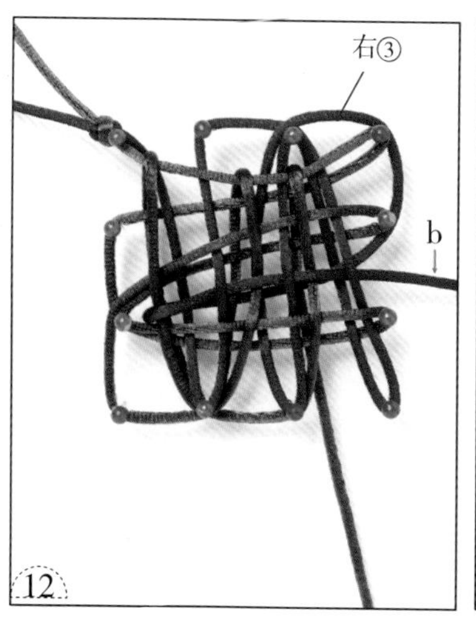

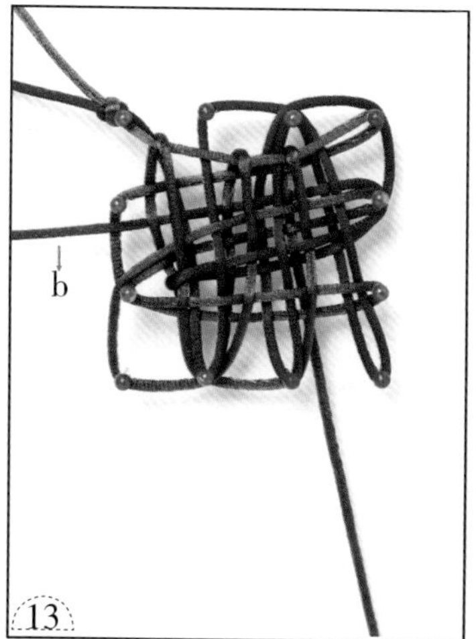

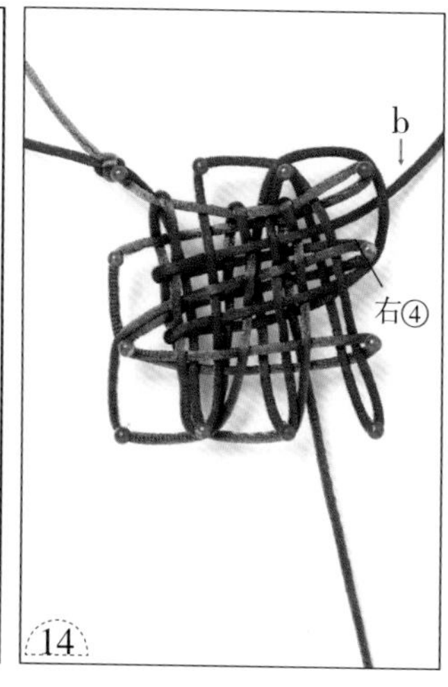

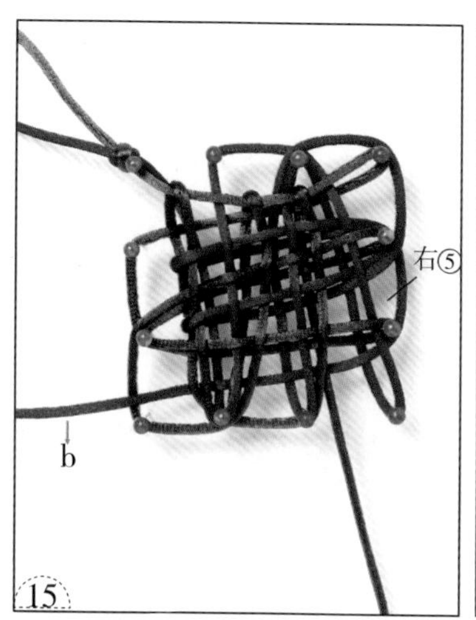

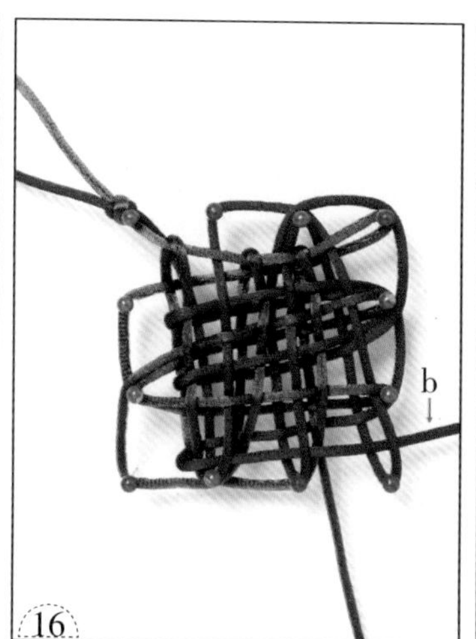

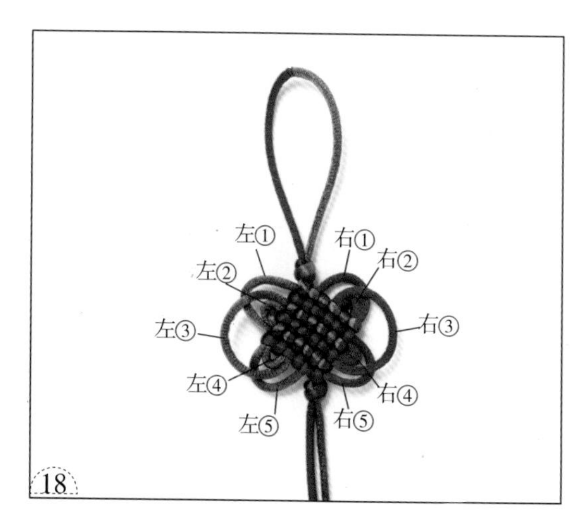

9.b 线走两行横线，绕出耳翼右③（图 10 ~ 12）（注意：钩针挑、压的方法是：挑 2 线，压 1 线，挑 3 线，压 1 线，挑 3 线，压 1 线，挑 1 线，然后钩住 b 线，将 b 线钩向左，b 线再挑第二、四、六行 b 竖线，向右走一行横线。后面的做法是一样的）。

10.b 线仿照步骤 9 的方法走两行横线，绕出耳翼右④（图 13、图 14）。

11.b 线绕出耳翼右⑤（图 15、图 16）。

12. 取出结体，确定并拉出十个耳翼（图 17）。

13. 调整结体，最后在结尾处打一个双联结即可（图 18）。

酢浆草盘长结

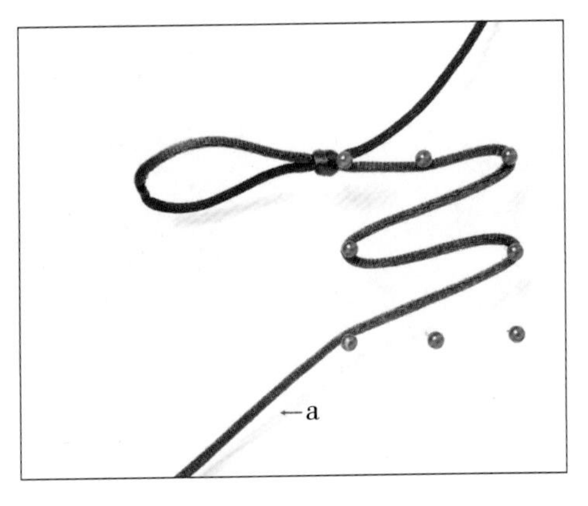

1.a 线在大头针上绕出四行横线。

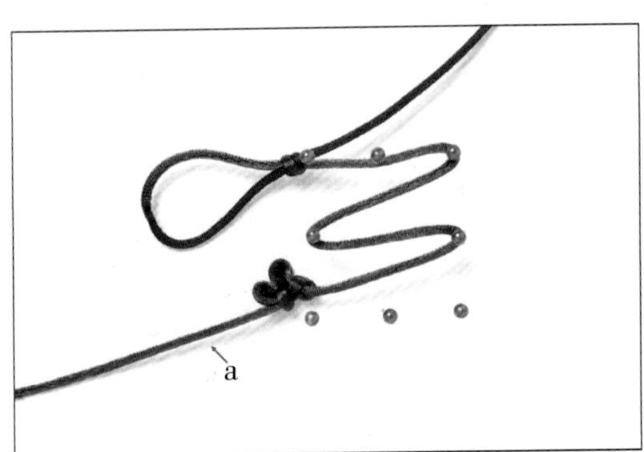

2.a 线打一个酢浆草结。

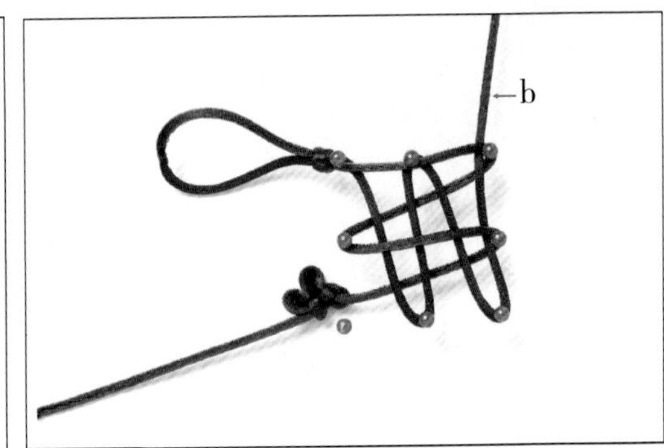

3.b 线挑第一、三行横线，走四行竖线。

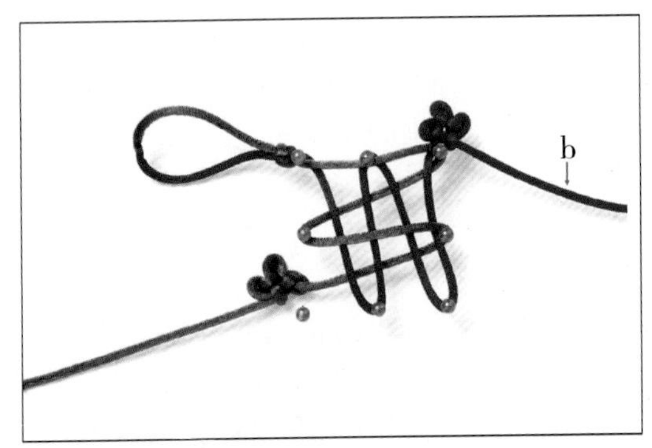

4.b 线也打一个酢浆草结。

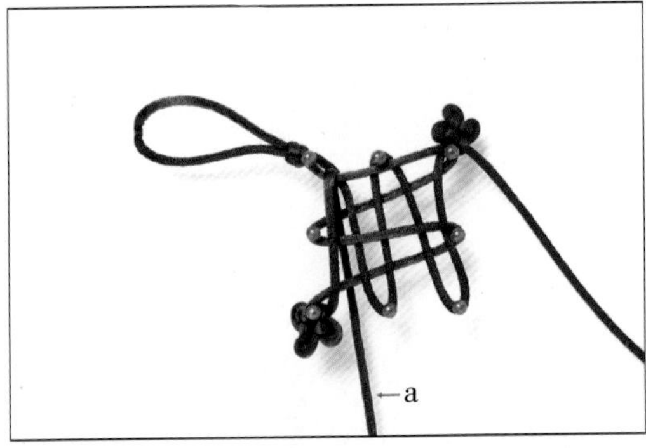

5.a 线拉向上，然后用钩针把 a 线从四行横线的下面钩向下。

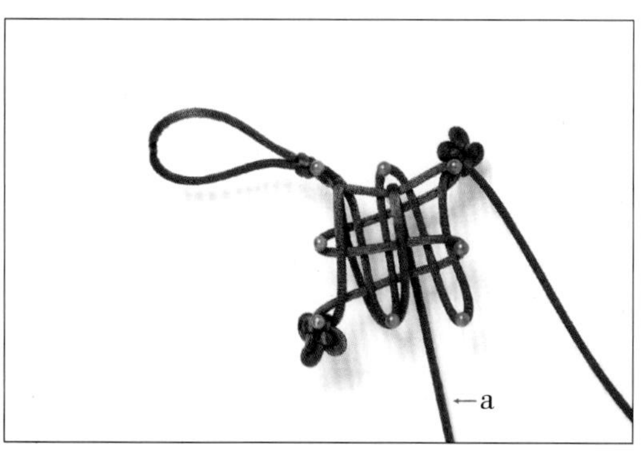

6.a 线仿照步骤 5 的方法再做一次。

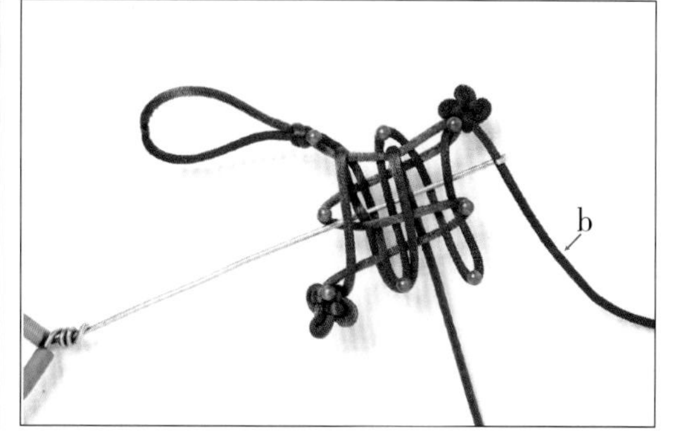

7. 钩针挑 2 线，压 1 线，挑 3 线，压 1 线，挑 1 线，钩住 b 线。

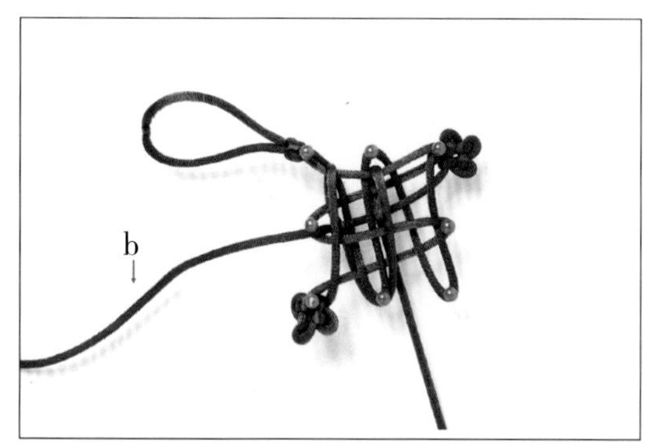

8. 把 b 线钩向左。

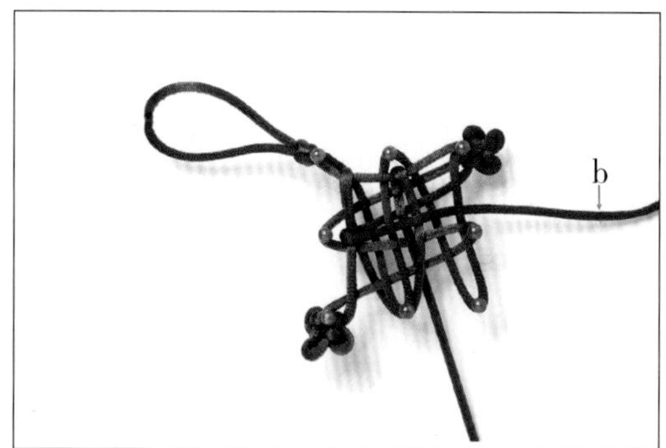

9. 如图把 b 线钩向右。

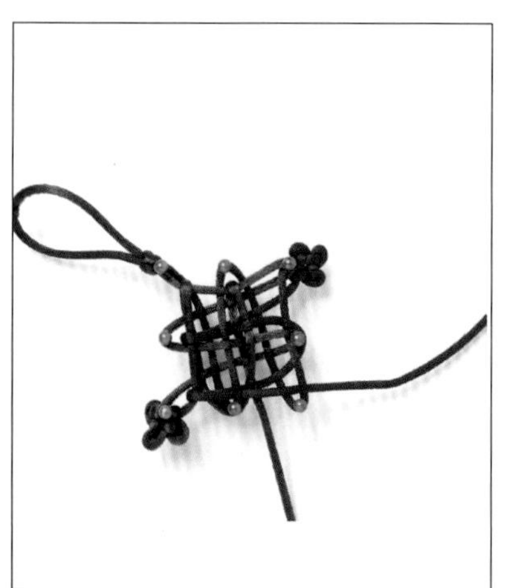

10.b 线仿照步骤 7 ~ 9 的方法再做一次。

11.取出结体。

12. 调整好结体。

酢浆草蝴蝶结

1. 用一条线对折后编一个双联结。
2. 在双联结的下端编一个酢浆草结。
3.b 线做一个圈，穿进酢浆草结的右耳翼内。
4.b 线再做一个圈，穿进前面做好的圈内。
5.b 线走完酢浆草结的最后一步。
6. 把酢浆草结调整好
7. 用 b 线在前面做好的酢浆草结的右边再组合完成一个双环结。
8.a 线仿照 b 线的方法，在左边完成酢浆草结和双环结的组合。
9. 两条线在中间组合完成一个酢浆草结。
10. 最后编一个双联结即可。

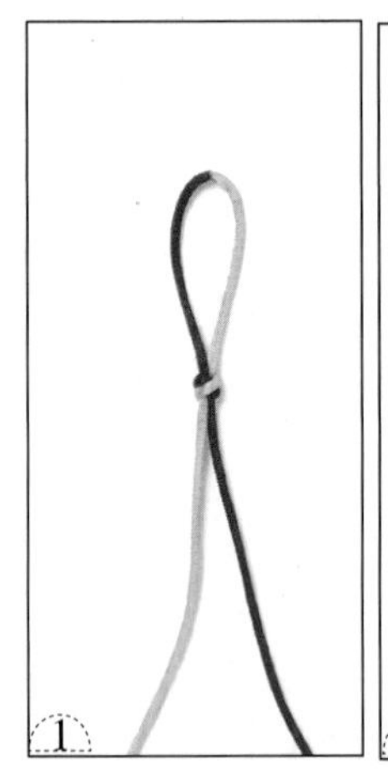

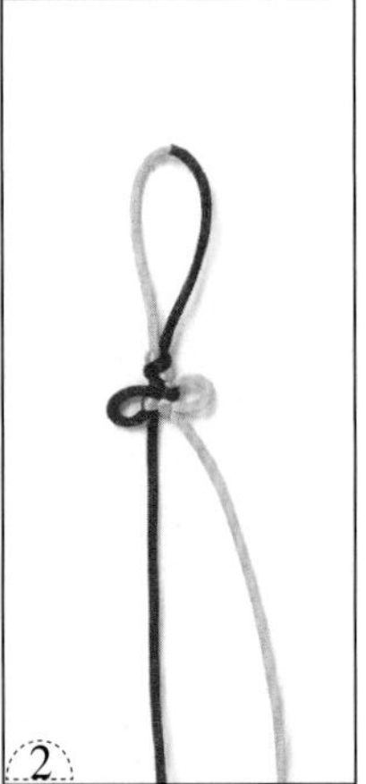

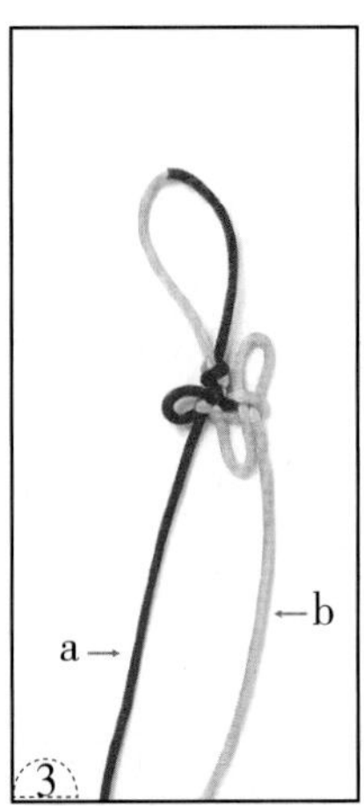

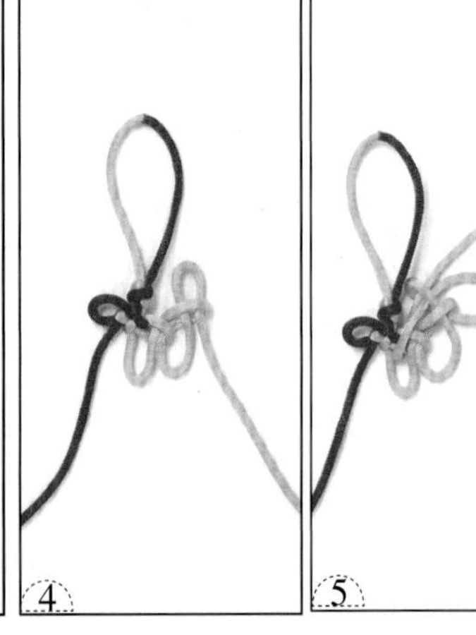

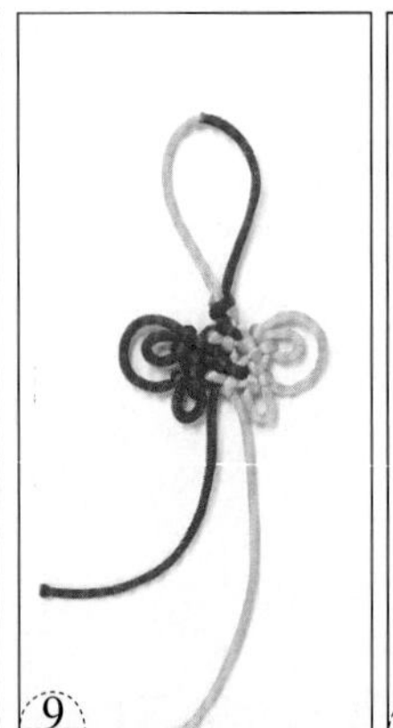

同心结

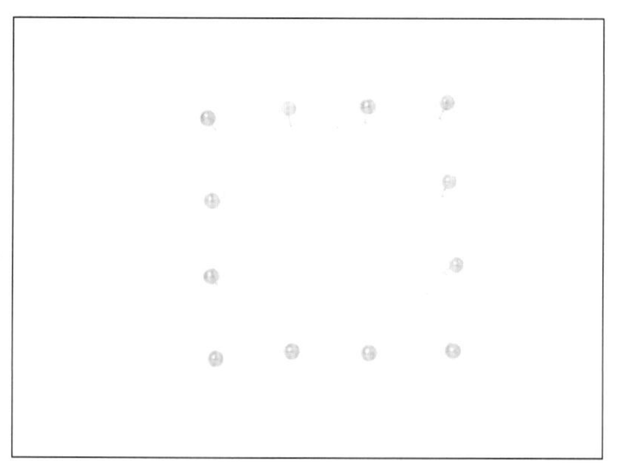

1. 用十二根大头针插成一个方形（注意：同心结和三回盘长结一样，同样是用十二根大头针插成方形，打法是一样的，只是同心结的两侧分别拉长了一个耳翼，用于放下来做出左右对称的弧形）。

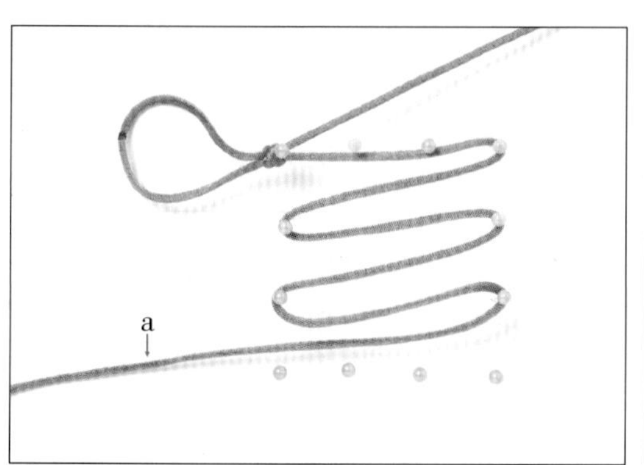

2.a 线在大头针上绕出 6 行横线。

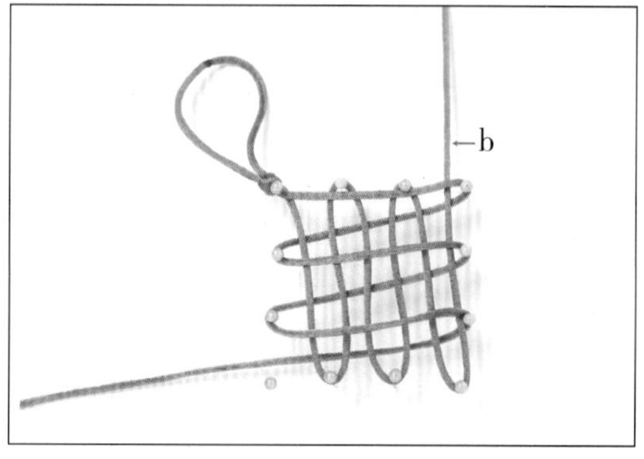

3.b 线挑第一、三、五行 a 横线，绕出六行竖线。

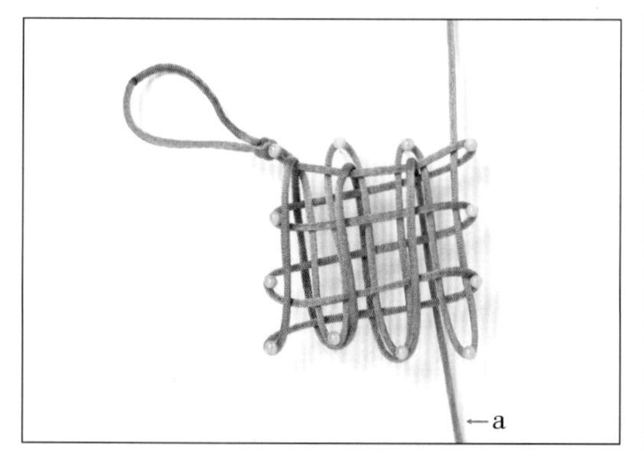

4.a 线包住所有的横线，分别走六行竖线。

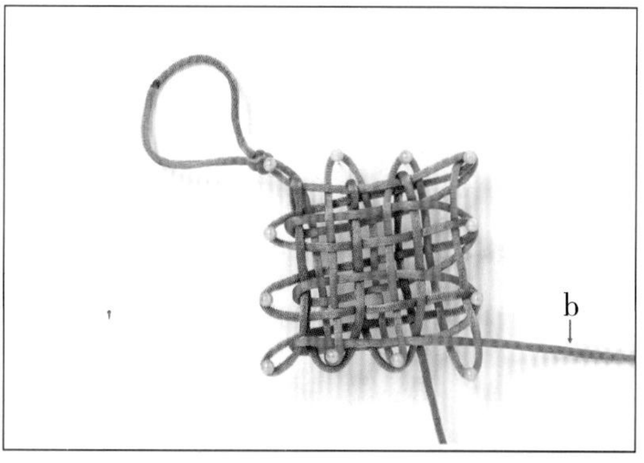

5.b 线如图走六行横线。

6. 从大头针上取出结体。

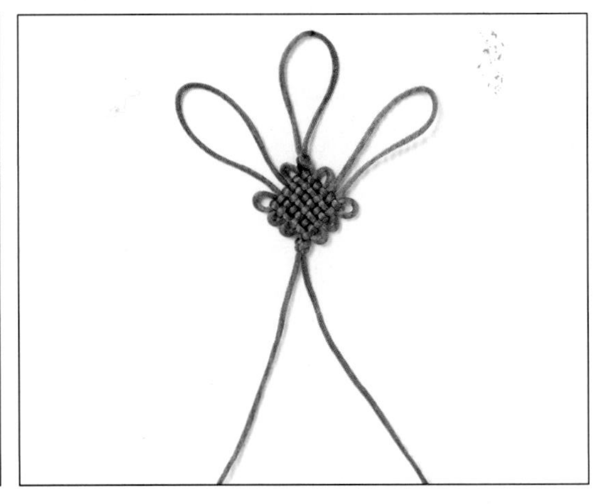

7. 调整结形，分别拉长两侧的一个耳翼。

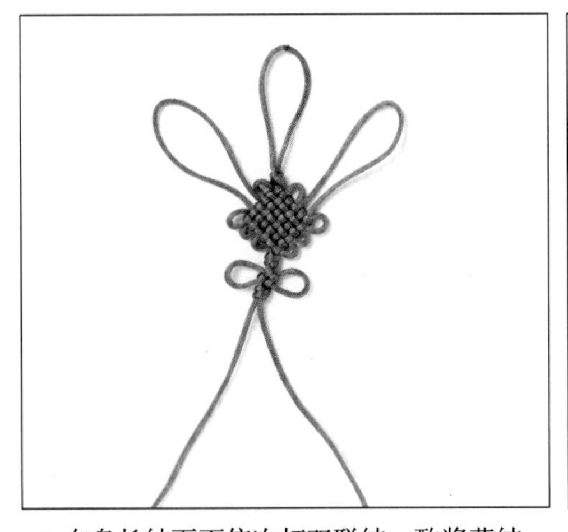

8. 在盘长结下面依次打双联结、酢浆草结、双联结（注意：把酢浆草结两侧的耳翼拉大一些）。

9. 把酢浆草结右侧的耳翼弯起来做一个圈，钩针从圈中伸过去，钩住上面的长耳翼。

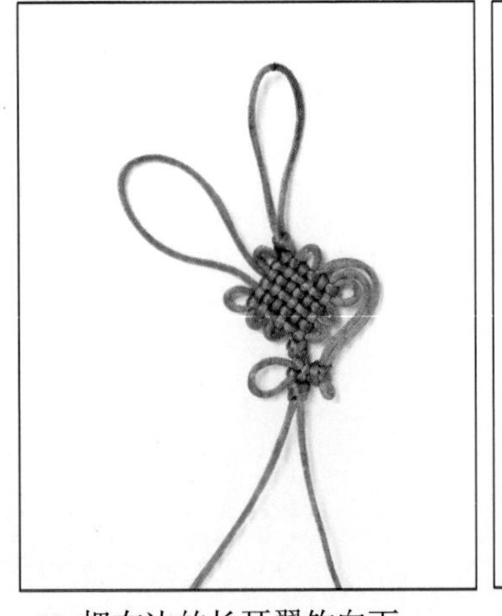

10. 把右边的长耳翼钩向下。

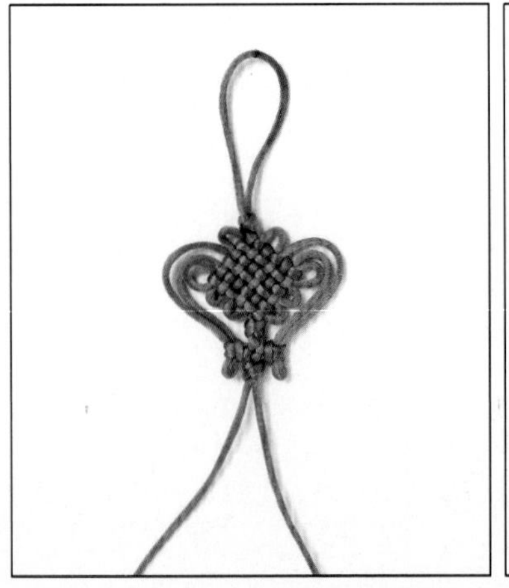

11. 左边仿照右边的做法编结。这样，一个同心结就制作完成了。

12. 作品展示。

法轮结

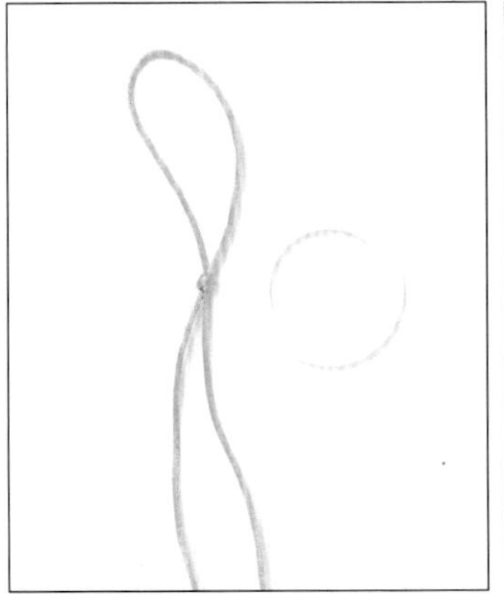

1. 准备一个塑料圈，用线打一个双联结作为开头。

2. 在双联结下面打一个酢浆草结。

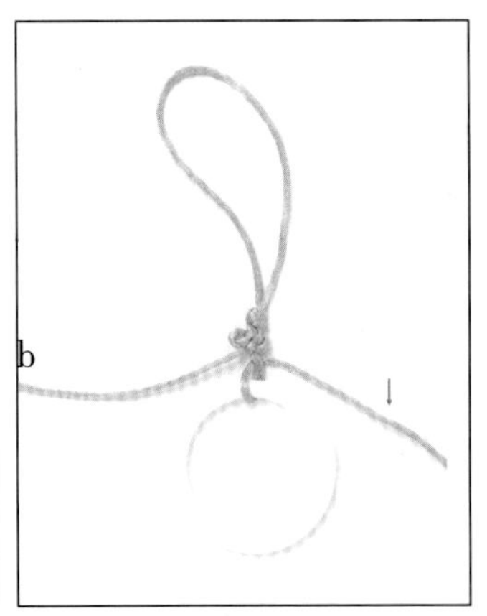

3.b 线如图绕过塑料圈。

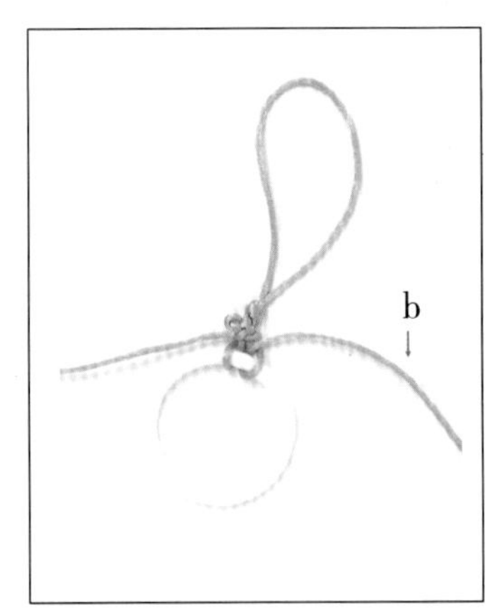

4.b 线在塑料圈上打一个雀头结。

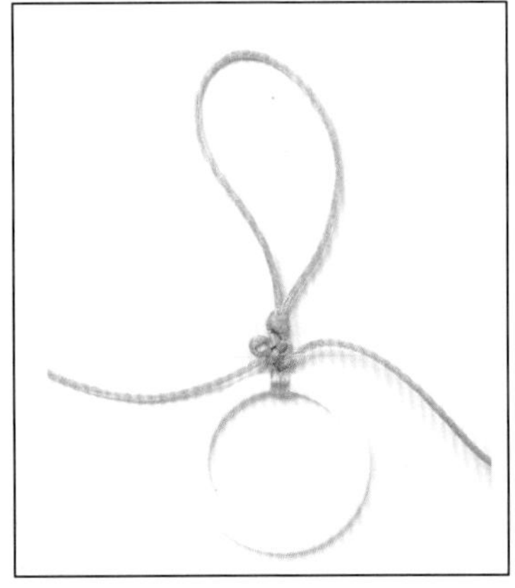

5. 把雀头结收紧。

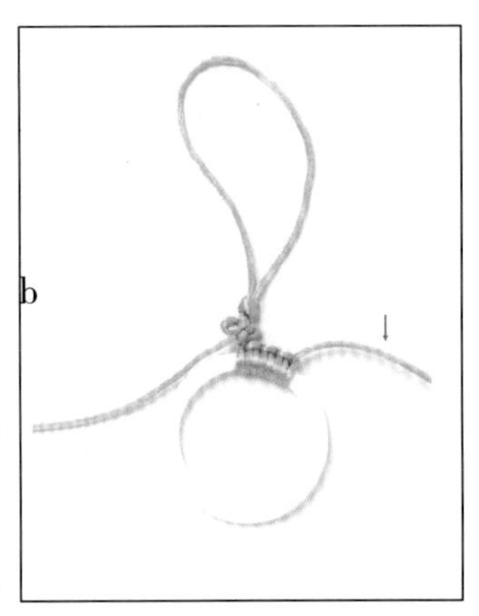

6.b 线往右连续打雀头结。

7. 另外用线编一个八耳团锦结（编法参照前书 52 页）。

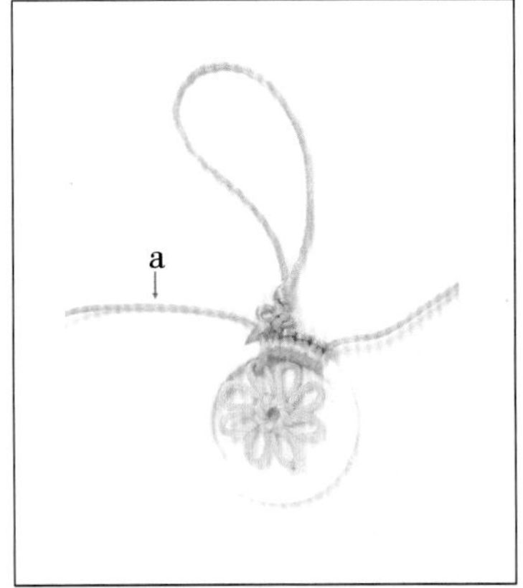

8.a 线穿过团锦结的一个耳翼固定。

9.a 线往左边继续打雀头结。

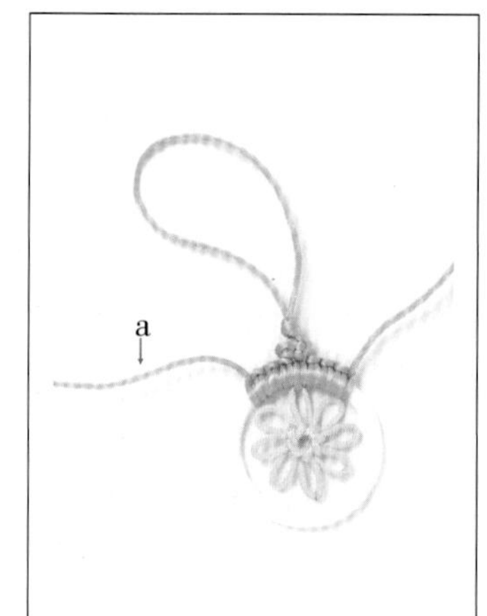

10.a线仿照b线的方法，往左边连续打结。

11. 在编至塑料圈1/8时，分别在两边打一个酢浆草结。

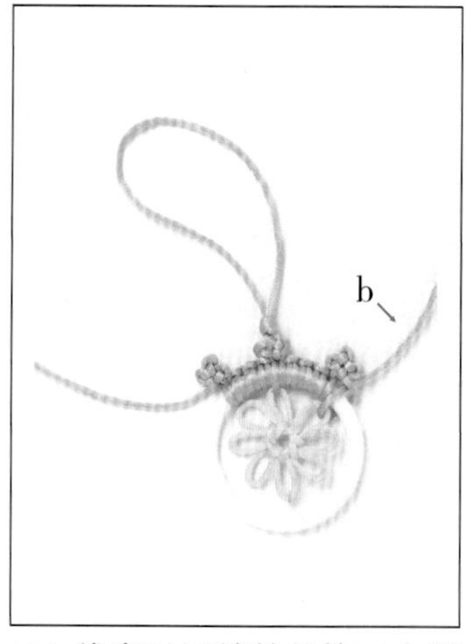

12.b线穿过团锦结的第二个耳翼固定。

13. 两条线如图继续往两边编雀头结。

14. 两边如图各编一个酢浆草结。

15.a、b线分别穿过团锦结两边的耳翼固定，然后继续向两边编雀头结。

16. 重复步骤13、14的做法编结。

17.b线穿过团锦结的最后一个耳翼固定，刚好将圈填满。

18. 最后，在圈的下面编一个酢浆草结和双联结固定即可。

PART 4 编绳练习

做法

1. 如图，准备四条红绳。
2. 用这四条红绳编一段四股辫。
3. 另外准备一条红绳，对折后放在四股辫的下方。
4. 用红绳穿过左侧留出的小圈。
5. 拉紧红绳,用作这款手绳的活扣。然后加一条红绳进来，开始编一段四股辫。
6. 四股辫编至合适的长度，由此形成三条平行的四股辫。
7. 每段四股辫末端保留一条绳即可，将多余的线剪掉，并用打火机将线头略烧一下按平。
8. 用步骤 7 中留出的三条绳合穿一颗玉珠。
9. 用三条绳编一个单结，然后剪掉多余的线，并用打火机处理好线头。
10. 这样，一款漂亮的三生手绳就编好了。佩戴的时候，只需轻轻推拉活扣，就能很方便地扣住玉珠。

三生玉

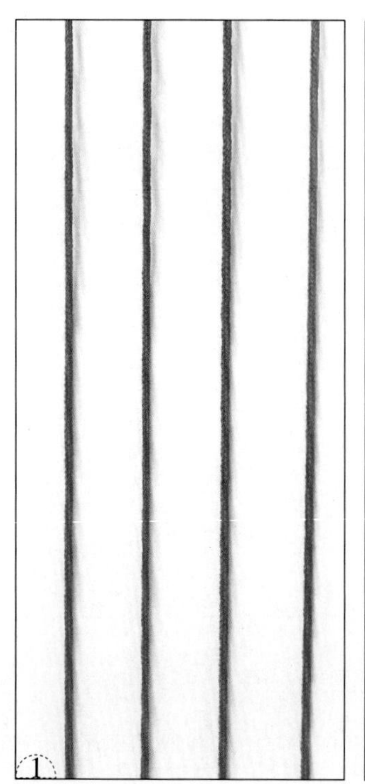
1

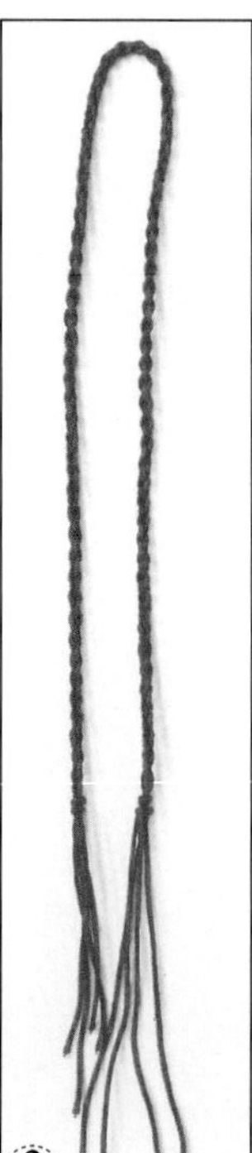
2

3

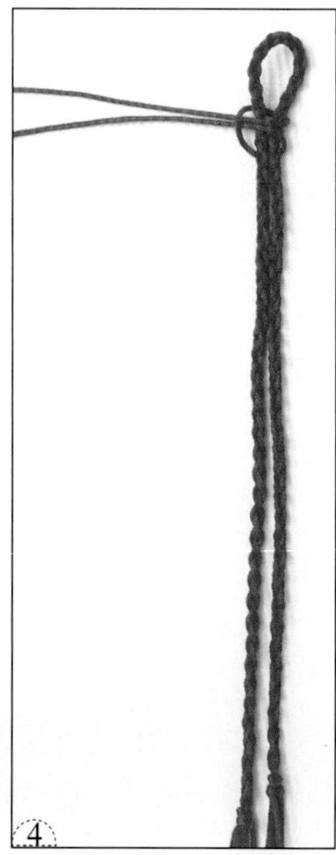
4

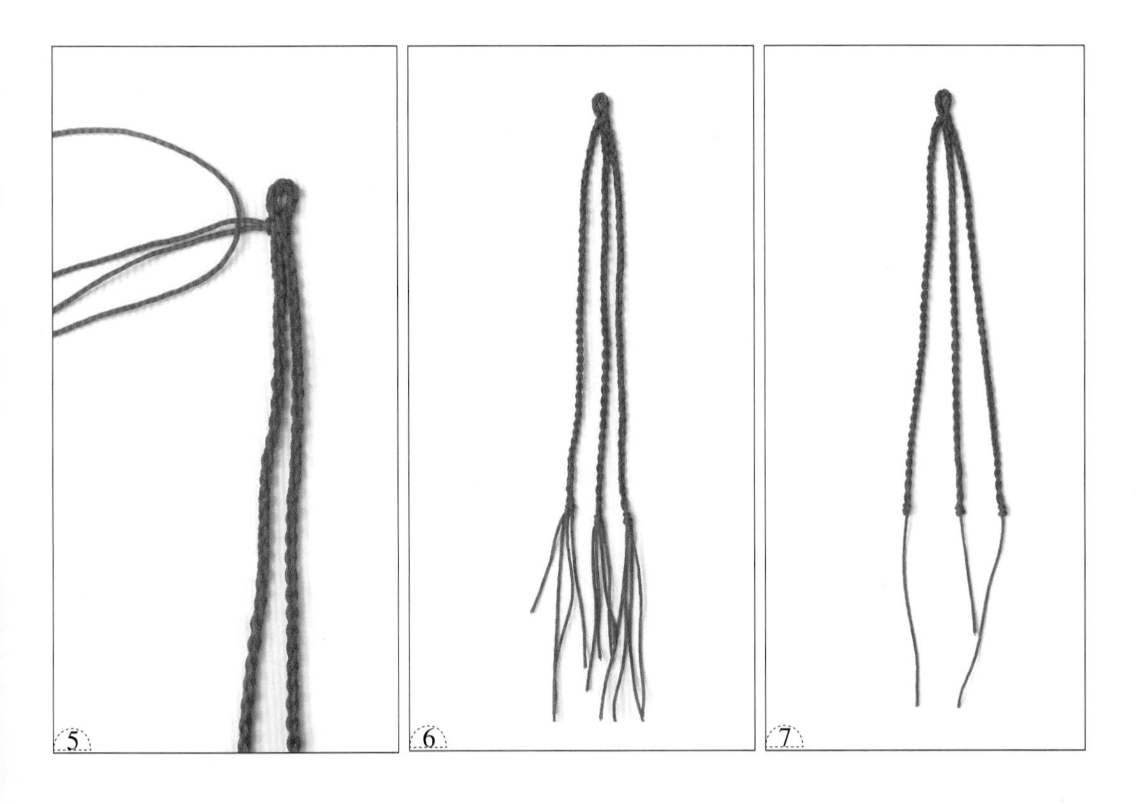
5
6
7

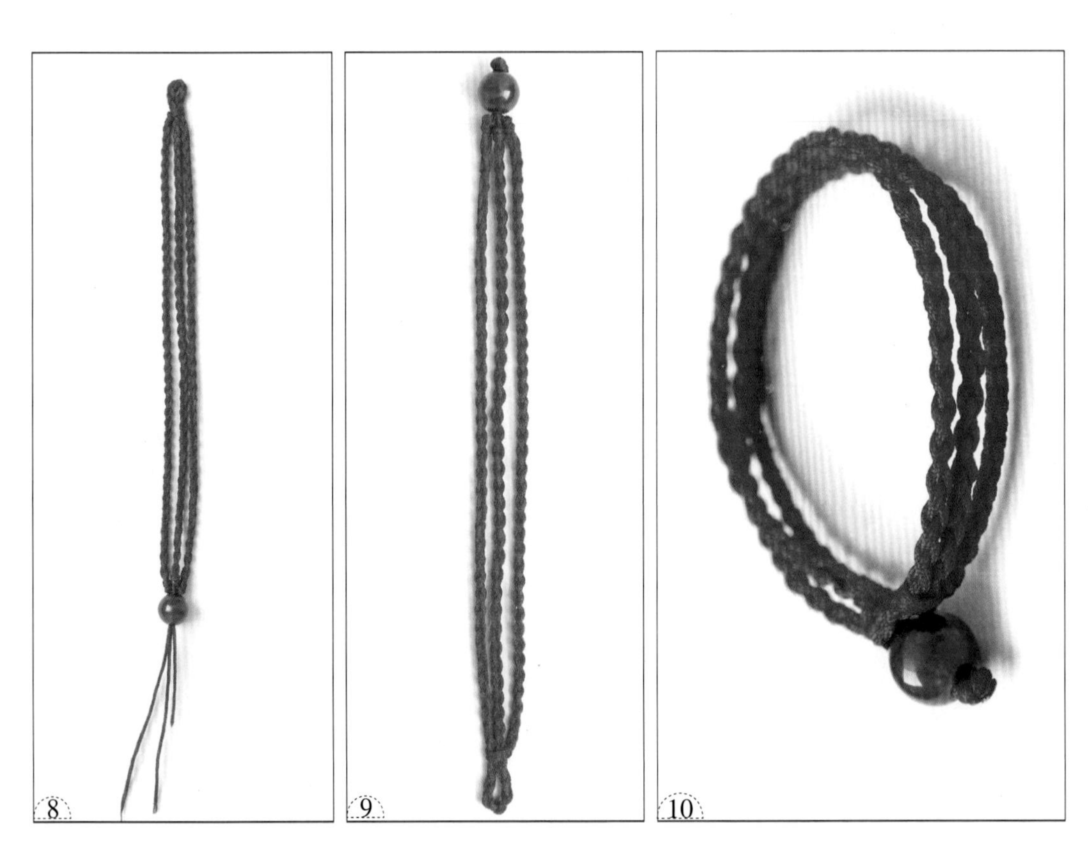
8
9
10

做法

初见

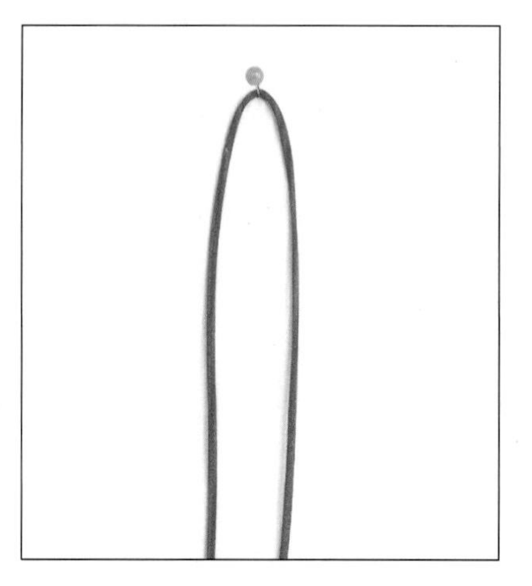

1. 如图，准备一条红色的细线。

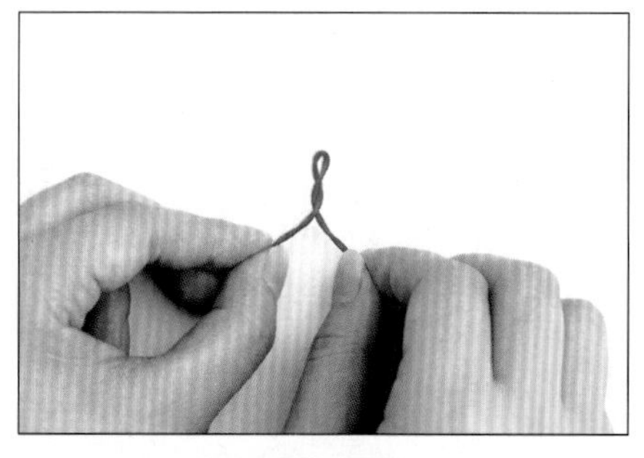

2. 用手指如图捏住线两端，朝同一个方向拧，在线的中间位置形成一个小圈。

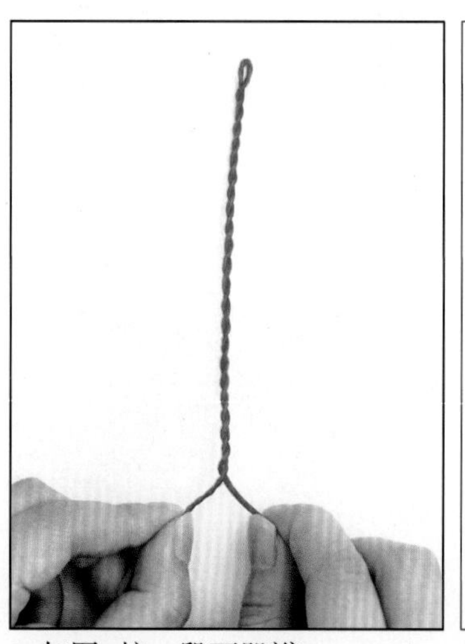

3. 如图，拧一段两股辫。

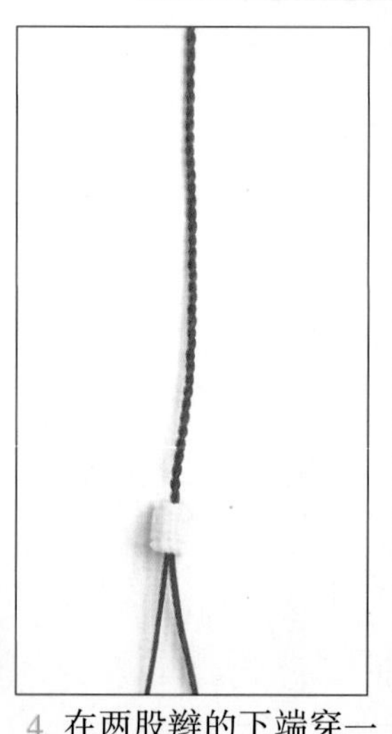

4. 在两股辫的下端穿一颗砗磲珠作装饰。

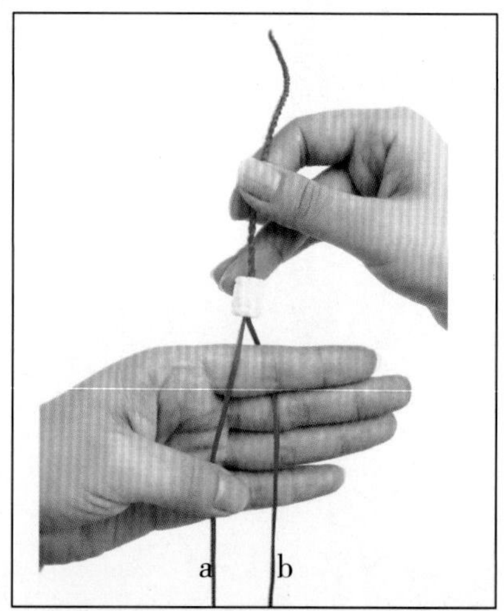

5. 如图，将两条线绕在左手食指的外面，a线在食指的上面，b线在食指的下面。

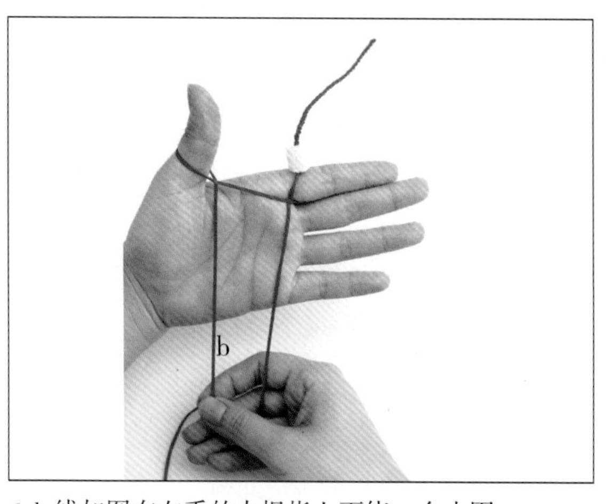

6. b 线如图在左手的大拇指上面绕一个小圈。

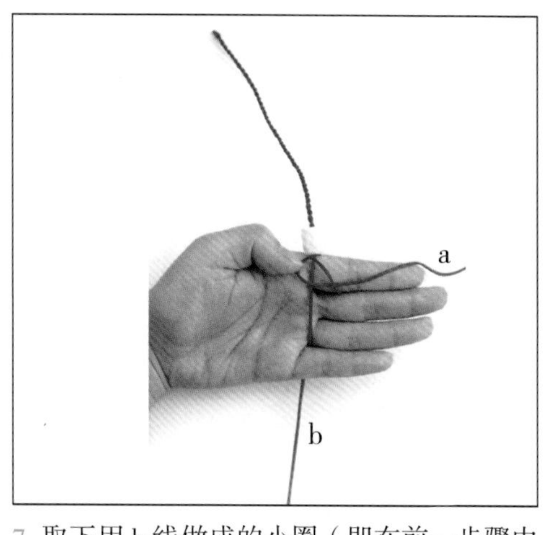

7. 取下用 b 线做成的小圈（即在前一步骤中做好的绕在大拇指上面的圈），将这个小圈向右翻过来，盖在 a 线的上面。

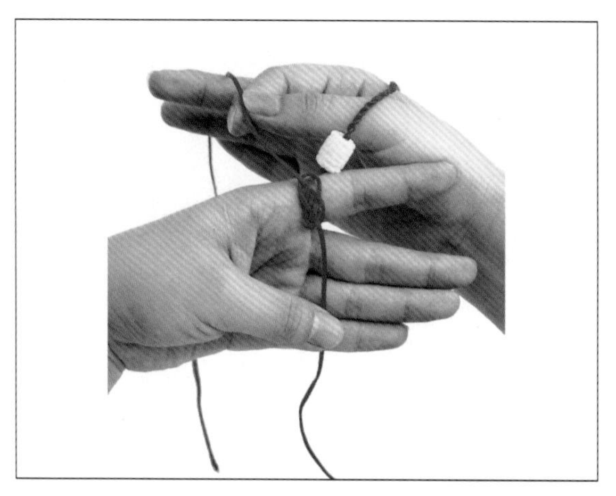

8. a 线如图做挑、压，从小圈中穿出来，形成一个立体的双钱结。

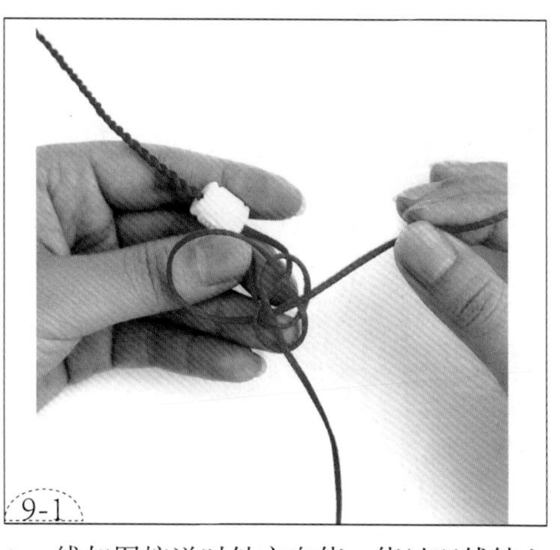

9. a 线如图按逆时针方向绕，绕过双钱结上方的一根线，然后从双钱结的中心穿出来(图 9–1、9–2）。

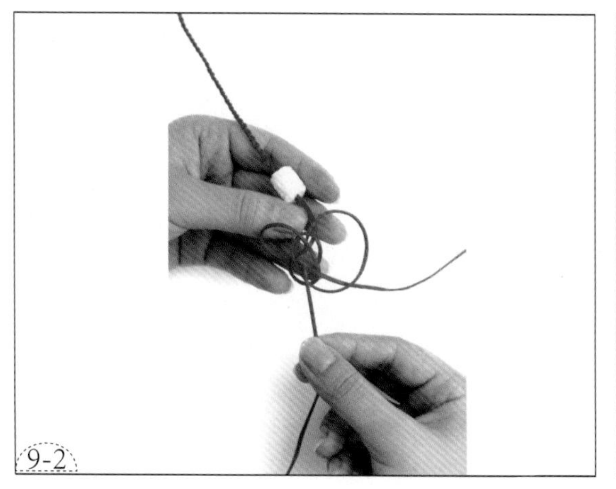

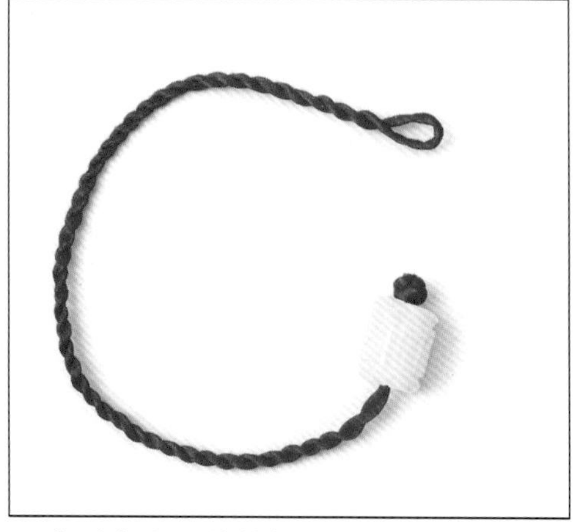

10. 把编好的双钱结拉紧，调整好，多余的线剪去，烫好。

纪　事

做 法

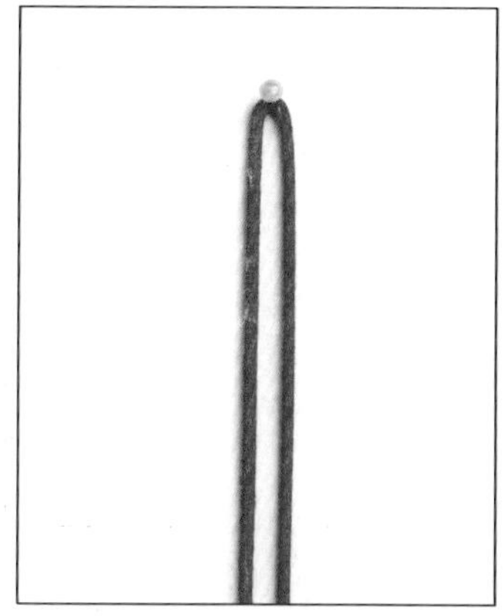

1. 如图，准备一条红线。

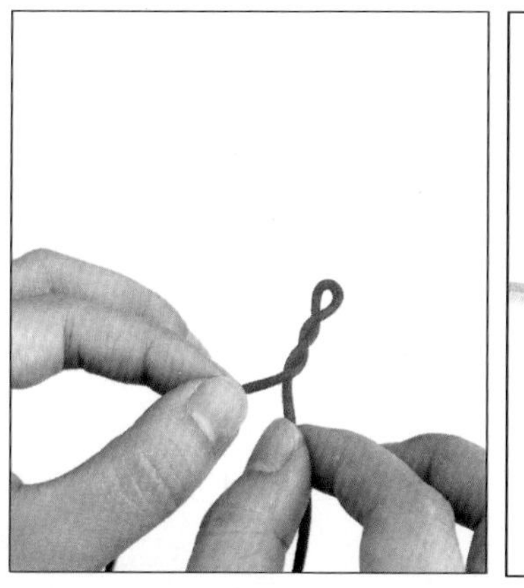

2. 双手如图捏住红线，朝一个方向拧，线自然形成一段两股辫。

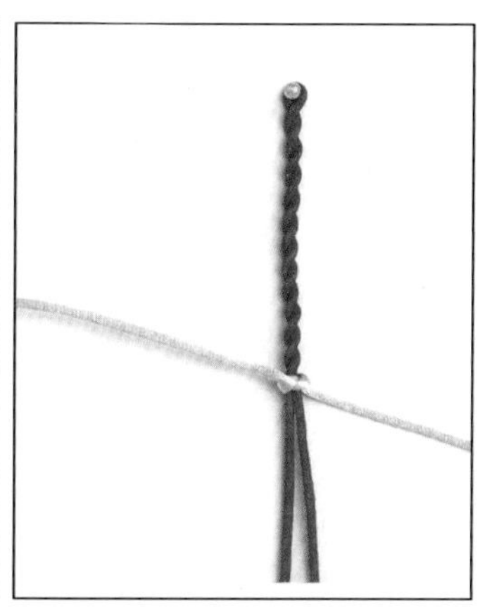

3. 两股辫拧到合适的长度，在其下端绑一条线，起到固定两股辫的作用。

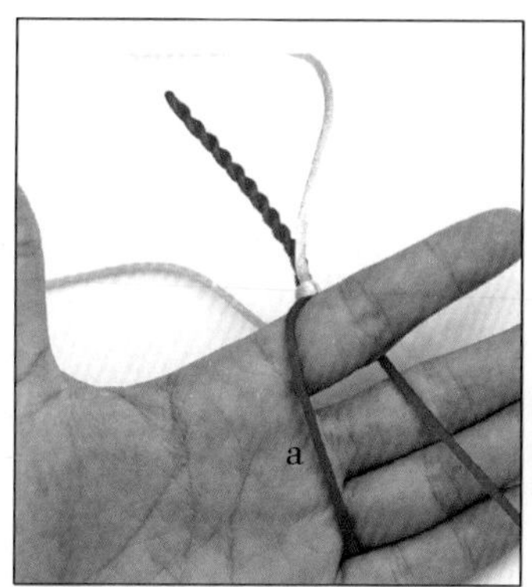

4. a线如图绕在左手食指的上面，开始编第一个纽扣结。

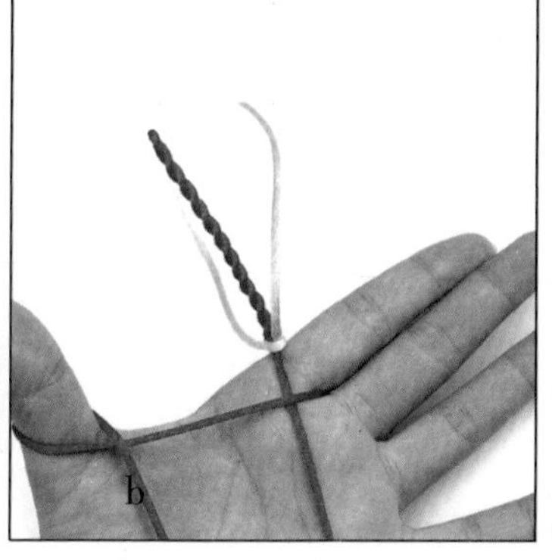

5. b线如图在左手大拇指上面绕一个圈。

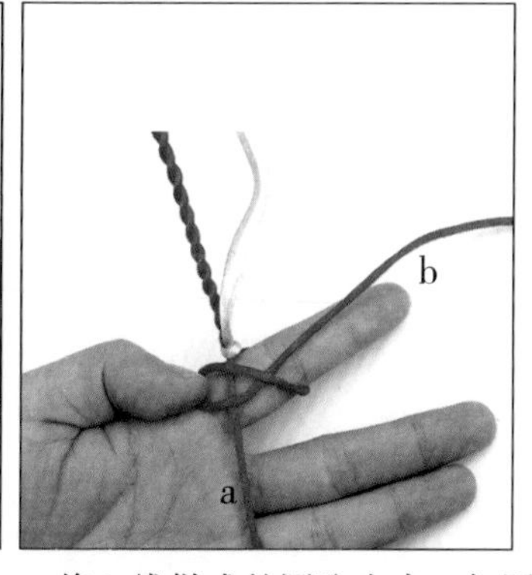

6. 将b线做成的圈取出来，如图向右翻过来，盖在a线的上面。

7. 继续完成纽扣结接下来的步骤（注意：纽扣结的编法，在本书作品《初见》中有详细的介绍，在此不再赘述）。

8. 将纽扣结的结体调整好。

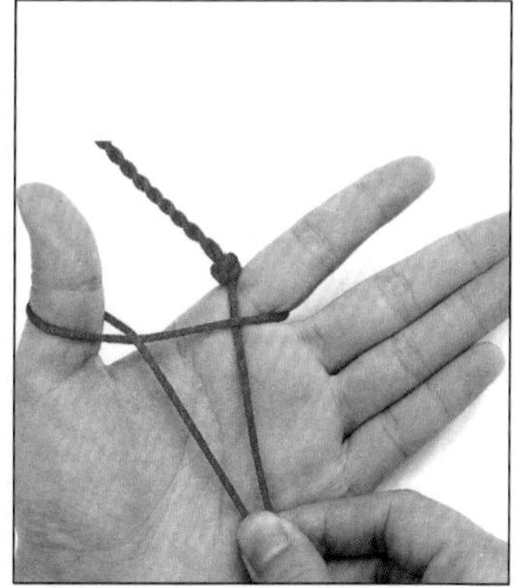

9. 两条线如图绕在手指上面，形成两个圈，由此开始编第二个纽扣结。

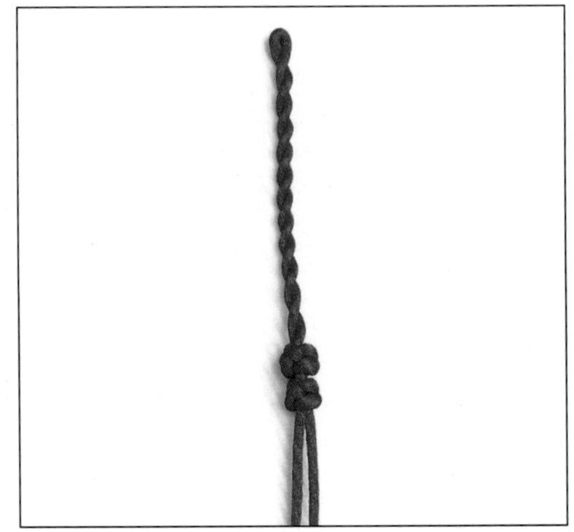

10. 重复步骤 6~8 的做法，完成一个纽扣结。

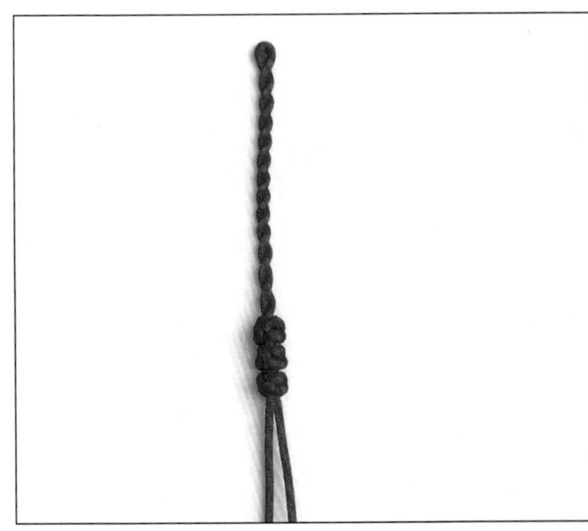

11. 继续做一个纽扣结。

12. 重复步骤 2 做一段与另一端一样长的两股辫。

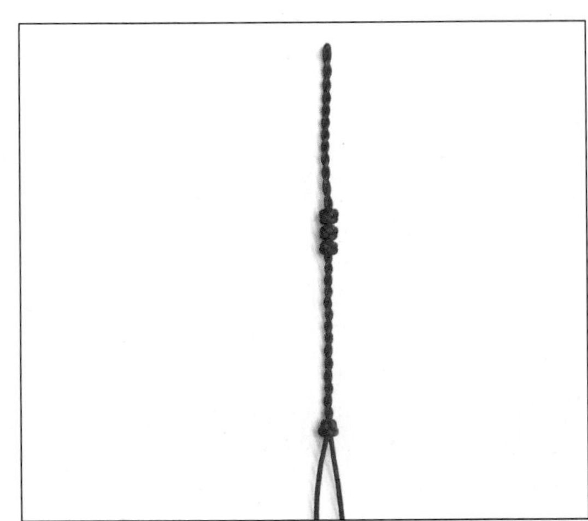

13. 再做一个纽扣结。

14. 剪掉余线，烫好。

15. 完成。

招财猫

做法

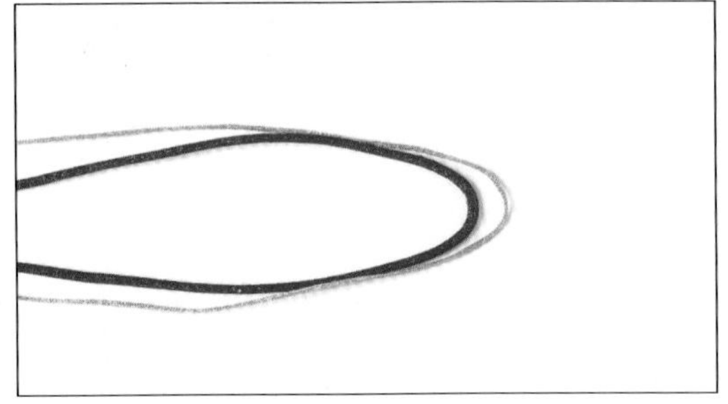

1. 如图,准备一条红线和一条芊绵线。

2. 将这两条线合在一起，用手指捏住两端，朝相反的方向拧，如图拧成一束。

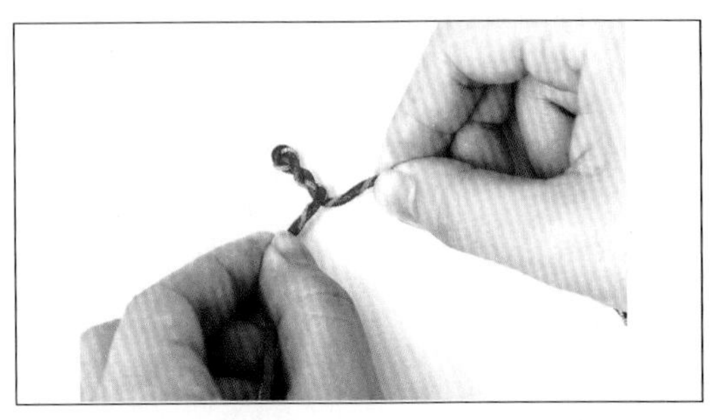

3. 将线从中间处对折，由此拧成一段两股辫。

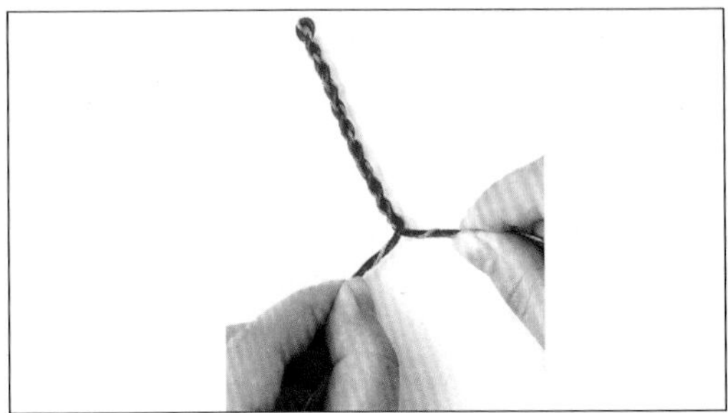

4. 将两股辫拧至合适的长度。

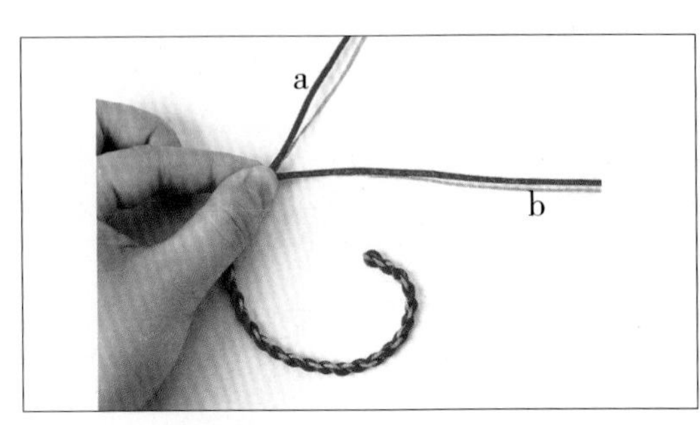

5. 捏住两股辫的尾端，如图形成 a、b 两线，开始编一个双联结。

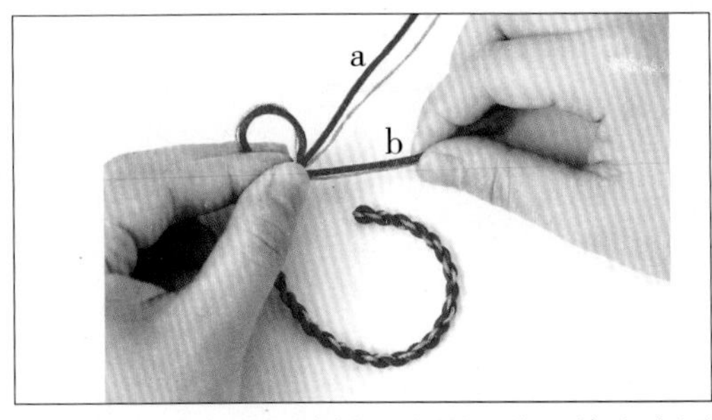

6. 如图右手拿着 b 线做一个圈，然后将这个圈夹在左手的食指和中指之间固定。

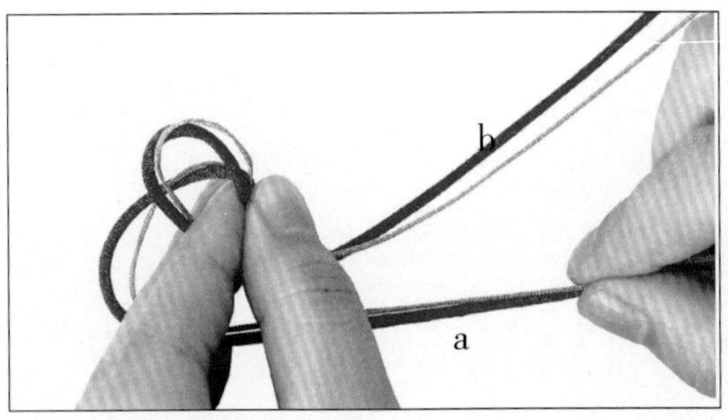

7. 右手拿着 a 线做一个圈，然后将这个圈夹在左手中指和无名指之间固定。

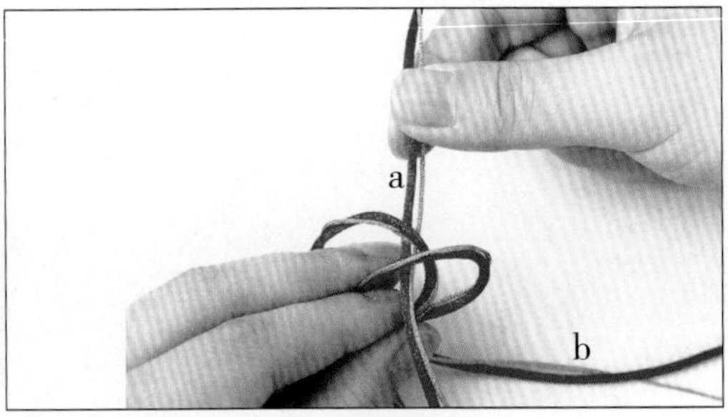

8. 如图 a 线从两个圈中穿出来，拉向上方。

9. 如图 b 线从右边的圈中穿出来，同样拉向上方，完成一个双联结。

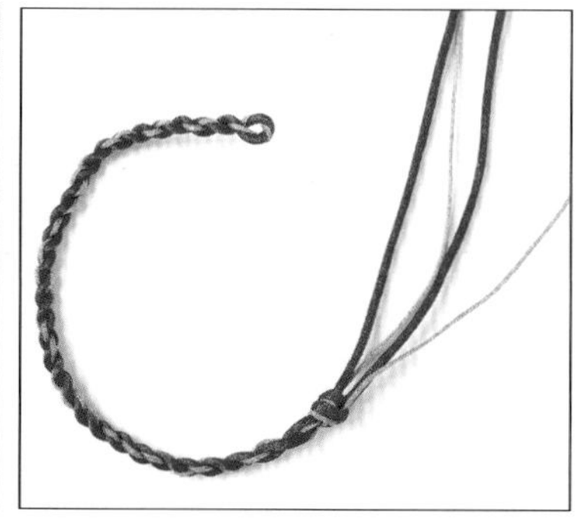

10. 将双联结的线收紧，处理好芊绵线与红线，将结体调整好。

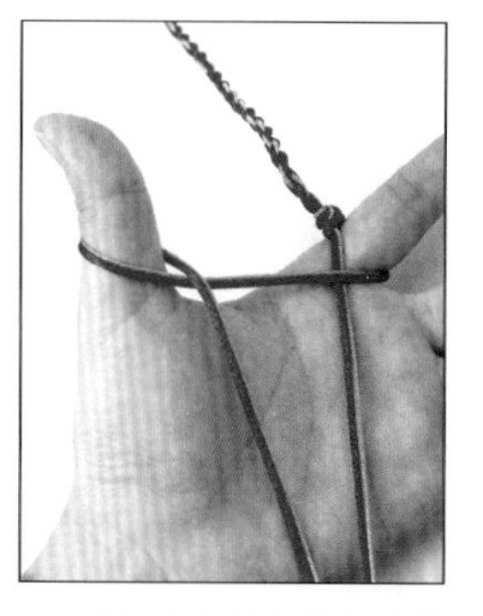

11. 用双联结下端的线在左手的食指和大拇指上面做两个圈，开始编一个纽扣结。

12. 完成纽扣结接下来的步骤。

13. 调整好纽扣结的结体，在收线的时候注意让芊绵线始终跟着红线的方向走。

14. 用剪刀将纽扣结下端多余的线剪掉。

15. 如图另准备一段芊绵线，用这条芊绵线向下穿过手绳，然后穿一个陶瓷招财猫吊坠。

16. 在招财猫的下端用芊绵线完成一个纽扣结。

17. 将芊绵线多余的尾线剪掉，这样，一款漂亮的招财猫手绳就做好了。

小叮当

做法

1. 如图，准备一条红色的细线，穿过两个小铃铛，然后用b线绕一个圈，开始编一个蛇结。
2. 如图，用a线绕一个圈。
3. 将蛇结收紧。
4. 将a线放在b线上面做一个交叉，然后在a、b线之间放一根芊绵线，开始编四股辫。
5. 左侧的芊绵线如图挑a线，右侧的芊绵线如图压b线，然后在中间做一个交叉。
6. 芊绵线和红线依照前面的做法交叉。
7. 四股辫编至合适的长度即可。
8. 在四股辫的下端连续编两个蛇结。
9. 将多余的芊绵线剪掉。
10. 用左边的红线穿一颗金属珠，然后拉向左方做一个圈，由此开始编一个凤尾结。
11. 红线如图向右做挑、压动作。
12. 红线如图向左做挑、压动作。

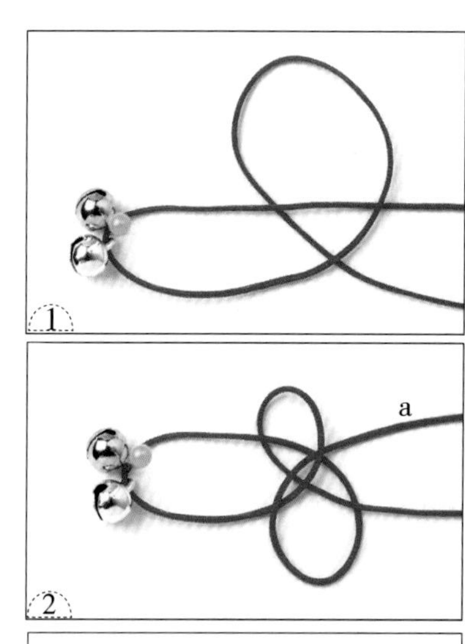

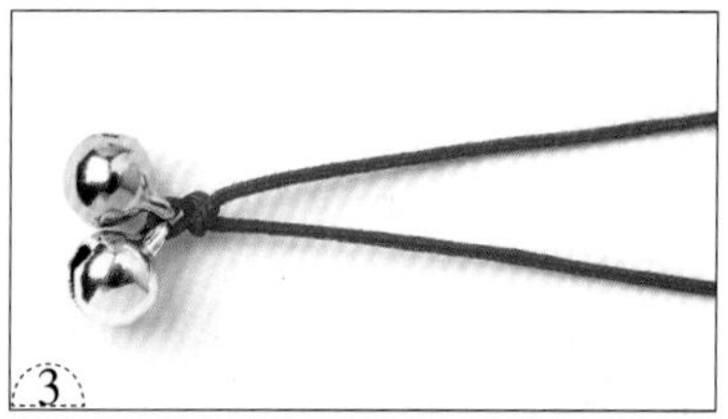

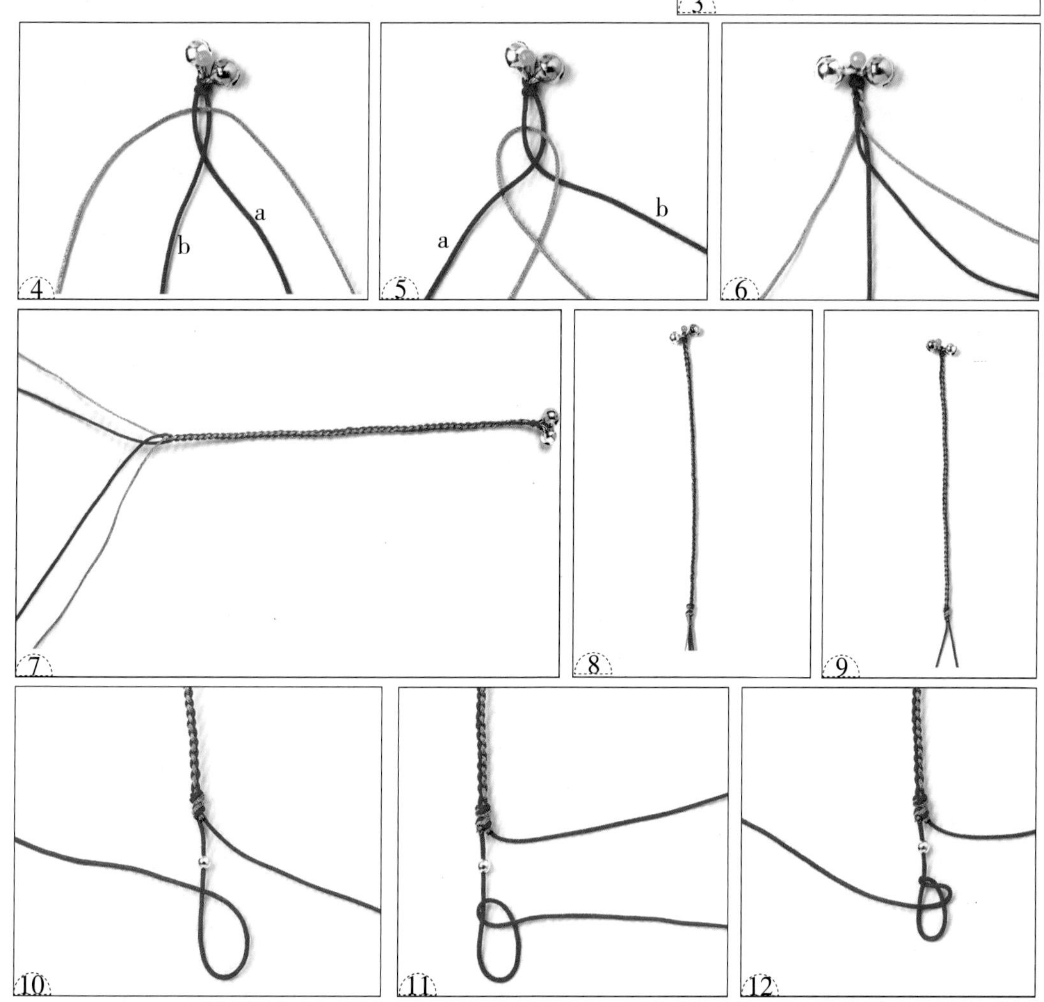

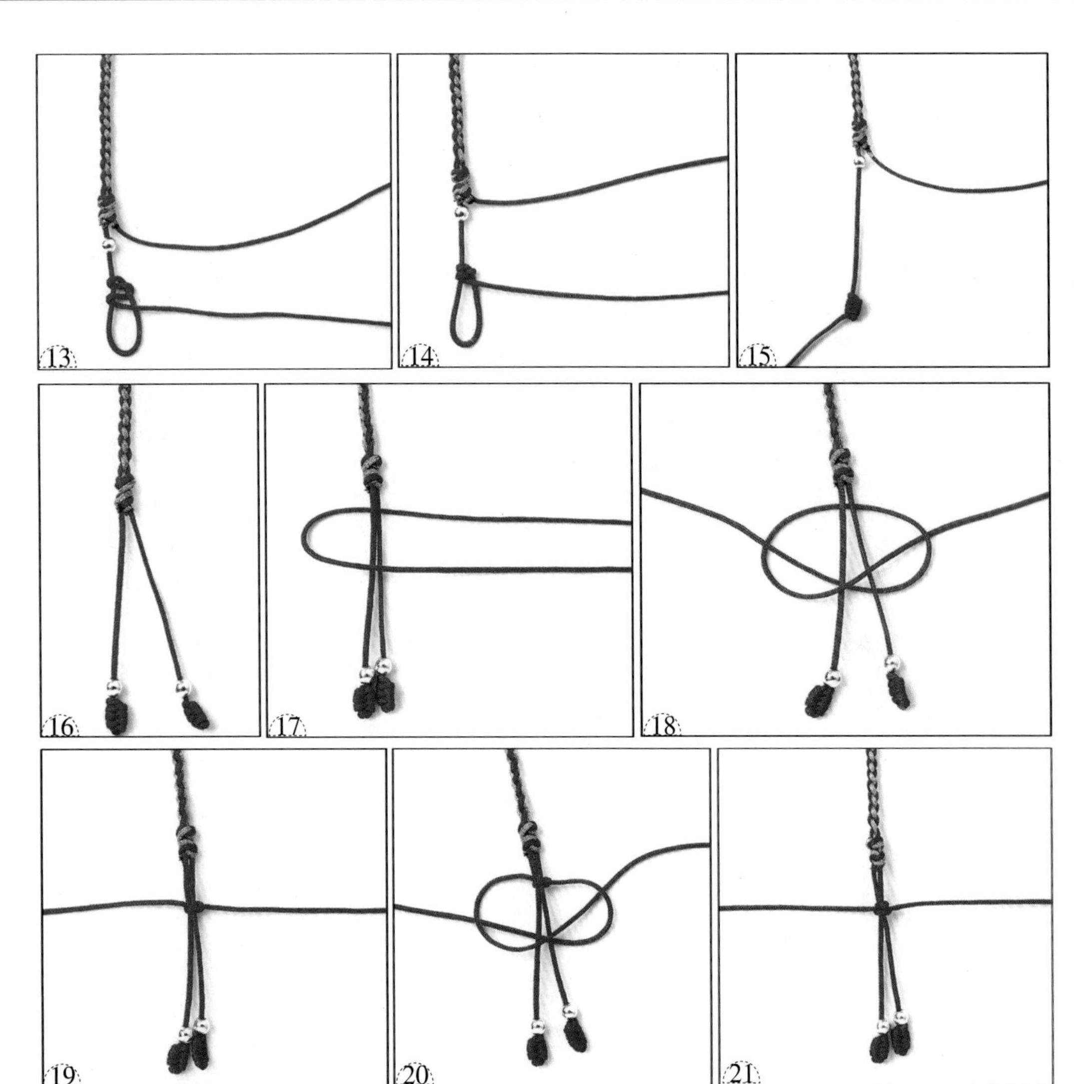

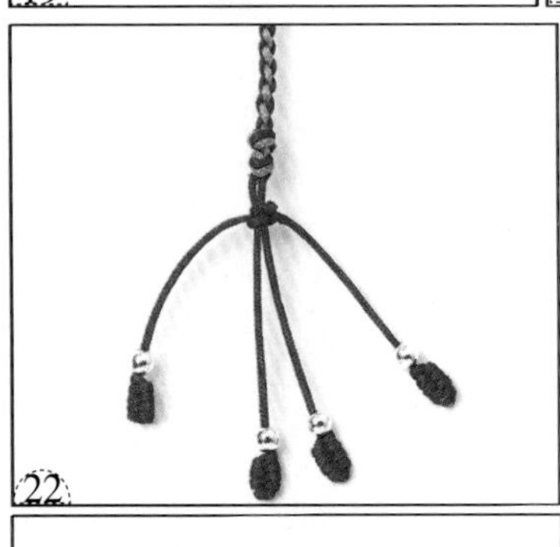

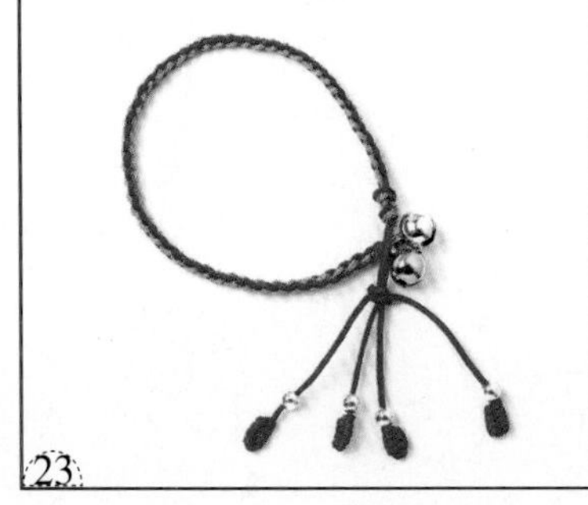

13. 红线重复步骤 11 的做法，拉向右方。
14. 每编一次结都要将线收紧。
15. 重复前面的挑、压动作，完成一个凤尾结。
16. 将凤尾结下端多余的尾线剪掉，然后用打火机将线头略烧后按平；另一条线用同样的方法穿一颗金属珠，编一个凤尾结。
17. 另取一条红线对折，如图放在手绳的下面，开始编一个平结。
18. 两条线如图编结。
19. 拉紧两端。
20. 两条线如图编结。
21. 再次拉紧两条线，这样，一个平结就编好了。
22. 用加进来的红线分别穿金属珠，编凤尾结。
23. 佩戴这款手绳的时候，可以将平结向下拉，这样，在平结的上面就形成了一个活扣，将手绳上端的铃铛套入活扣中间，再将平结推上去就可以了。

七 彩

做法

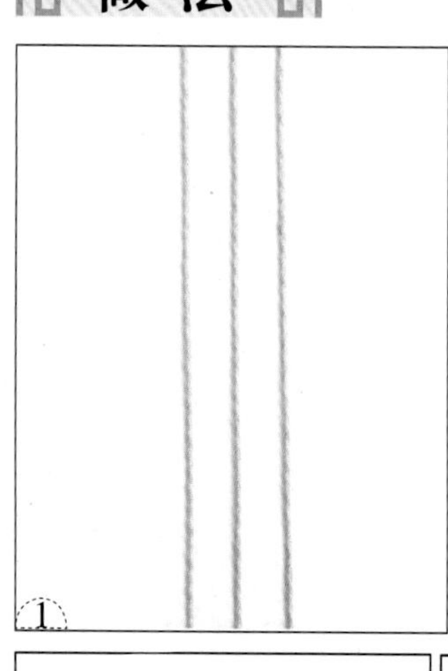

1. 如图准备三条蜡绳。
2. 左侧的绳按逆时针方向绕一个圈，右侧的绳按顺时针方向绕一个圈，并从用左绳做好的圈中穿出来。
3. 拉紧左右两侧的绳，将蛇结的结体调整好。
4. 如图，用三条绳编一段三股辫。
5. 其中一条绳穿一颗绿色米珠。
6. 三条绳继续编三股辫，然后用左侧的绳穿一颗橘色米珠。
7. 三条绳继续编三股辫，然后同样用左侧的绳穿一颗蓝色米珠。
8. 依次穿珠子，编三股辫，编至合适的长度即可。
9. 再编一段三股辫，长度与步骤 4 中的三股辫长度相同，然后在三股辫的尾端编一个蛇结固定。
10. 手绳的两端留适当的长度（用于佩戴时在手腕部打结），然后将多余的尾线剪掉。

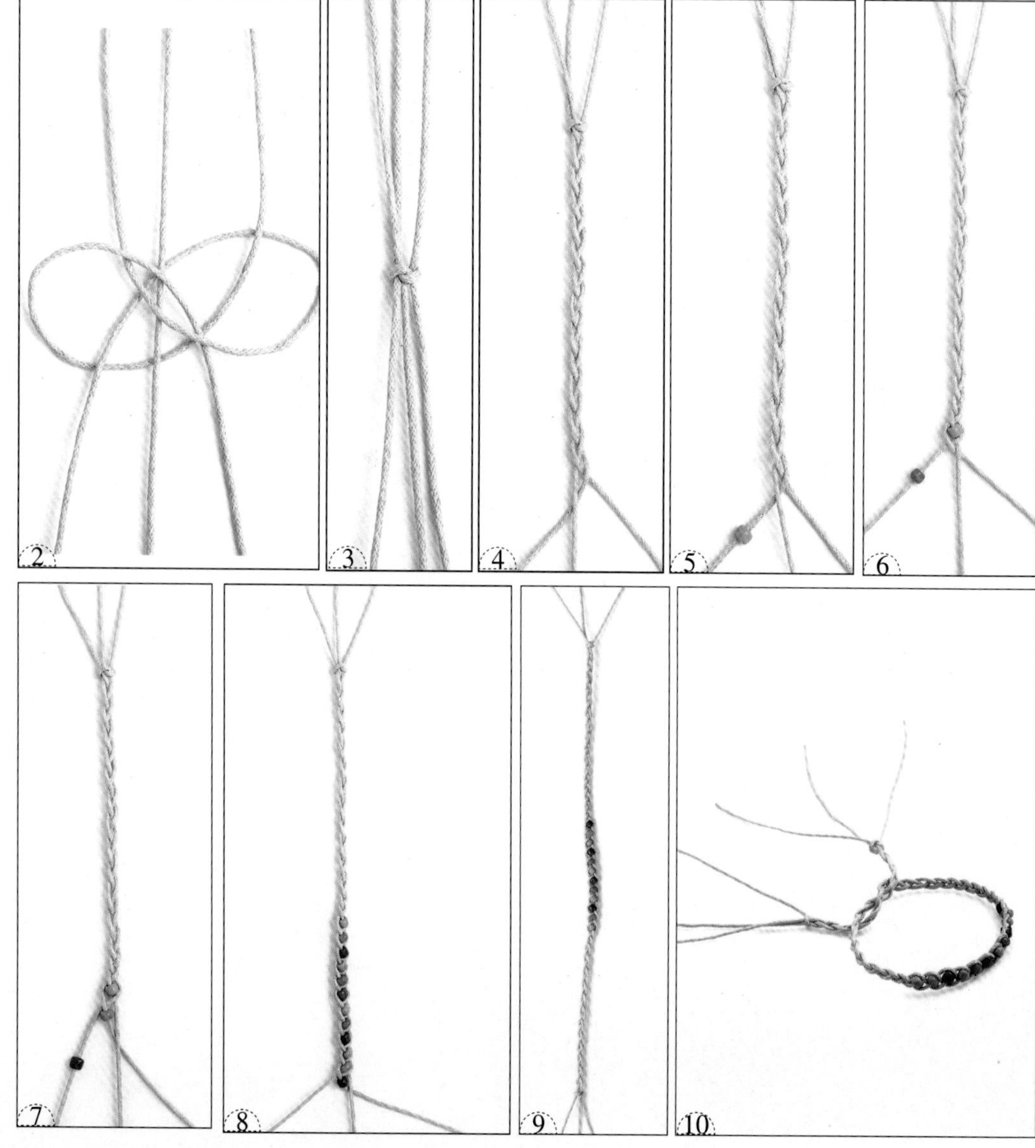

相 茹

做 法

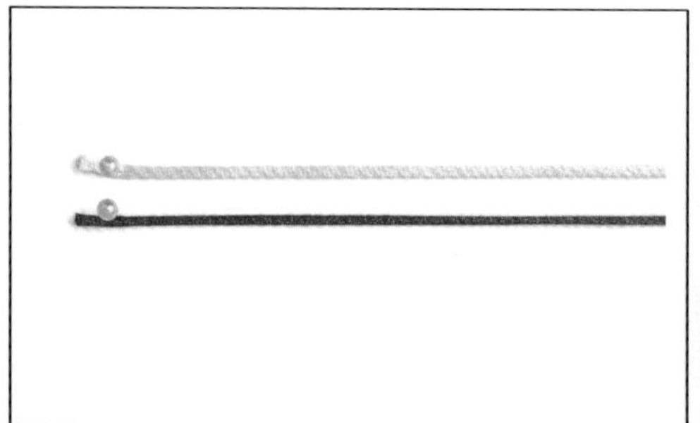

1. 如图，准备两条线。

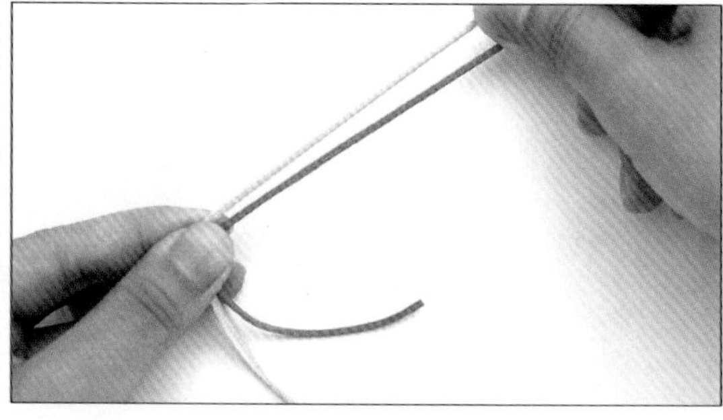

2. 双手捏住两条线的两端，开始编一个双联结。

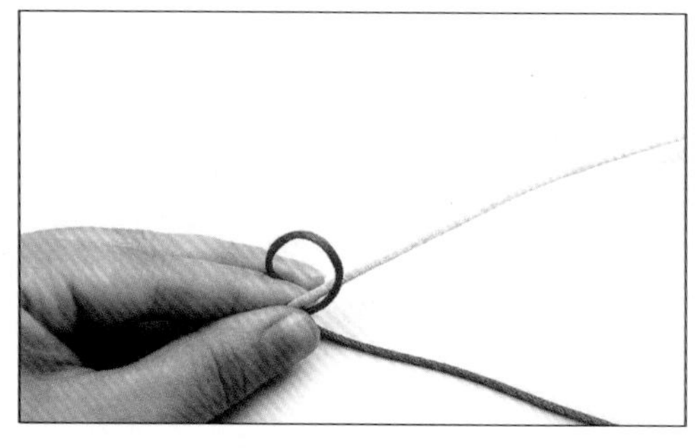

3. 先用橘色线绕一个小圈，如图将橘色线夹在左手食指与中指之间。

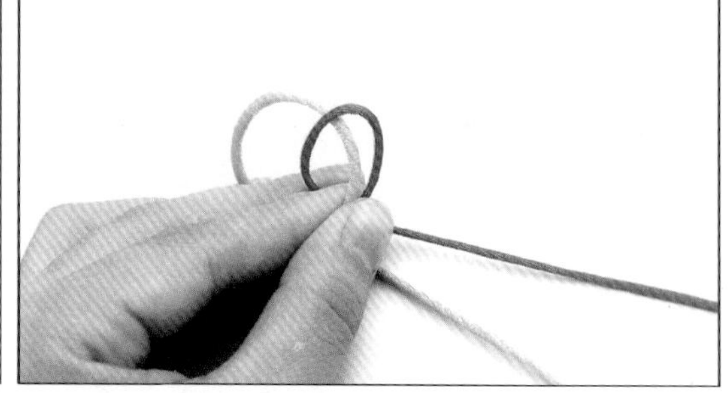

4. 用粉色线绕一个小圈，如图将粉色线夹在左手的中指与无名指之间。

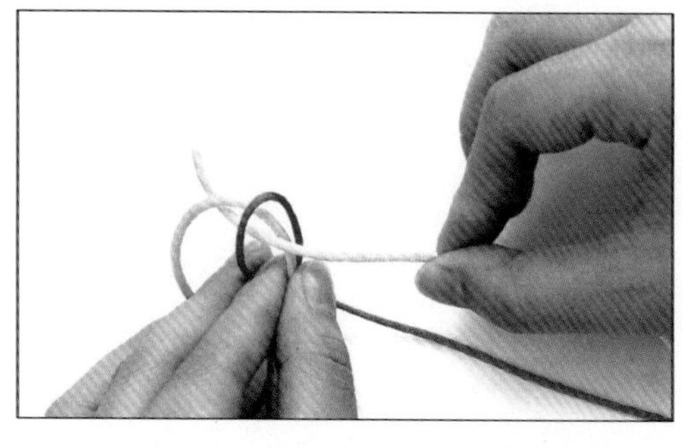

5. 如图，粉色线穿过前面做好的两个小圈。

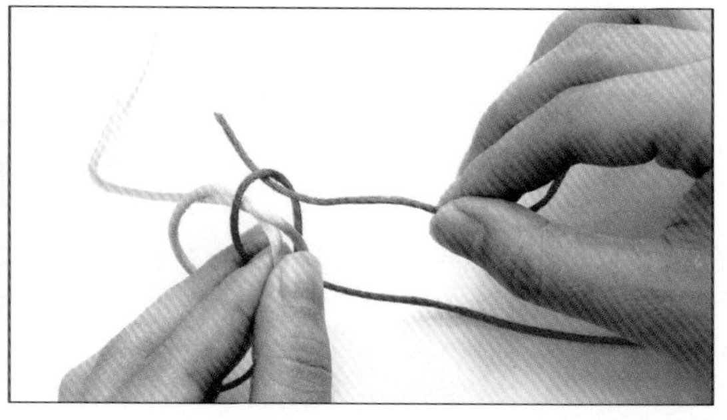

6. 如图,橘色线穿过前面做好的橘色小圈。

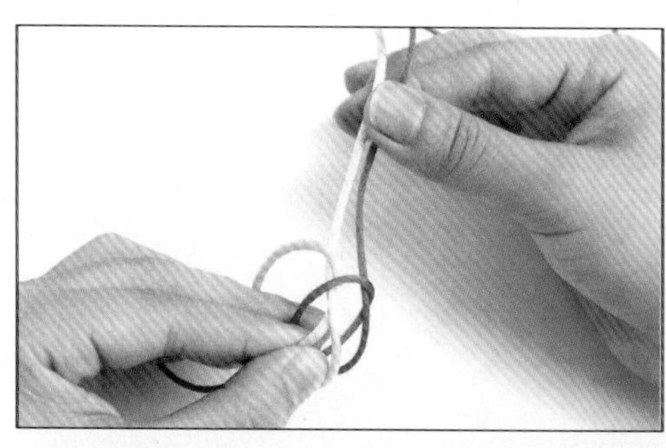
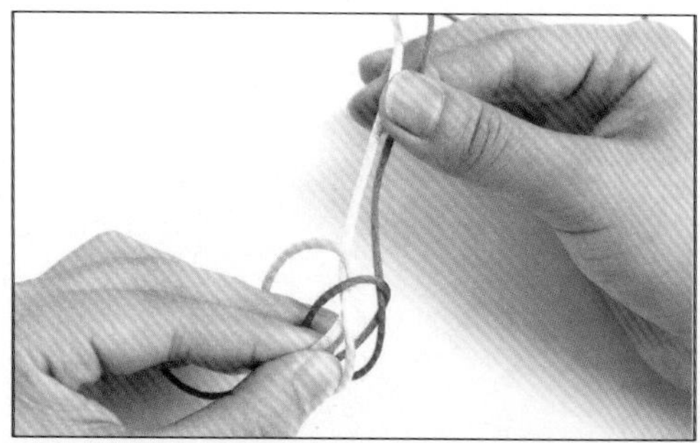

7. 将两条线向上拉，使两个小圈缩小，完成一个双联结。

8. 调整好双联结。

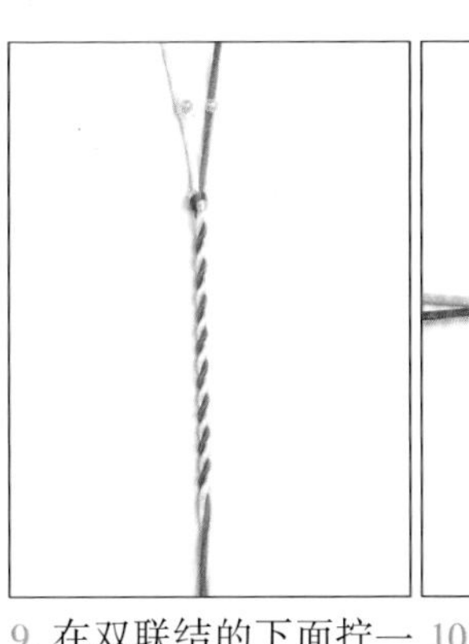

9. 在双联结的下面拧一段两股辫。

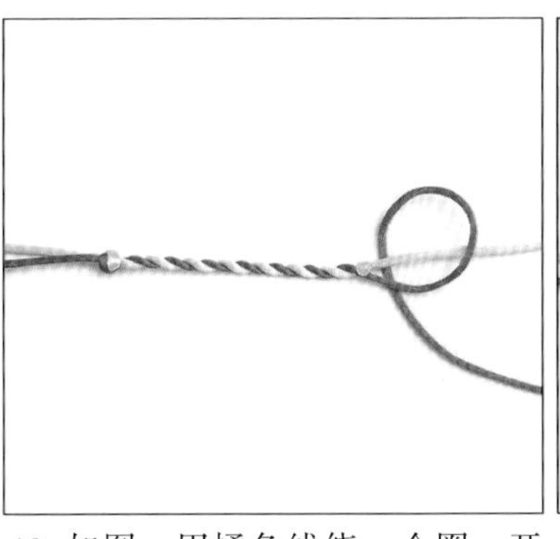

10. 如图，用橘色线绕一个圈，开始编一个蛇结。

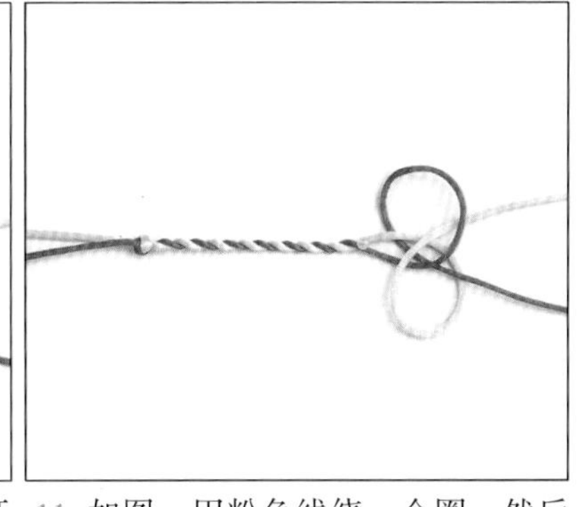

11. 如图，用粉色线绕一个圈，然后从步骤 10 中做好的圈中穿出。

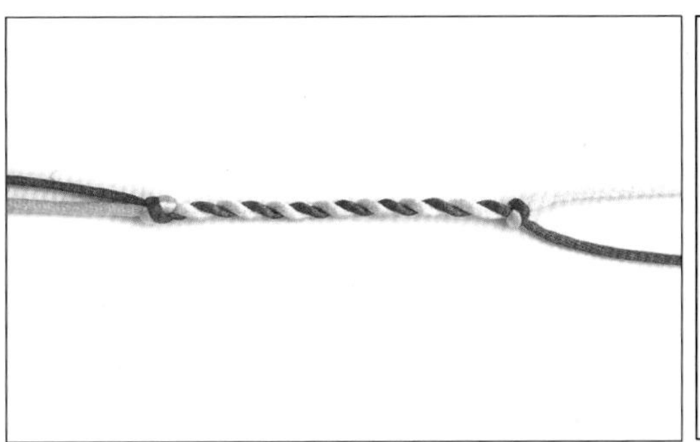

12. 收紧两线，完成一个蛇结。

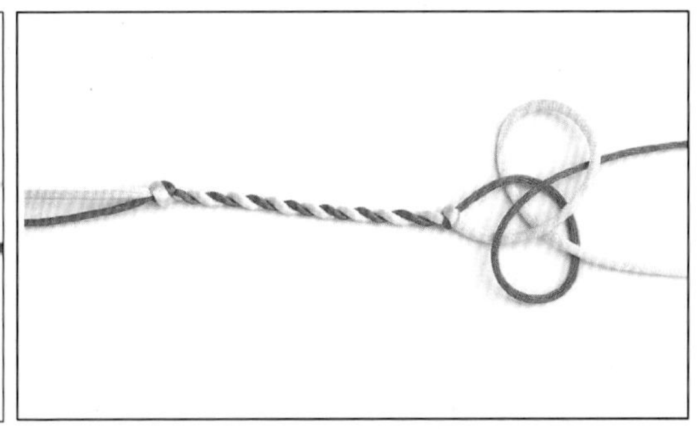

13. 依照步骤 10、11 的做法再编一个蛇结。

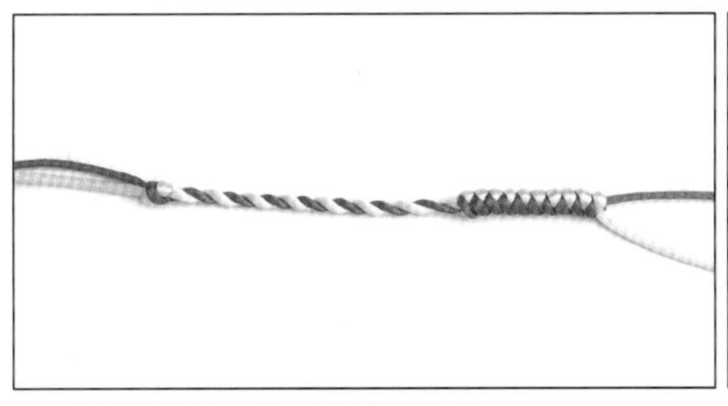

14. 重复编蛇结，编至合适的长度。

15. 两条线再拧一段两股辫。

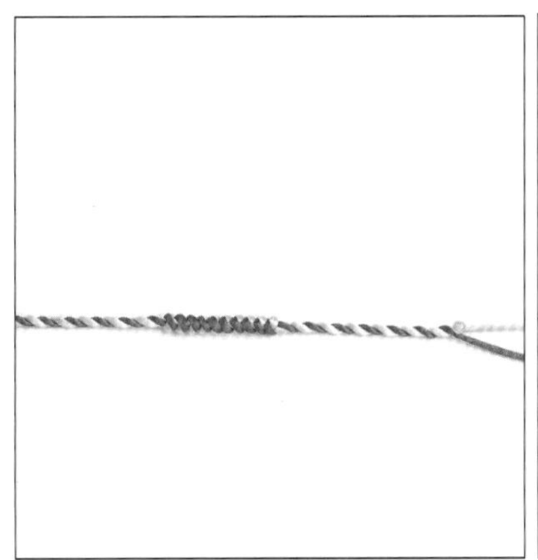

16. 在两股辫的下面编一个纽扣结。

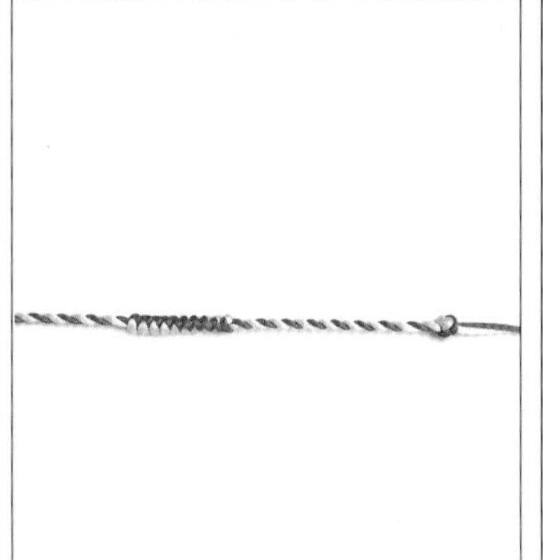

17. 调整好纽扣结的结体。

18. 剪掉纽扣结下面多余的尾线，用打火机将线头略烧一下按平。

美满

做法

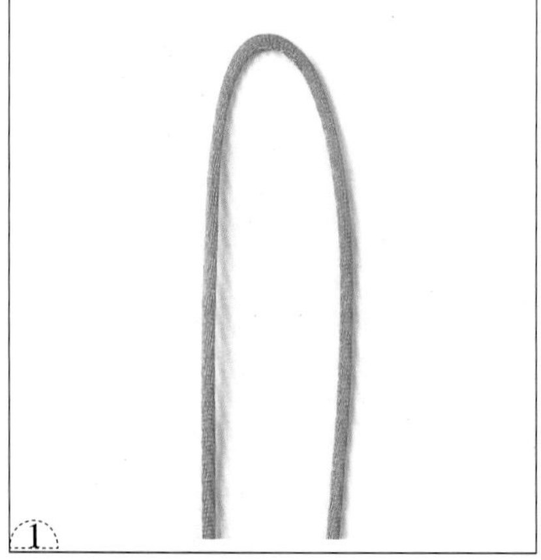

1

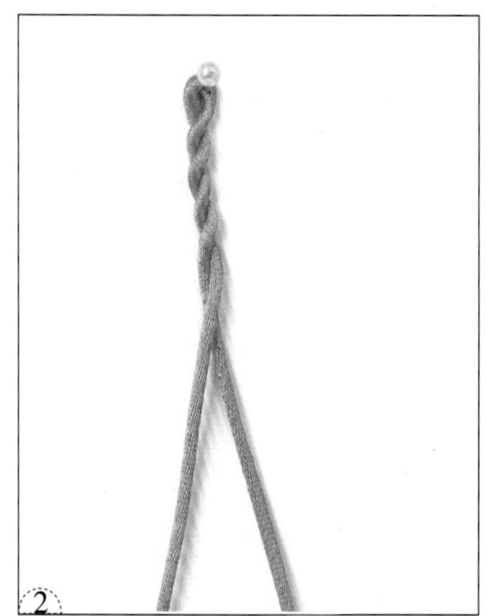

2

3

1. 如图，准备一条线。
2. 用这条线拧一段两股辫。
3. 如图，用其中一条线绕一个圈，开始编一个蛇结。
4. 如图，用另一条线绕一个圈，然后从步骤 3 中做好的小圈中穿出来。
5. 将两条线拉紧，完成一个蛇结。
6. 依照步骤 3、4 的做法，再编一个蛇结。
7. 如图，编六个蛇结。
8. 两条线合穿一颗陶瓷珠。
9. 在陶瓷珠的下面再编两个蛇结。
10. 两条线合穿一个陶瓷弯管。
11. 依照前面的做法，编好这款手绳的另一边。
12. 编一个纽扣结作为这款手绳的活扣。
13. 剪掉纽扣结下面多余的尾线，用打火机将线头略烧一下按平即可。

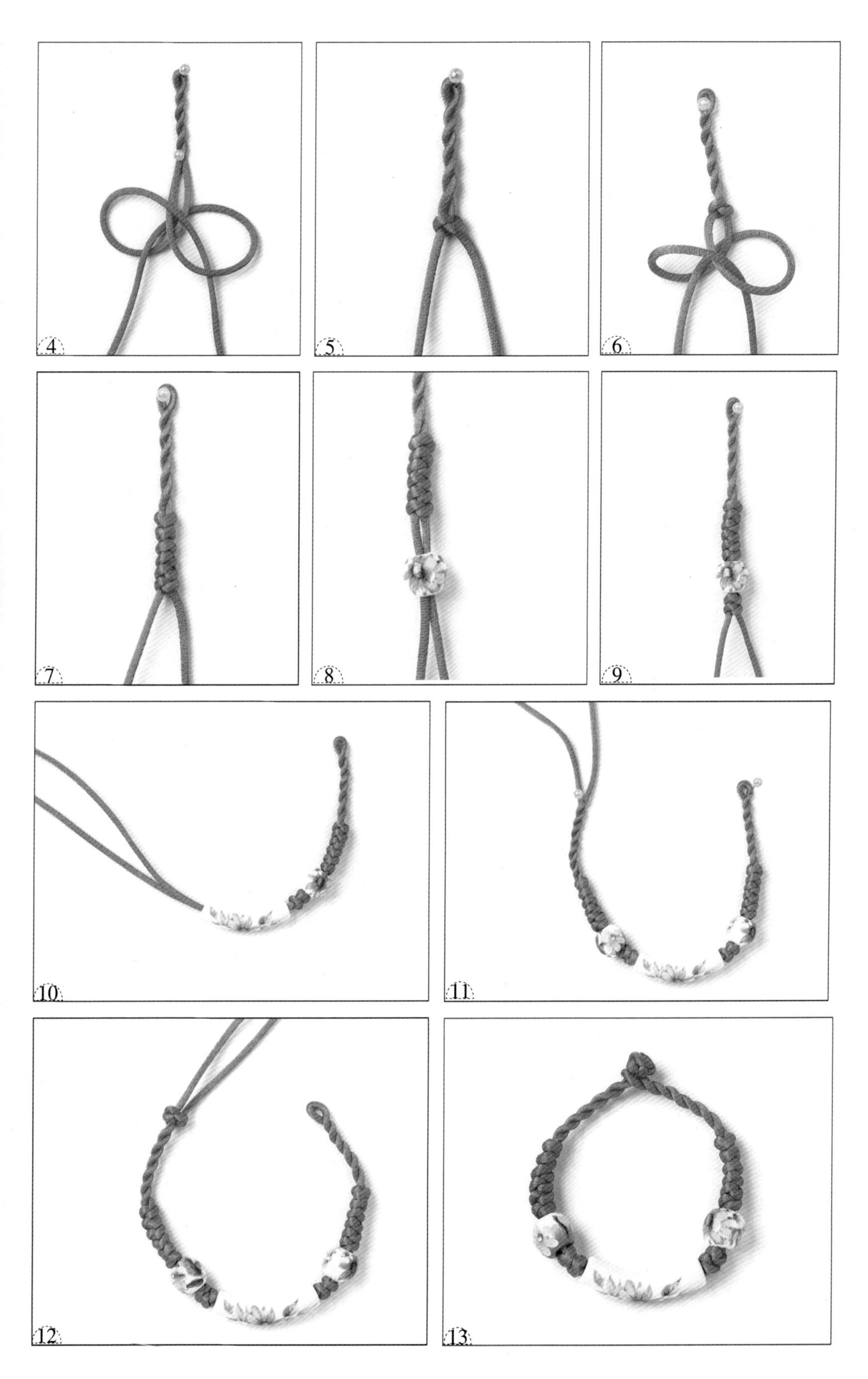
4
5
6
7
8
9
10
11
12
13

水晶之恋

做 法

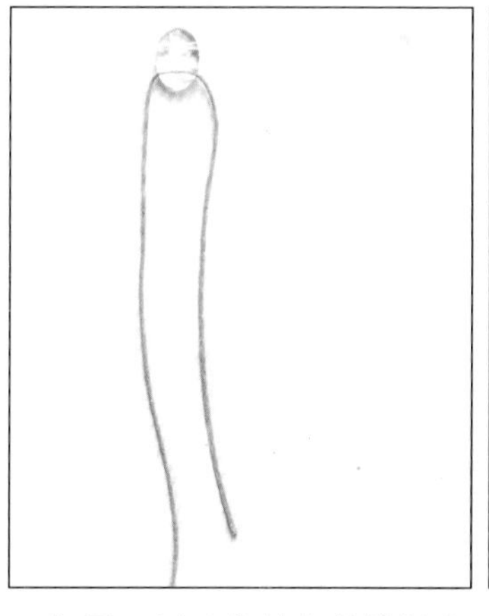

1. 如图，用一条粉色的蜡绳穿过白色水晶的一个孔。

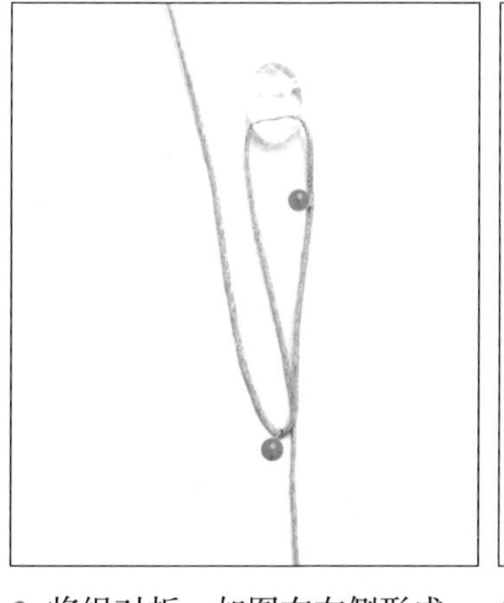

2. 将绳对折，如图在右侧形成一个小圈，开始编秘鲁结。

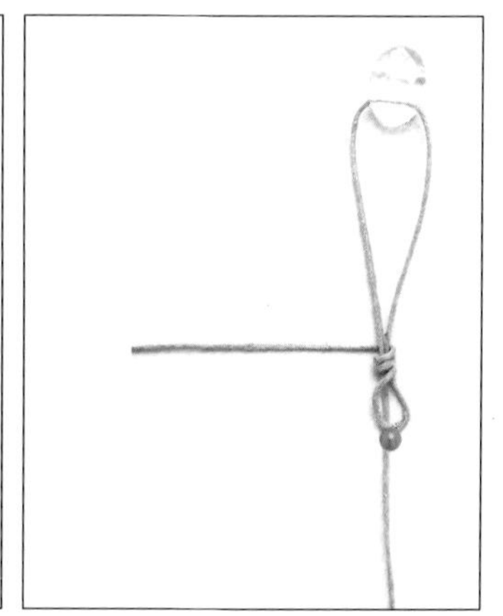

3. 用左侧的绳如图绕两条绳数圈。

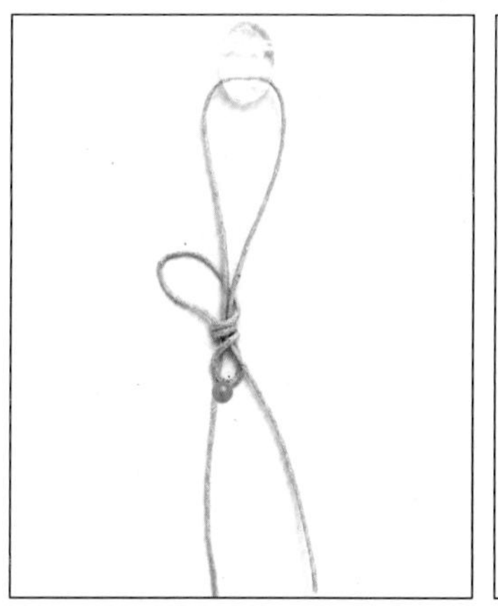

4. 将这条绳从圈中穿过，再从步骤3中留出的小圈中穿出来。

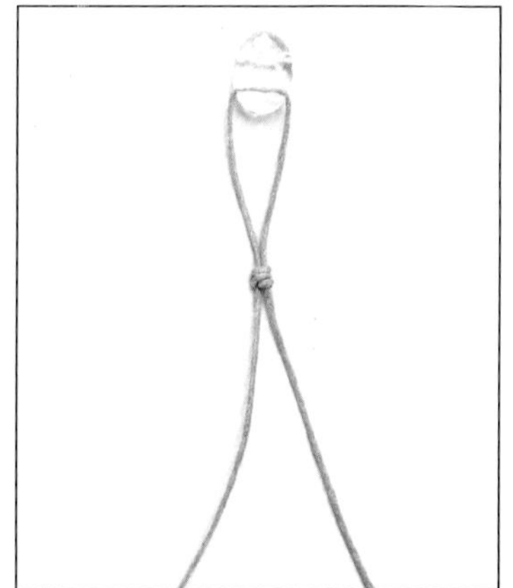

5. 调整好秘鲁结。

6. 这条绳的另一头穿过白色水晶的另一个孔。

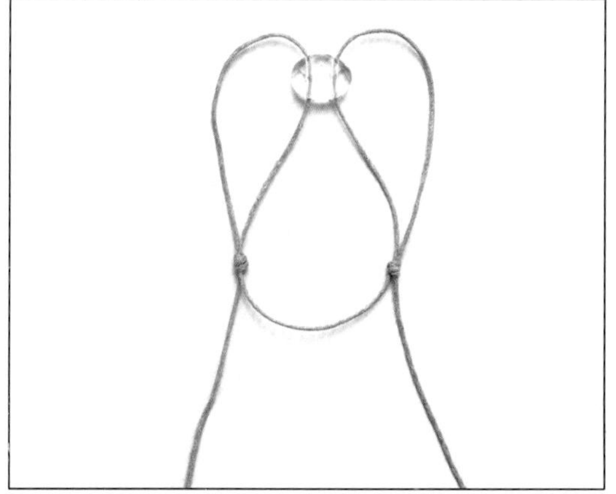

7. 依照步骤2~5的方法再编一个秘鲁结。

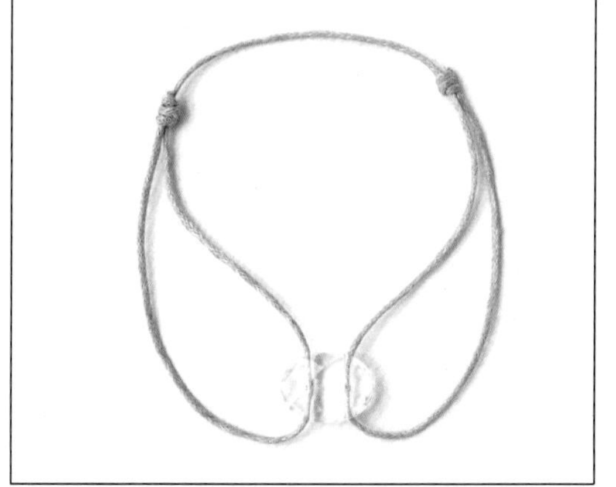

8. 剪掉多余的绳，调整好两个秘鲁结所在的位置。这样，一款时尚大方的水晶手绳就做好了。

风 筝

做法

1. 用一条线对折后，打一个双联结作为开头。
2. 加三条线进来，分别以两条主线作轴，从中间往两边打斜卷结，形成一个“八”字形状（图 2-1、2-2）。
3. 把两条主线外侧的线弯过来，仿照步骤 2 的方法打斜卷结，在左右两边形成三层的耳翼（图 3-1、3-2）。
4. 把中间的十二条线呈网状交织在一起。
5. 把两条主线拉向中间，用其余的线分别从两边往中间打斜卷结，形成一个倒“八”字形（图 5-1、5-2）。
6. 把两条主线拉向两边，左右两边分别留出两条线，然后用其余的八条线从中间往两边打斜卷结，形成一个“八”字形状。
7. 把两条主线拉向中间，用其余的八条线从两边往中间打斜卷结，形成一个倒“八”字形状。
8. 把两边留出来的线拉下来做轴，用其余的线从两边向中间打斜卷结，形成一个倒“八”字形状。
9. 结饰的下面留出适当的长度，然后剪掉多余的尾线即可。

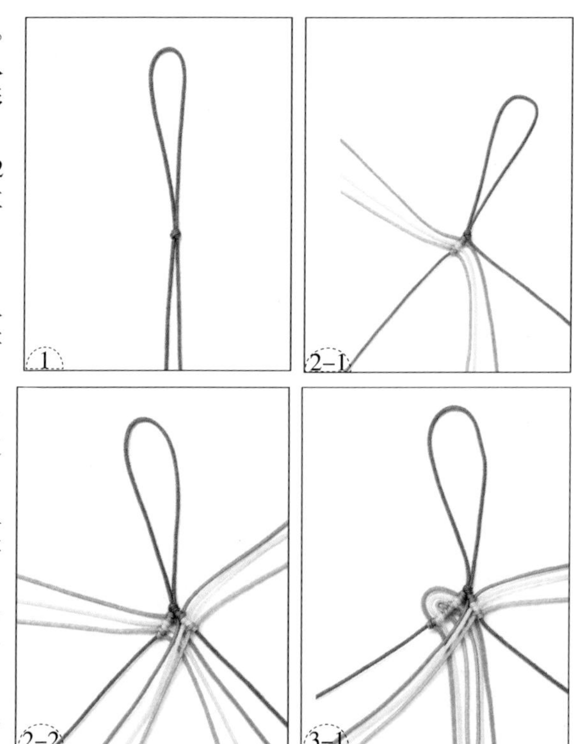

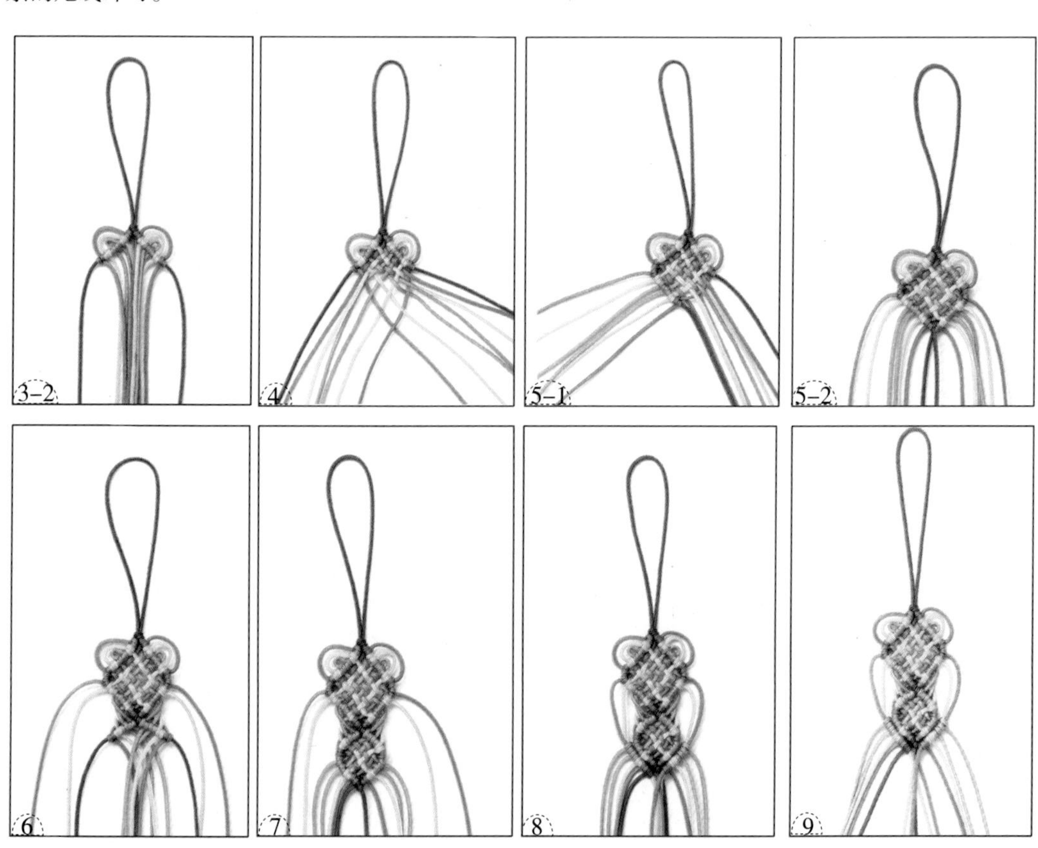

做法

1. 用一条粉色的蜡绳穿过一个琉璃吊坠的孔。
2. 另取一条同色蜡绳对折，如图放在步骤 1 中蜡绳的下方，开始编双向平结。
3. a 线放在中心线的上方，穿过左侧形成的圈，b 线放在中心线的下方，两条绳如图编结。
4. 拉紧左右两条绳。
5. a 线在中心线的上方，b 线在中心线的下方，两条绳如图编结。
6. 再次拉紧左右两条绳。
7. a 线在中心线的上方，b 线在中心线的下方，两条绳如图编结。
8. 两条绳重复前面的做法，注意 a 线总是在中心线的上方编结，b 线总是在中心线的下方编结，编至合适的长度。
9. 另准备两条粉色的蜡绳和一段丝带，在两端加上链扣，做成项链的链绳。
10. 将步骤 1~8 中编好的平结对折，如图绕在链绳的中间位置。
11. 两头的两条绳以中间的四条绳为中心线，继续编双向平结。
12. 将平结编至合适的长度。
13. 剪掉多余的尾线，然后用打火机处理好线头。
14. 这样，一款粉嫩的琉璃项链就完成了。

时光机

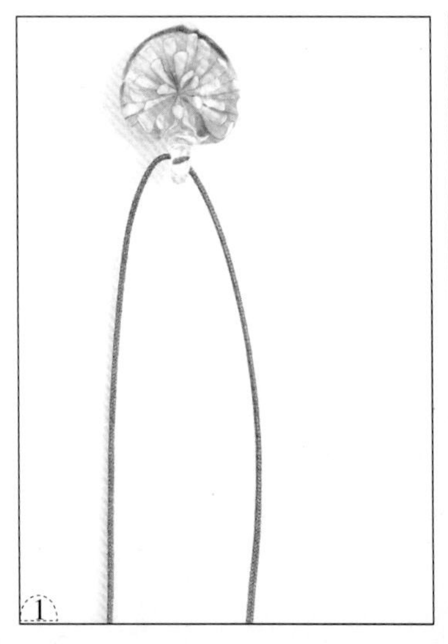

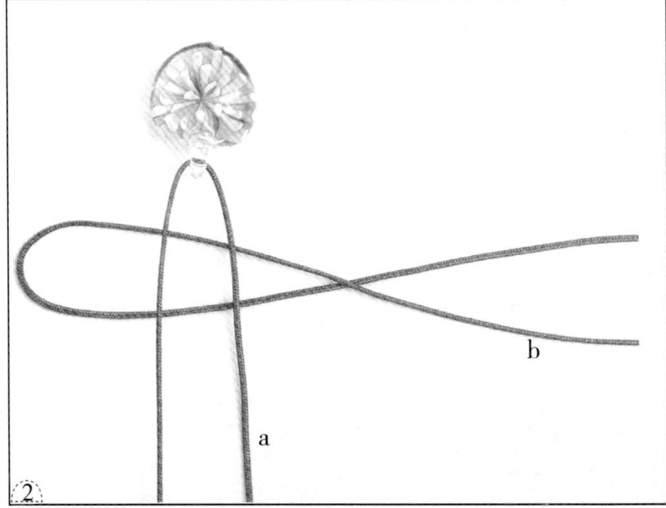

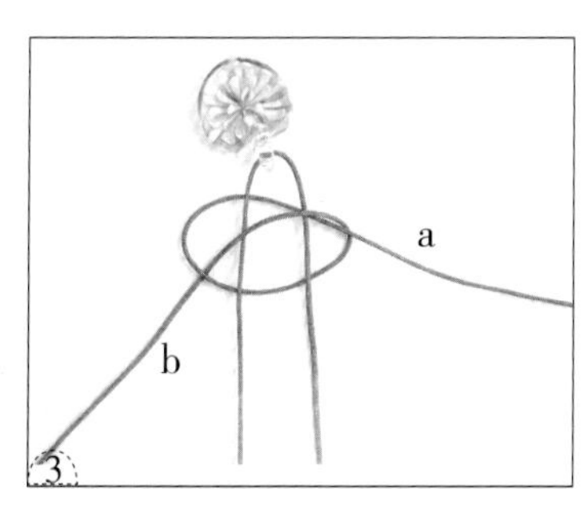
a
b
3

4

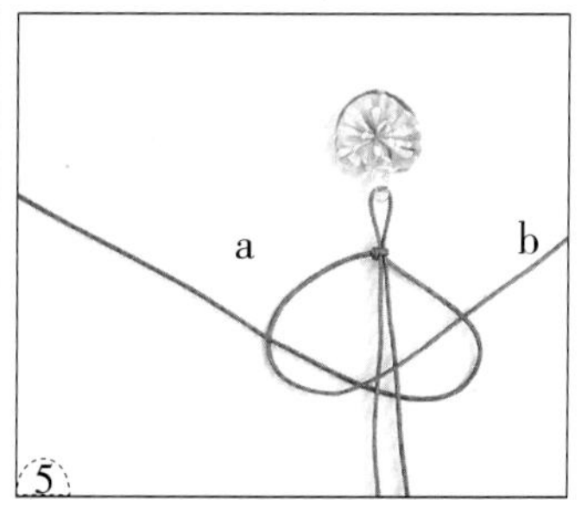
a
b
5

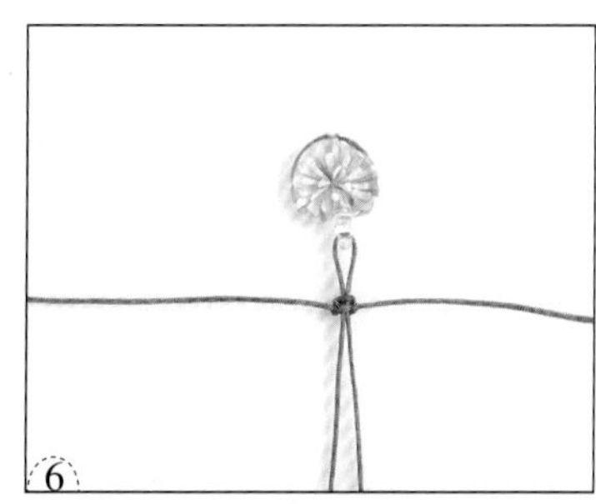
6

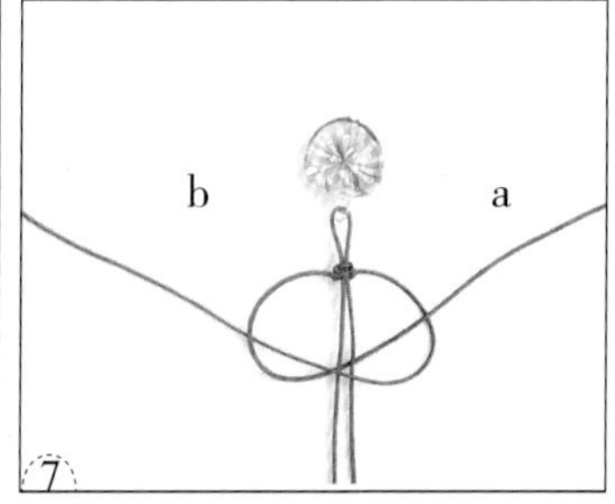
b
a
7

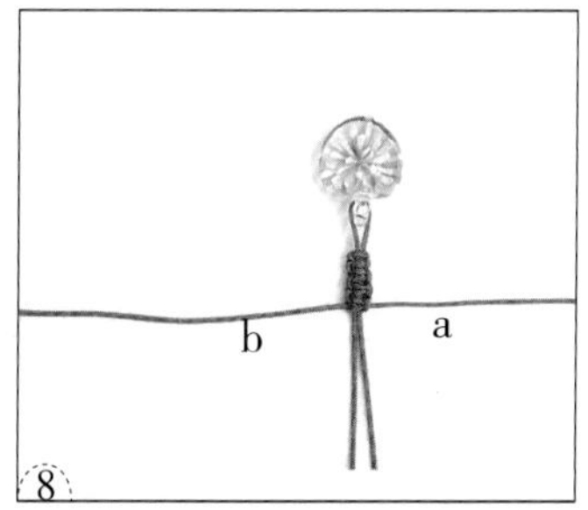
b
a
8

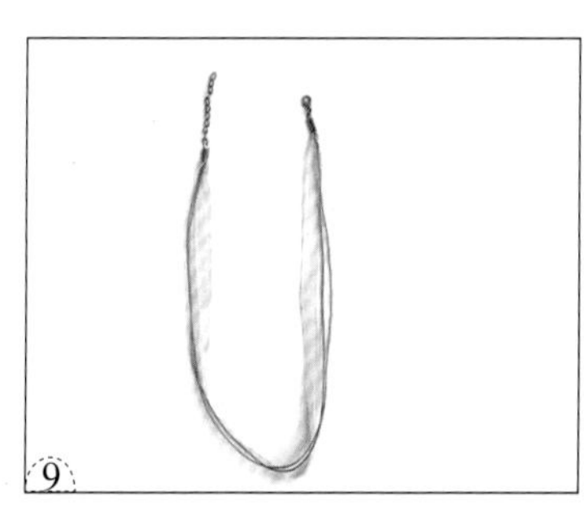
9

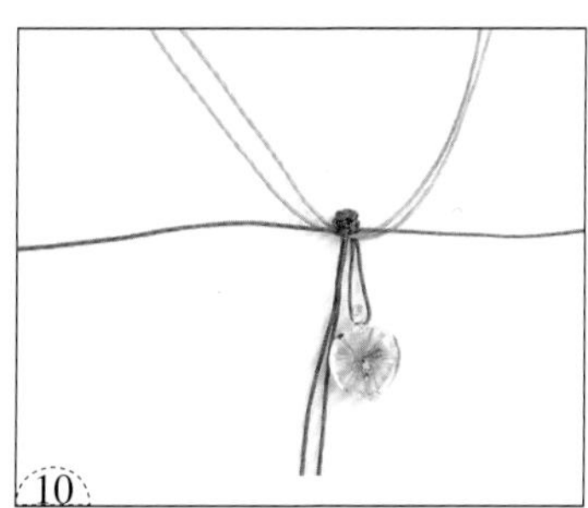
10

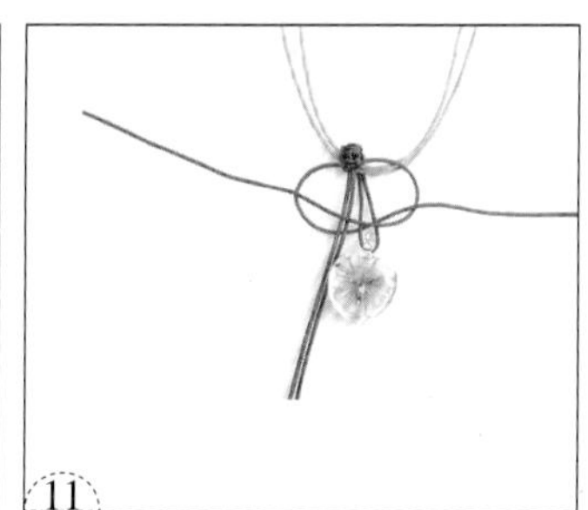
11

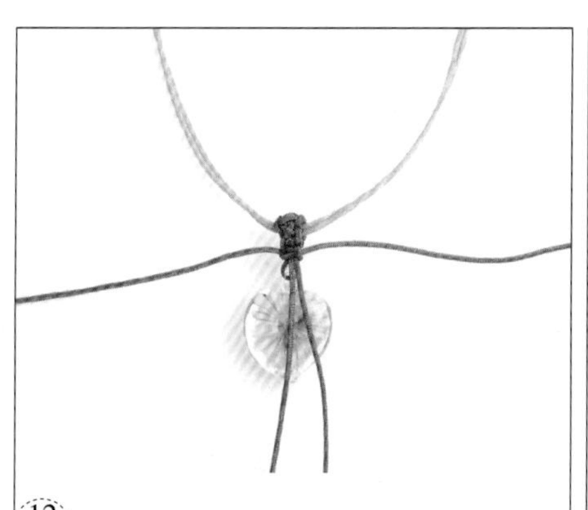
12

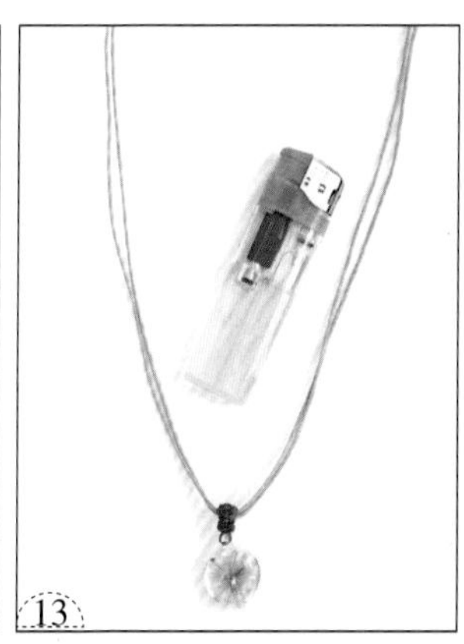
13

14

夏花

做法

1. 如图，准备一条浅绿色的线和一条深绿色的线，用这两条线合穿一个琉璃吊坠。
2. 加两条线进来，用这两条线分别编一个单结。
3. 将单结的结口扭到后面，由此开始做双绳左上扭编。
4. 将深绿色线避向上方，然后用浅绿色线编左上平结。
5. 拉紧浅绿色线，然后将其避向上方，用深绿色线编左上平结。
6. 拉紧深绿色线，然后将其避向上方，用浅绿色线编左上平结。
7. 重复步骤 5 的做法，编一个左上平结。
8. 重复步骤 4~7 的做法，结体自然形成双绳左上扭编的螺旋状。

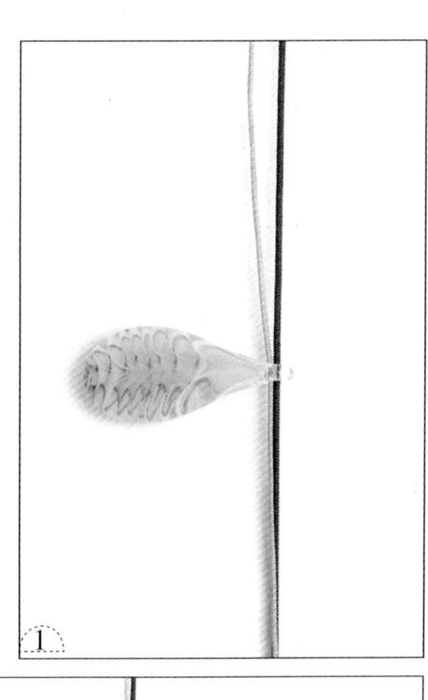

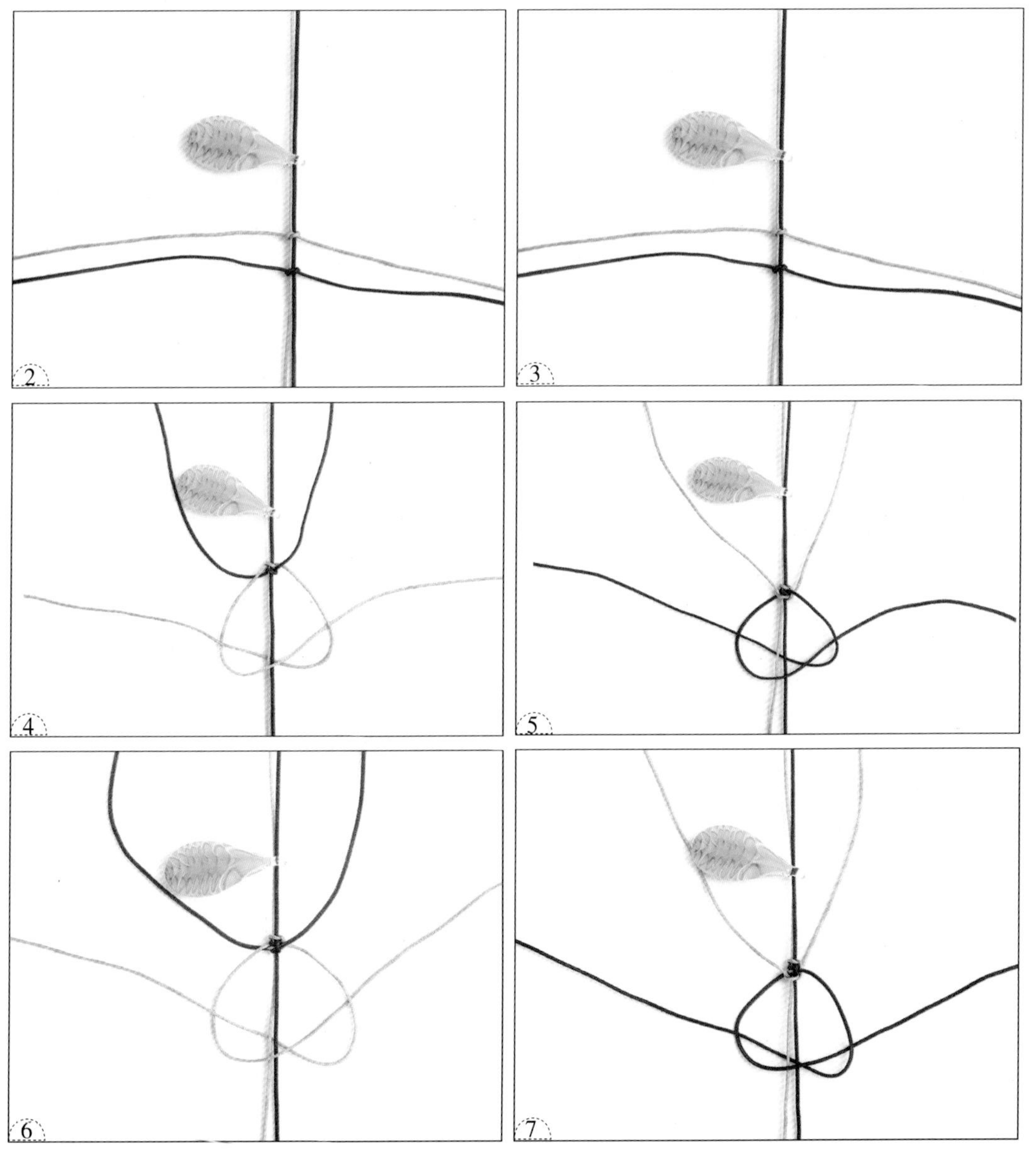

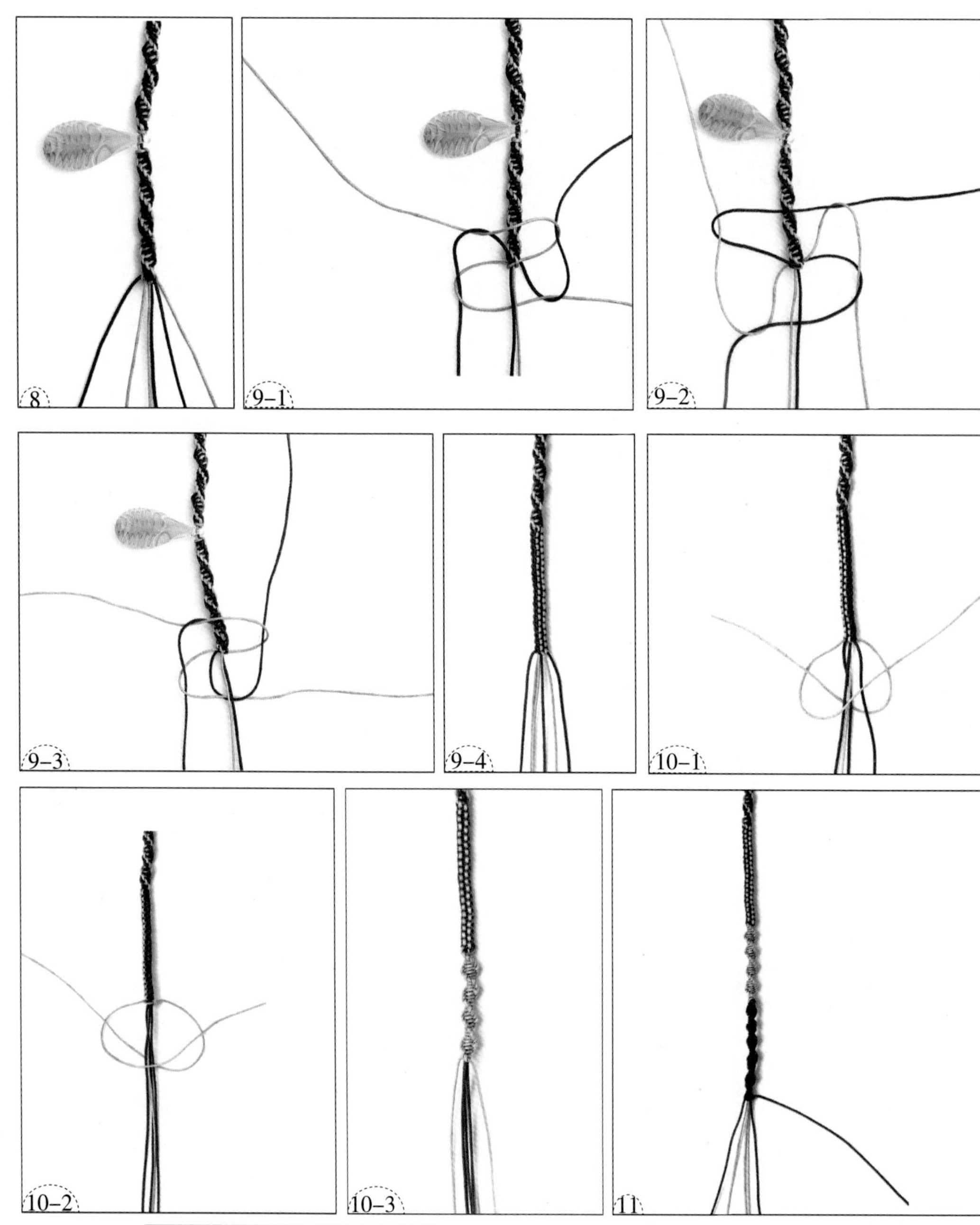

9. 先用四条线按逆时针方向做挑、压，然后按顺时针方向做挑、压，再按逆时针方向做挑、压，如此一正一反，结体自然形成方柱形的玉米结（图 9–1~9–3）。

10. 用浅绿色线包着其他的线编一段左上平结（图 10–1~10–3）。

11. 依照步骤 10 的做法，用深绿色线包着其他的线编一段左上平结。

12. 如图，做好项链的两边，然后另取一条线编一段双向平结，并用链绳的两端穿珠子收尾。

民丰

做法

1. 如图，准备一条线。
2. 用这条线连续编蛇结，编至合适的长度（图2-1~2-6）（注意：在蛇结的最上端留出一个小圈，用来挂在项链的链绳上面）。
3. 如图，将线尾穿入最后一个蛇结的结体中，起到固定的作用。
4. 将蛇结以顺时针方向调整成圆盘状。在调整的过程中，用针穿一条银线并穿一颗红珊瑚珠镶在圆盘正中间作装饰，然后用银线固定圆盘。
5. 最后取一段蜡绳穿过蛇结上面的小圈，在链绳两端分别编一个秘鲁结。
6. 最后剪掉链绳上多余的线头即可。

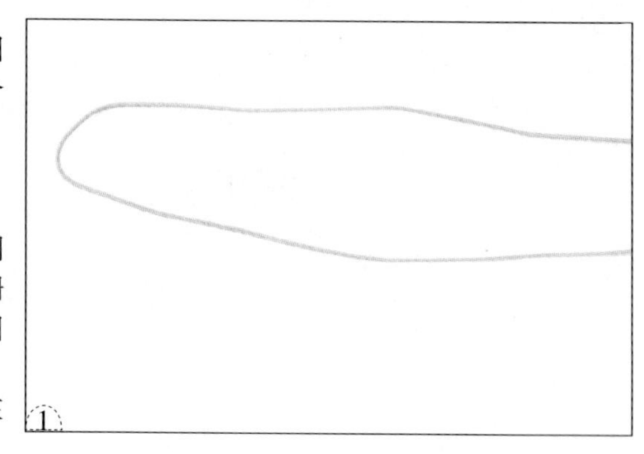

1

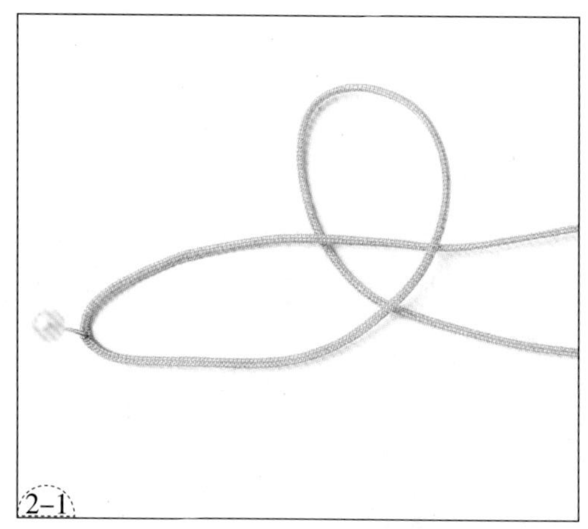

2-1

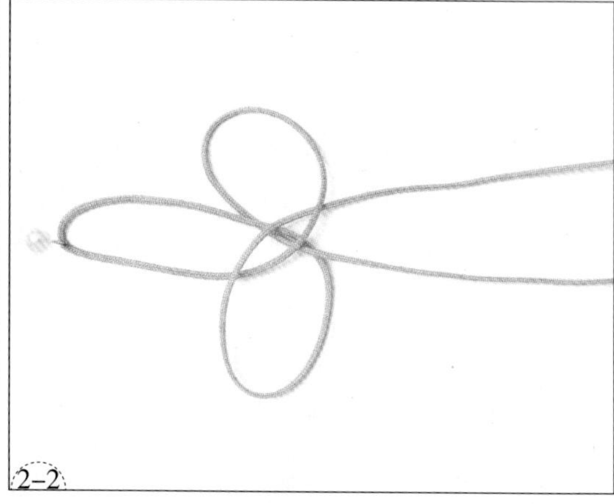

2-2

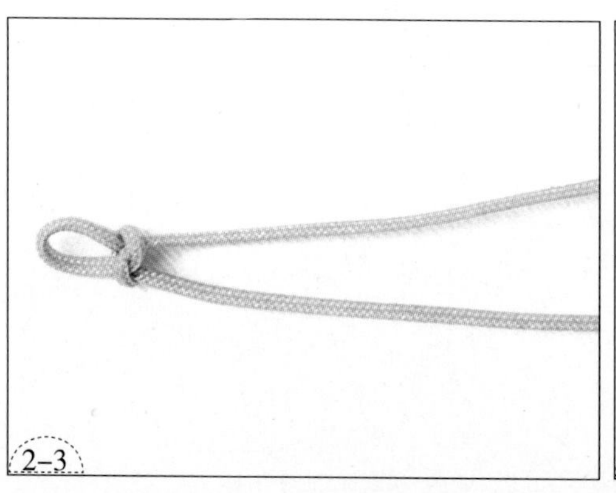

2-3

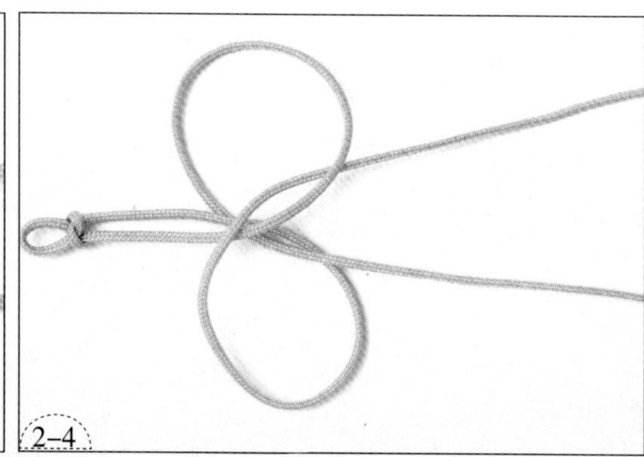

2-4

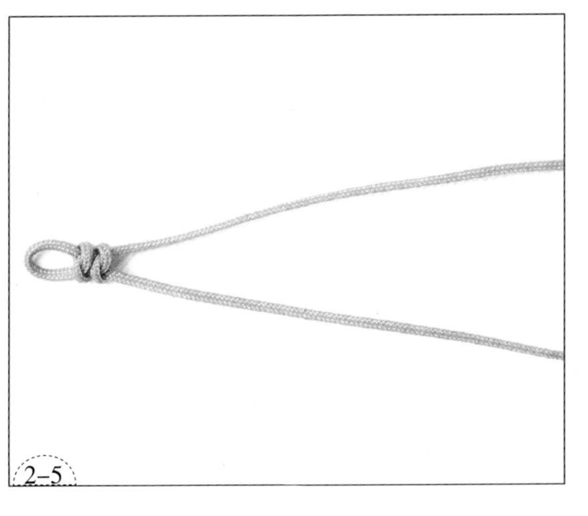
2-5

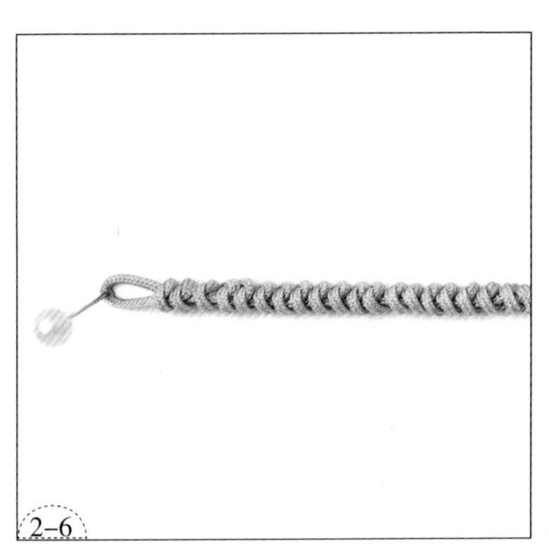
2-6

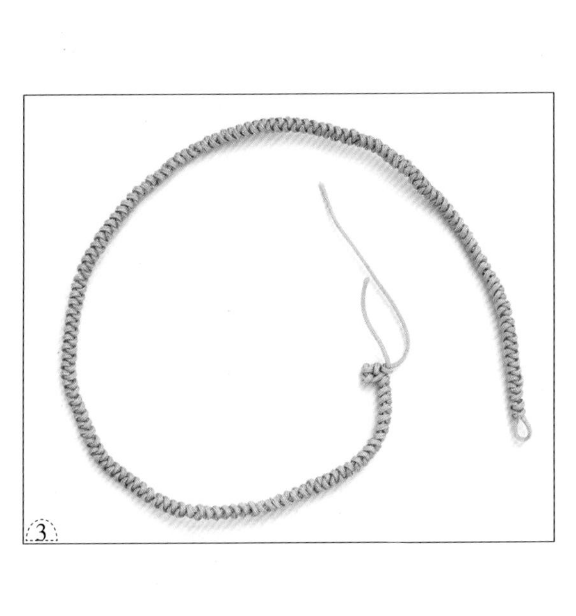
3

4

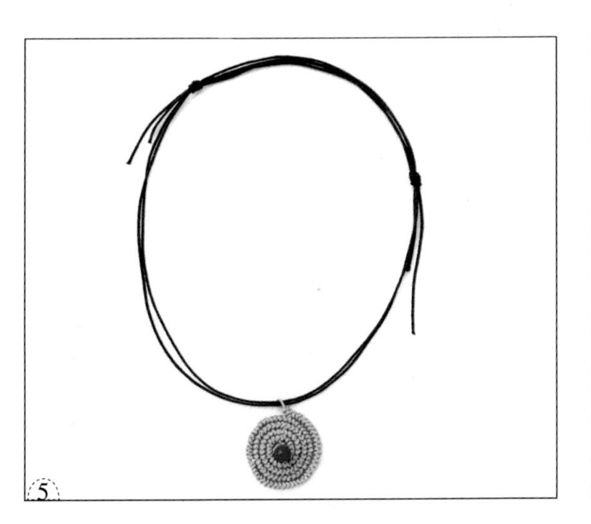
5

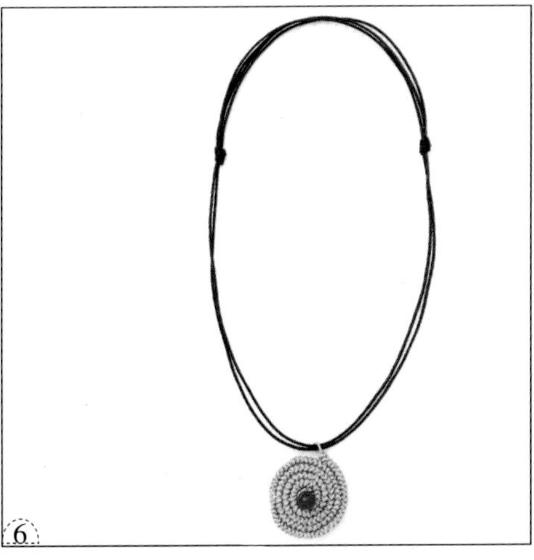
6

年 华

做法

1. 如图，准备四条线，两条红色线，两条蓝色线。
2. 用这四条线合穿一个琉璃珠，在琉璃珠左侧编一个单结，起到固定琉璃珠的作用。
3. 两条蓝线以红线为中心线，在红线的外面编一个蛇结。
4. 拉紧两条蓝线，调整好蛇结。
5. 重复步骤 3、4 的做法，连续编八个蛇结。
6. 红线和蓝线分别如图做挑、压，编一段四股辫（图 6-1~6-2）。
7. 用其中的一条红线和蓝线编一个蛇结，如此一上一下连续编蛇结，以左右对称的方式编好项链两边的链绳（图 7-1~7-8）。
8. 链绳的尾线分别穿珠子，编凤尾结。然后另取一条蓝线，以链绳为中心线编一段双向平结，最后剪掉多余的尾线，并用打火机将线头略烧一下按平。
9. 这样，一款时尚的红、蓝双色项链就做好了。

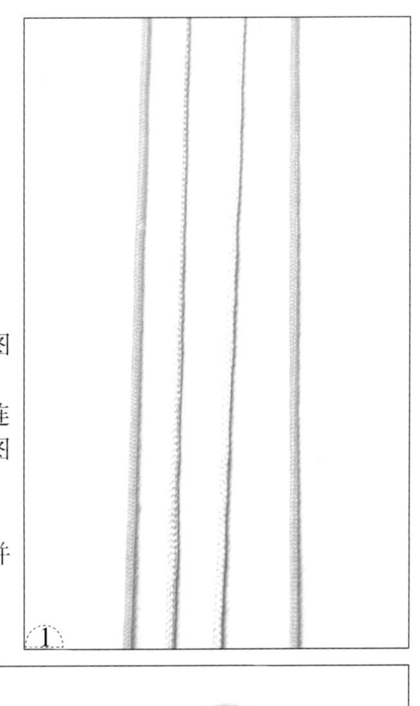
1

2

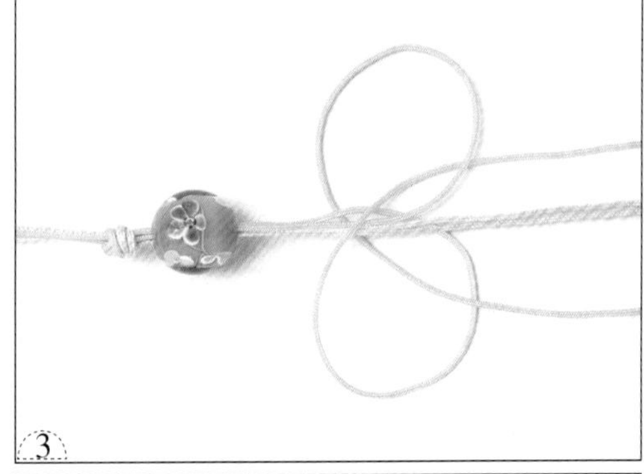
3

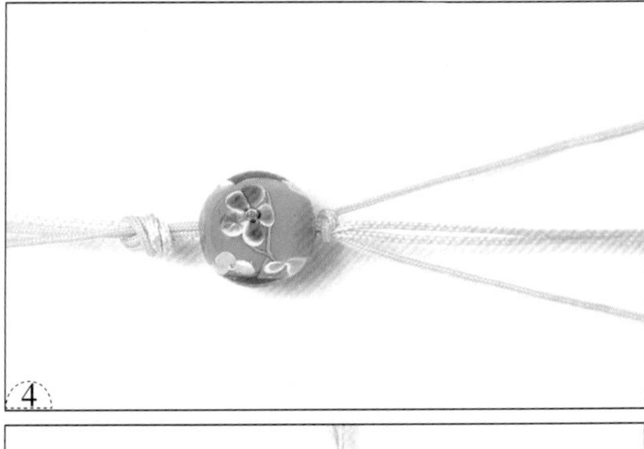
4

5

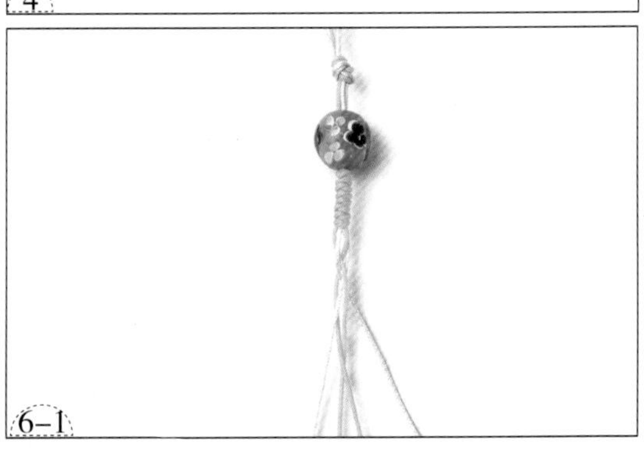
6-1

6-2

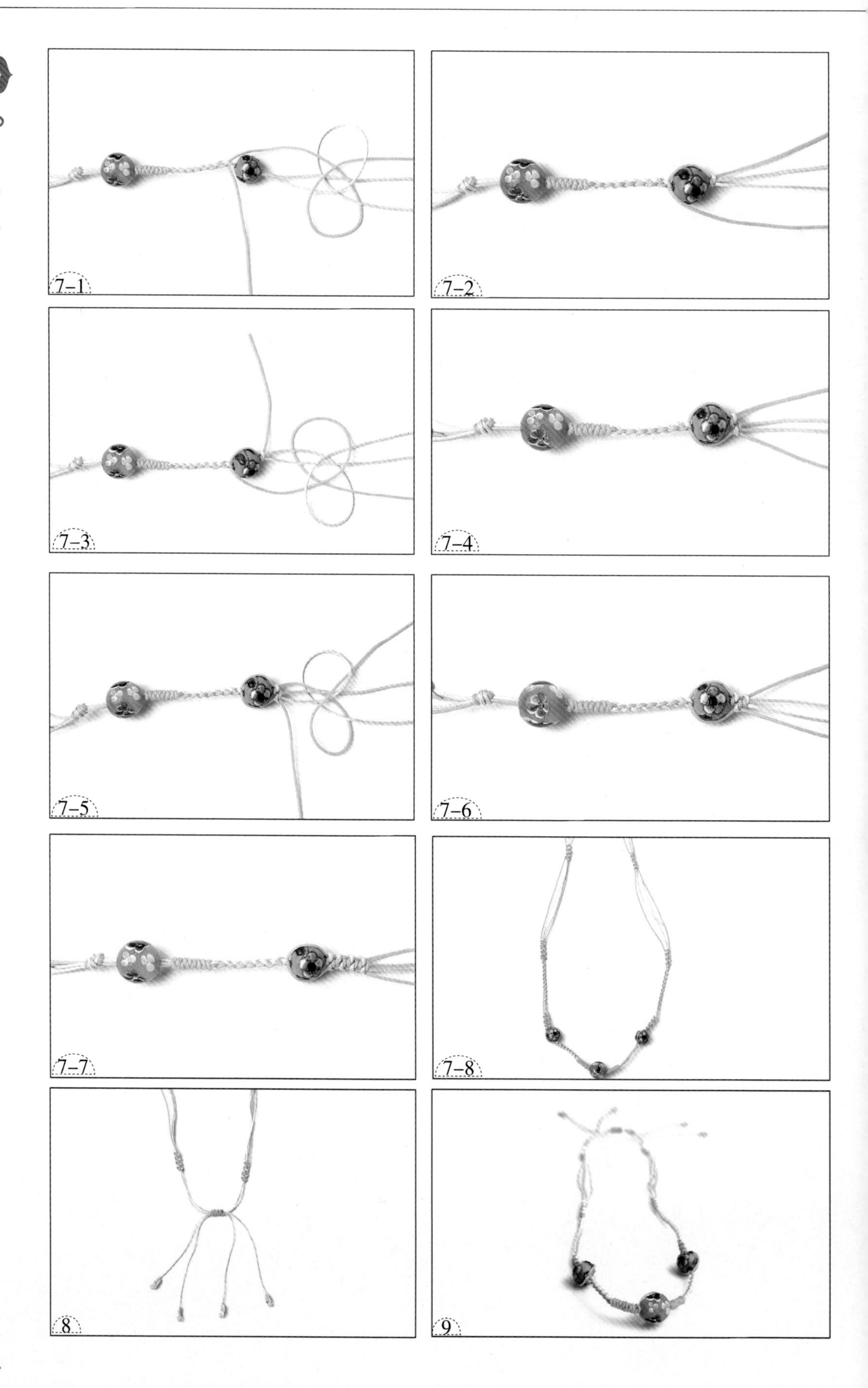
7–1
7–2
7–3
7–4
7–5
7–6
7–7
7–8
8
9

好事成双

做法

1. 用一条线编一个双联结，然后加一条线进来，用两条线编圆形玉米结，编至合适的长度（图 1-1~1-3）。
2. 圆形玉米结的下面打一个双联结固定，用绣花金线分别在两条线的外面绕适当的长度，然后用绕了金线的部分编一个双钱结（图 2-1~2-4）。
3. 另外准备一条线，在这条线的外面绕股线（股线的长度与步骤 2 中绕金线的长度是一样的），然后跟着双钱结的走向再穿一次，形成一个双层的双钱结，最后打一个双联结，并剪掉一条线，只留下三条线（图 3-1、3-2）。
4. 用余下的三条线分别穿适量的珠子并收尾。

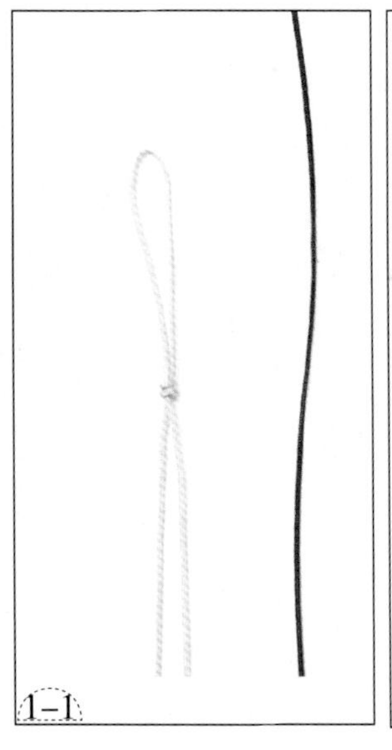

1-1

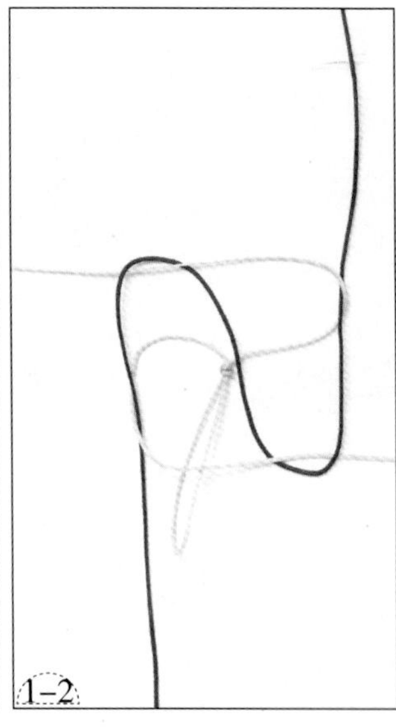

1-2

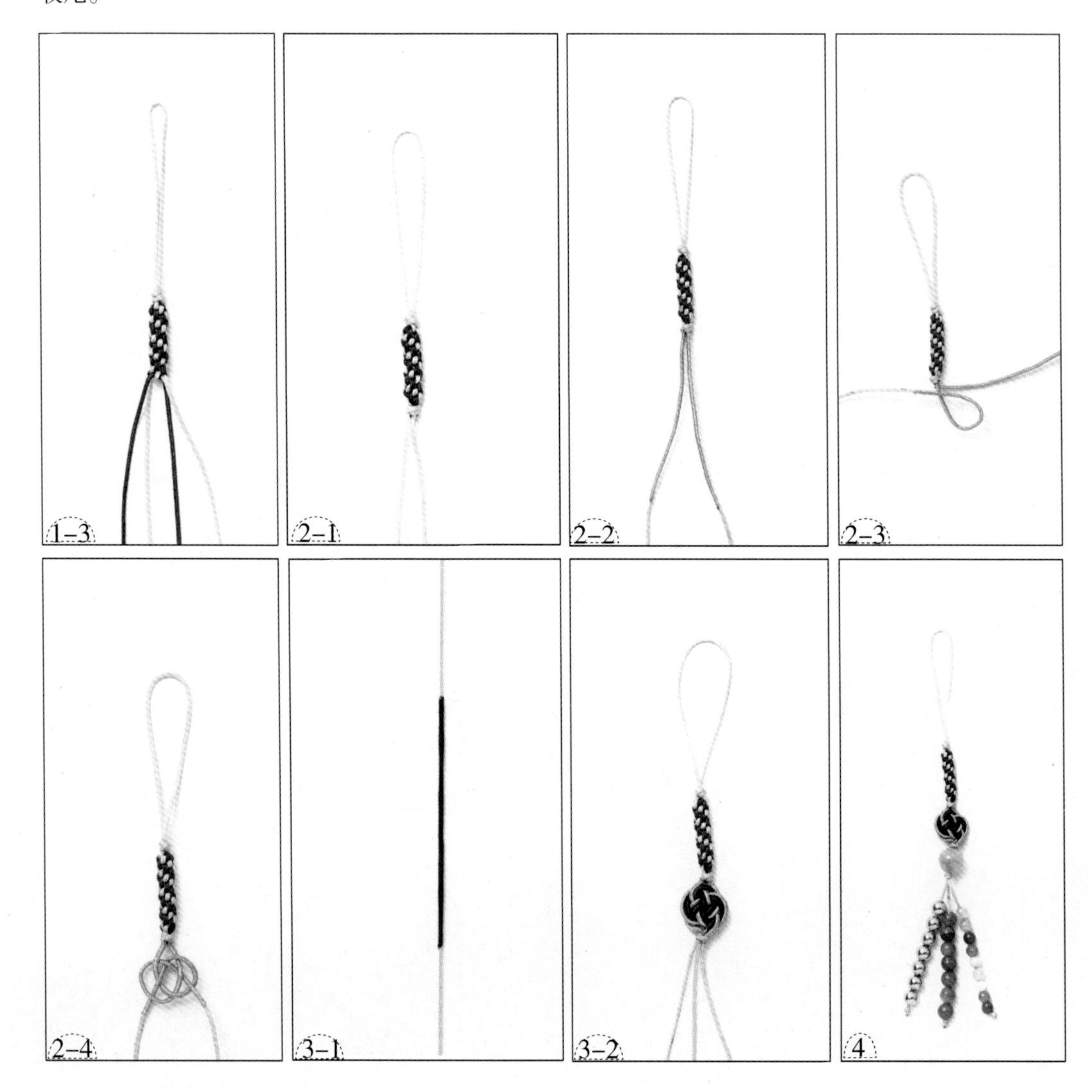

1-3 2-1 2-2 2-3 2-4 3-1 3-2 4

花 团

做法

1. 准备材料，四色蜡绳。
2. 取四色蜡绳，每色两条，每条约 4m，归拢整齐以后从离线头约 65cm 处开始，如图从中间开始分别向两边打一层斜卷结。
3. 橙色线包住中间枣红色线打一个包线双联结。
4. 反向编一层斜卷结，把双联结包住。
5. 如此重复，根据自己的腰围做适当的长度。
6. 两边余线分别用边上的浅金色线做一段包线双联结，收紧。
7. 末端分别穿上尾珠，打死结，烫好口(图 7-1、7-2)。

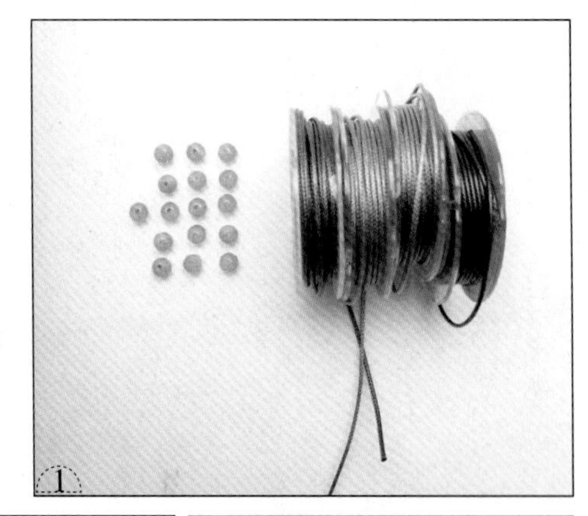
1

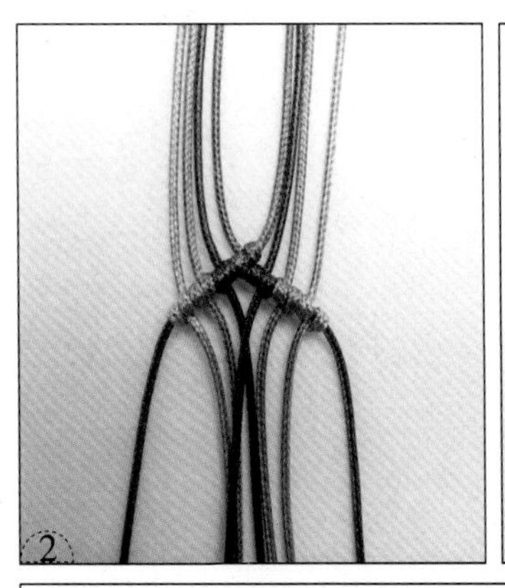
2

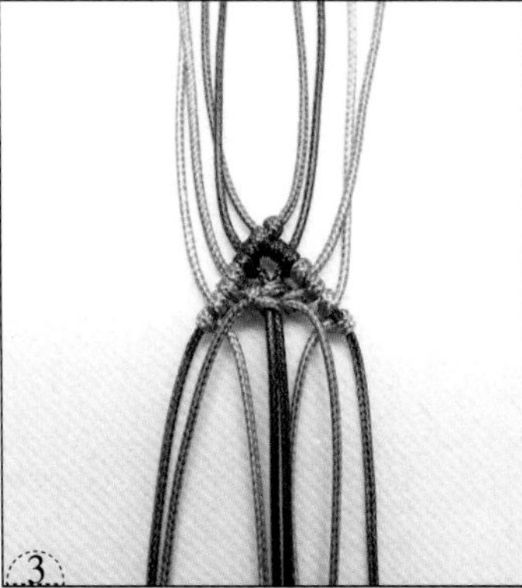
3

4

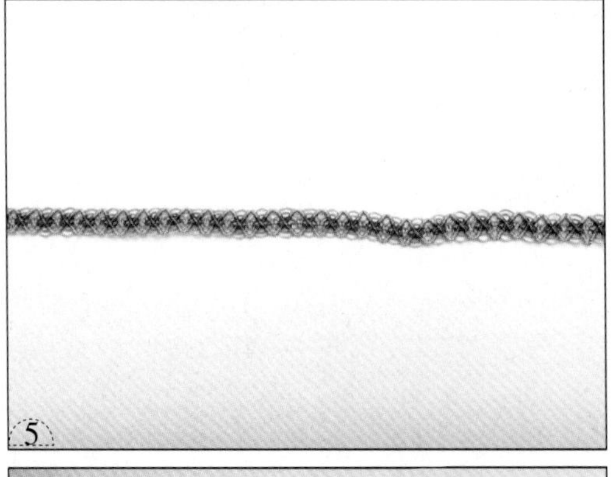
5

6

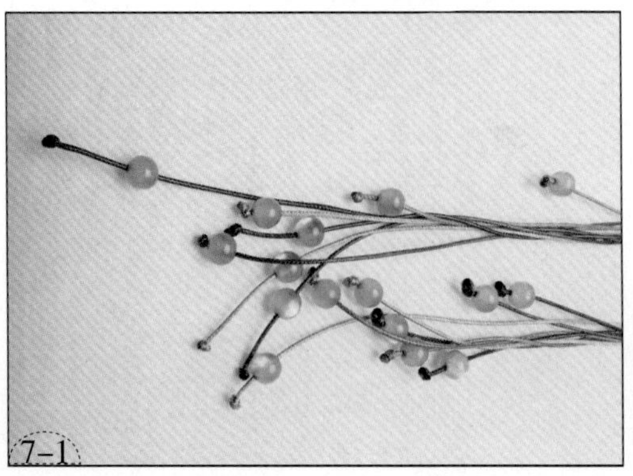
7-1

7-2

奔 驰

做 法

1. 准备材料。
2. 四段约 2m 的黄色 A 线，对齐在离线段约 30cm 处打一个包线双联结。
3. 打玉米结。
4. 持续打玉米结。
5. 根据个人需要打一定的长度，再打包线双联结固定。两端留出两条线，然后剪掉两条，烫好。
6. 中间穿入珠圈。
7. 接着穿入银饰。
8. 再穿入珠圈。
9. 余线端对叠，用同号同色线在上面做双向平结为活动结。
10. 余线留出约 15cm，穿上尾珠，打死结固定（图 10–1、10–2）。

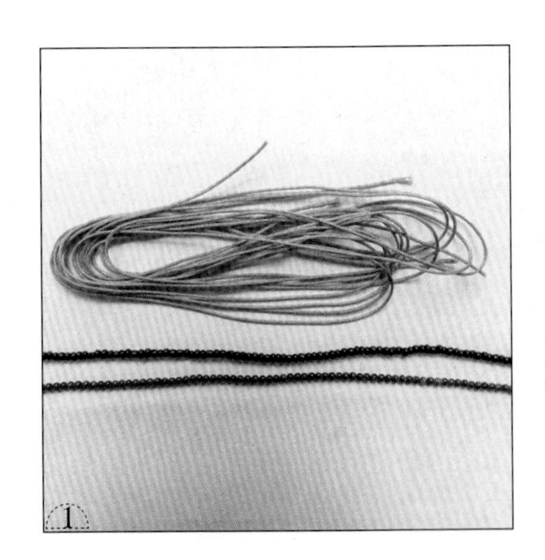

1

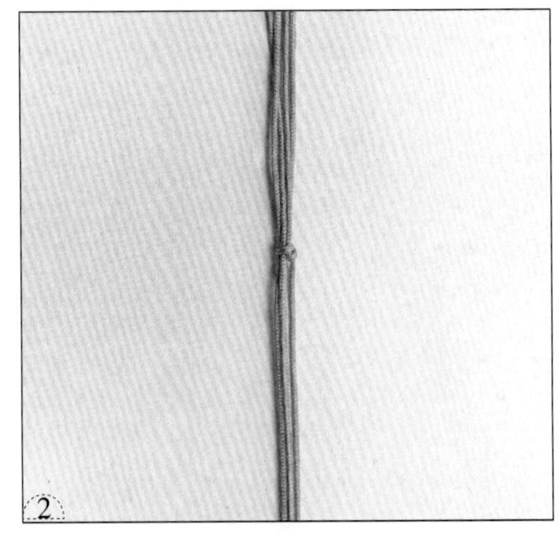

2

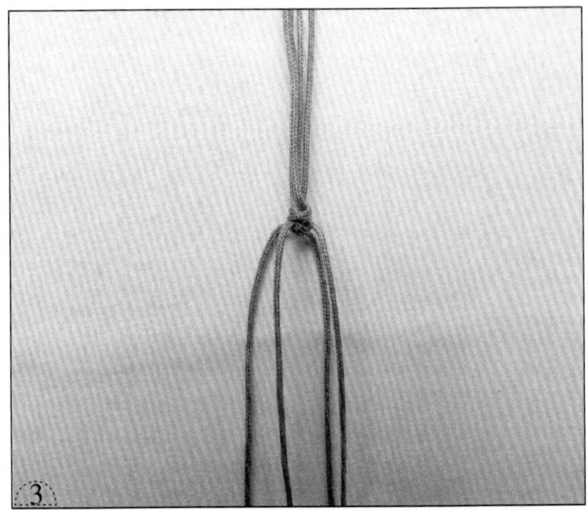

3

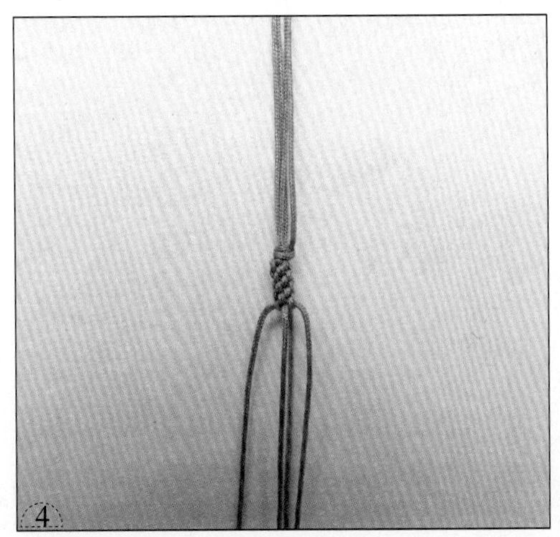

4

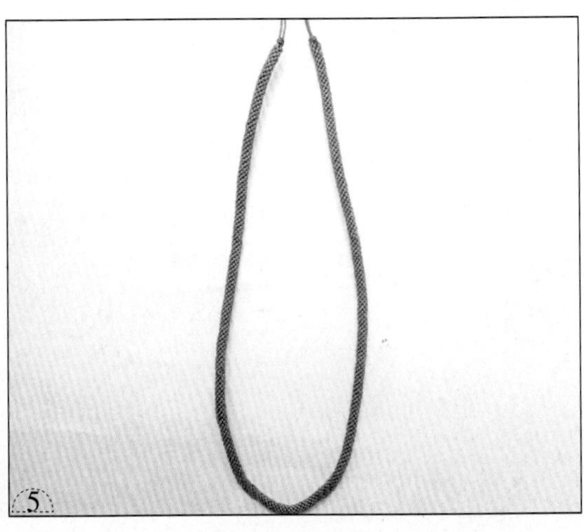

5

6

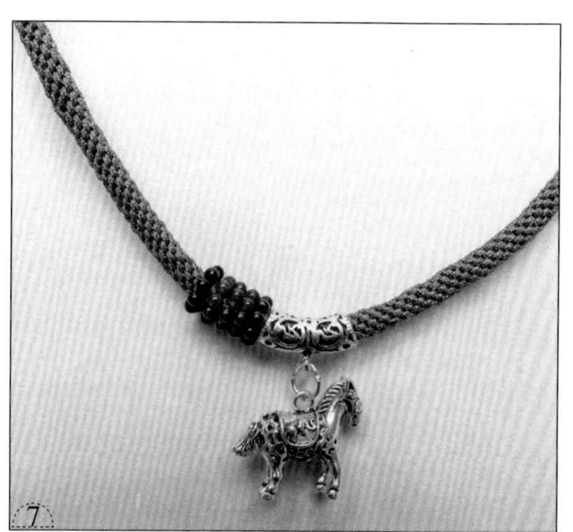
7

8

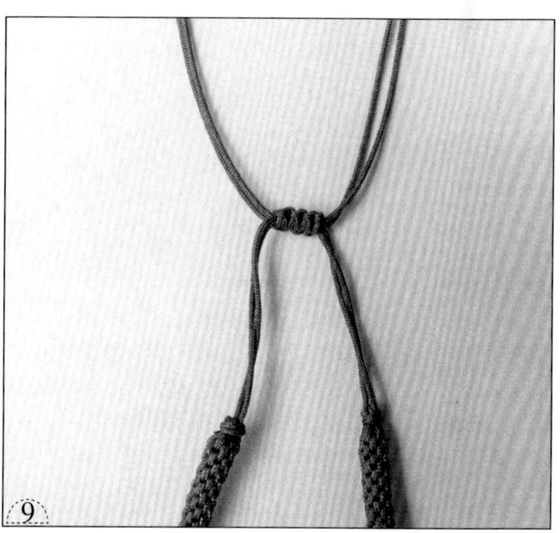
9

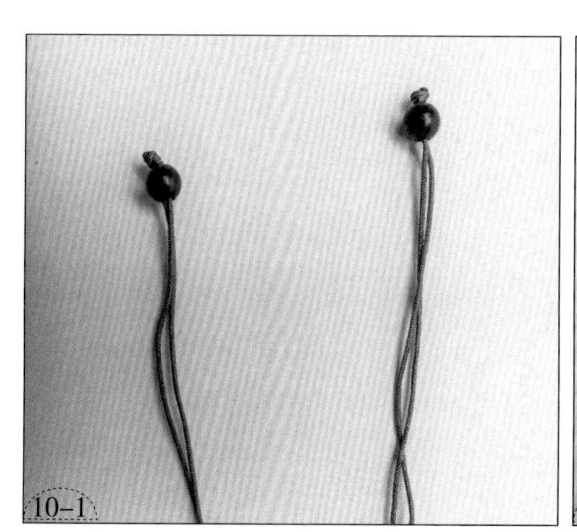
10-1

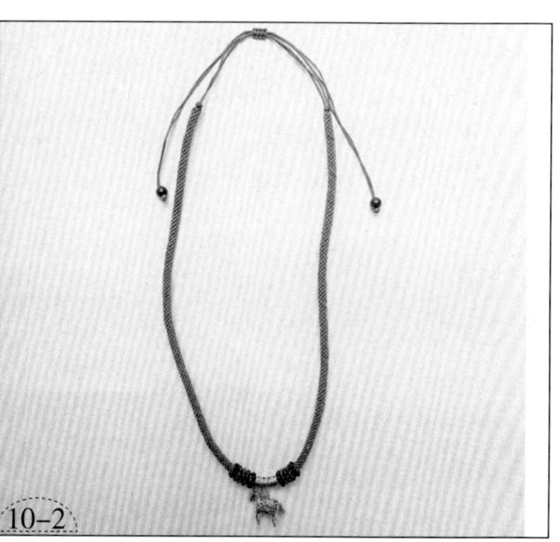
10-2

生 机

做法

1. 取一段约 1m 长的黄色 A 线，对折打双联结，勾出复翼盘长结，最外层耳朵里走一层绿线，再打双联结固定（具体步骤参照前章“复翼盘长结”做法）。穿入银饰，再打金刚结固定。
2. 再穿入珠子，打双联结。
3. 余线穿入一个粘了叶子片的大法轮，打双联结固定。
4. 余线穿入玉饰，打双联结将它固定在法轮中间。
5. 跨过法轮底部，打双联结，再穿入珠子。
6. 余线包入一条对折的黄色 A 线，打双联结固定。
7. 留出约 1.5cm 距离，同侧两线打双联结。
8. 余线分别穿入小法轮和珠子。
9. 打双联结固定。
10. 剪掉余线，烫好收口。

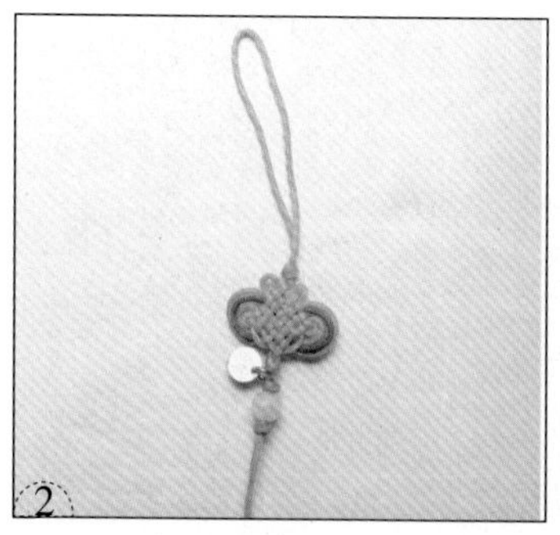

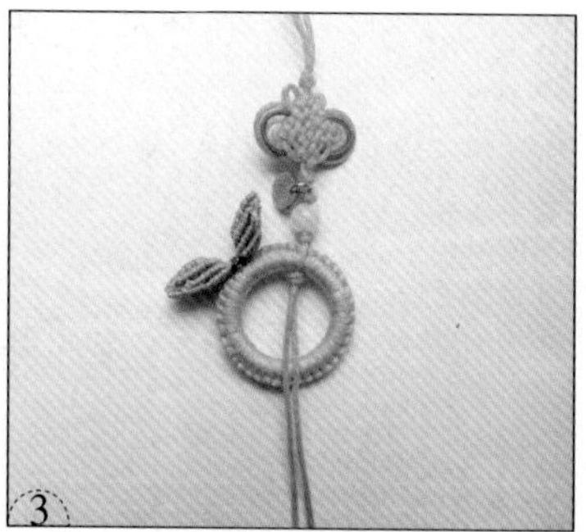

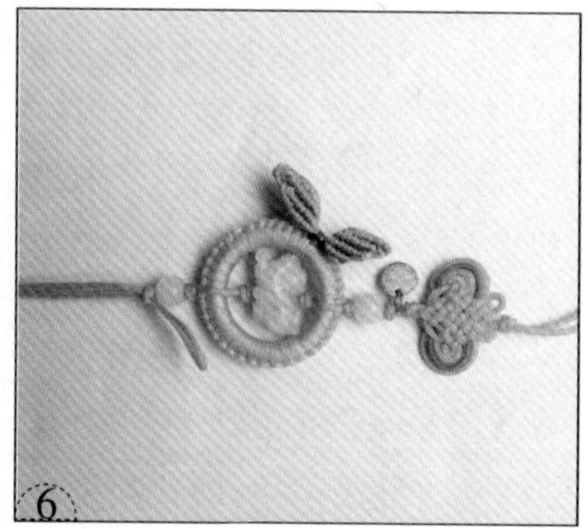

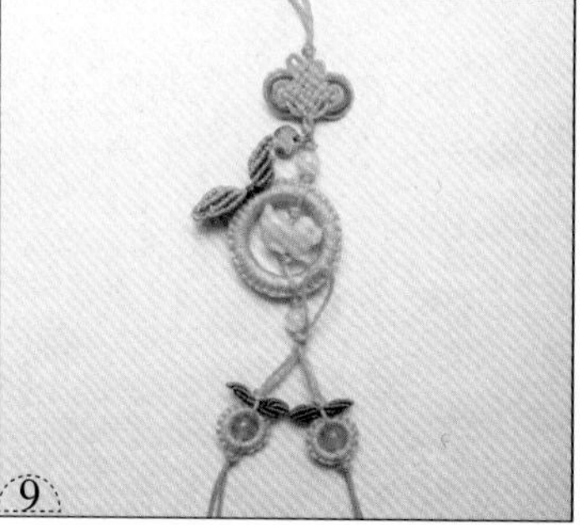

轮 转

做 法

1. 准备材料，其中需要一共十条约 1.5m 长的 72 号黑线。

2. 取两条线，穿入最大的佛珠到中间部位。

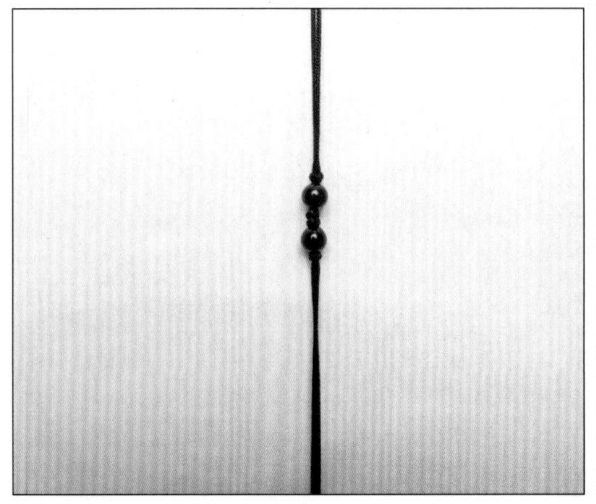

3. 再取两条线，中间部分穿入两颗小一号纯黑色珠，中间打两个金刚结，两边分别打一个金刚结。相同的做两段。

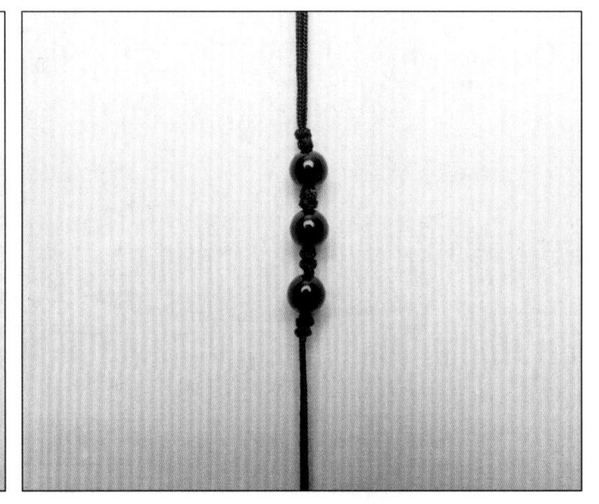

4. 接着取两条线，中间部分穿入三颗稍大一号的纯黑色珠，中间和两端都分别打两个金刚结。同样的也是做两段。

5. 将步骤 3 的珠串与步骤 2 的珠子用一个平结连接。

6. 然后，再用同样的方法连接步骤 4 的珠串。

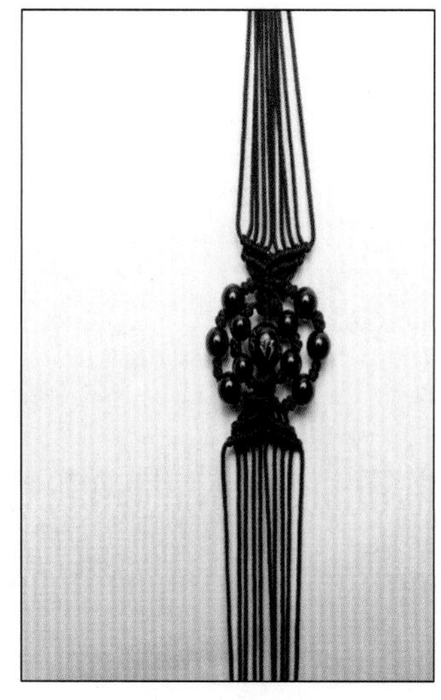

7. 两边各做两层斜卷结。

8. 中间两根线各自穿入稍小一号佛珠。

9. 反向做两层斜卷结包住珠子。

10. 重复两次步骤 7~9 的方法，做两遍。

11. 两边各用最外层的两条线打五个包线双向平结。

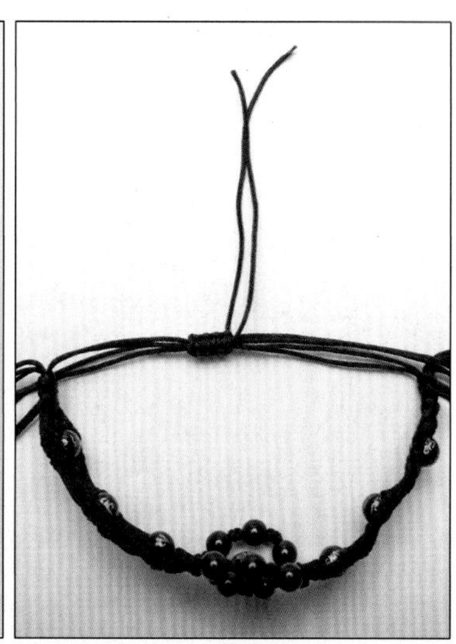

12. 取中间两根线对叠，另外用同号线在上面做双向平结为活动结。

13. 其他余线烫掉，末线留约5cm，穿上尾珠，打死结收好口。

14.完成。

绚烂

做法

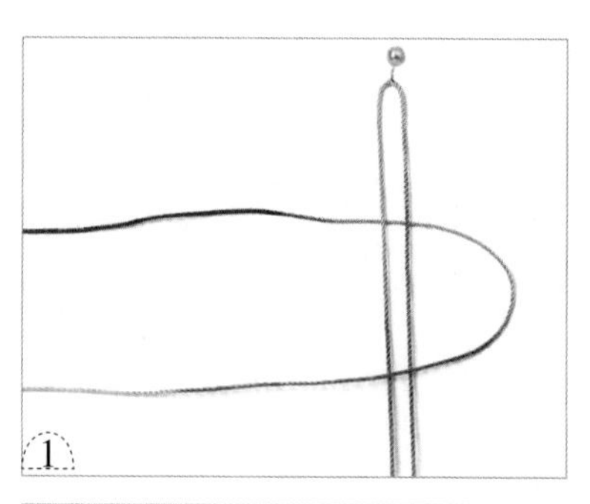

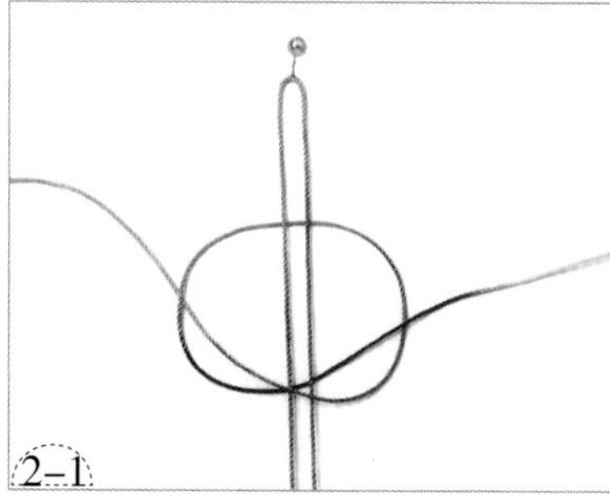

1. 如图，准备两条五彩细线。
2. 以中间的两条线为中心线，用两边的两条线编一段双向平结（图 2–1~2–6）。
3. 编至合适的长度，用两条中心线合穿一颗珠子。
4. 继续用两边的两条线编双向平结（图 4–1、4–2）。
5. 两条中心线穿过贝壳上面的孔，然后在贝壳的上端编两个蛇结。
6. 剪掉中心线多余的尾线，用打火机将线头略烧一下按平，留下两边的两条线。
7. 两边的两条线如图穿珠子，编凤尾结（图 7–1~7–5）。

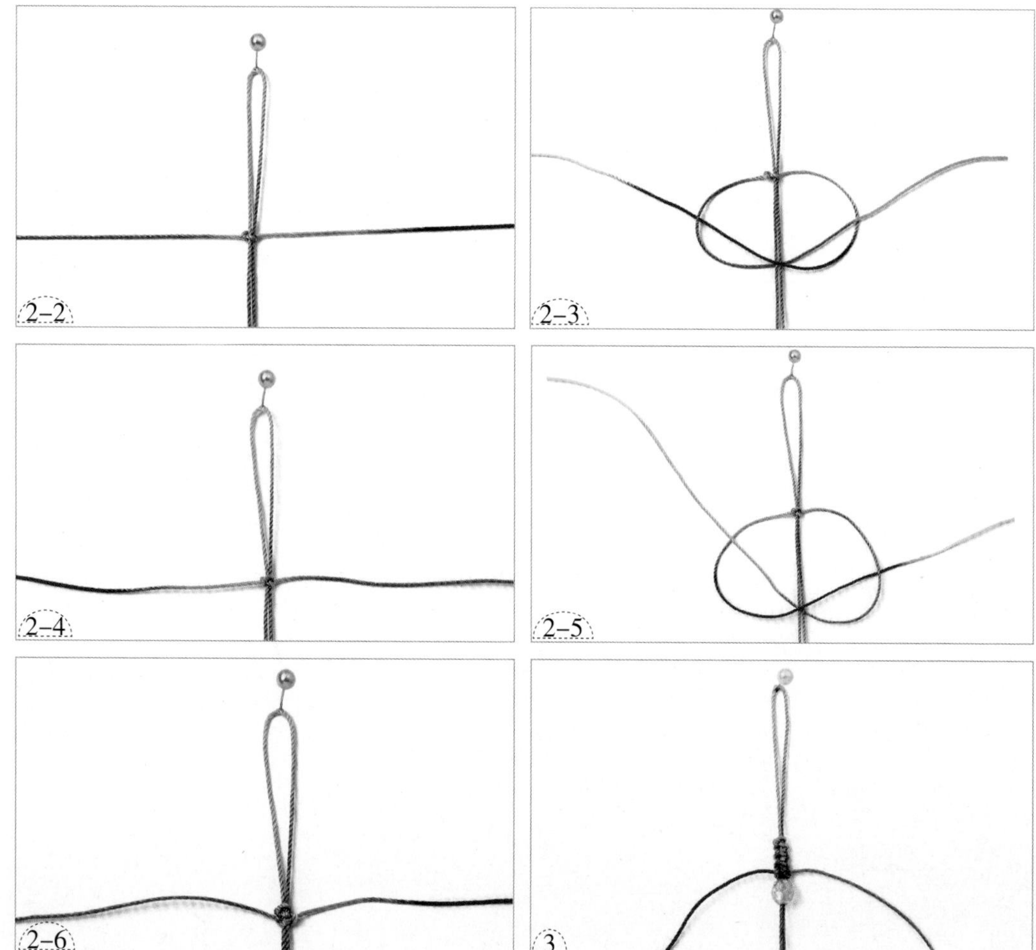

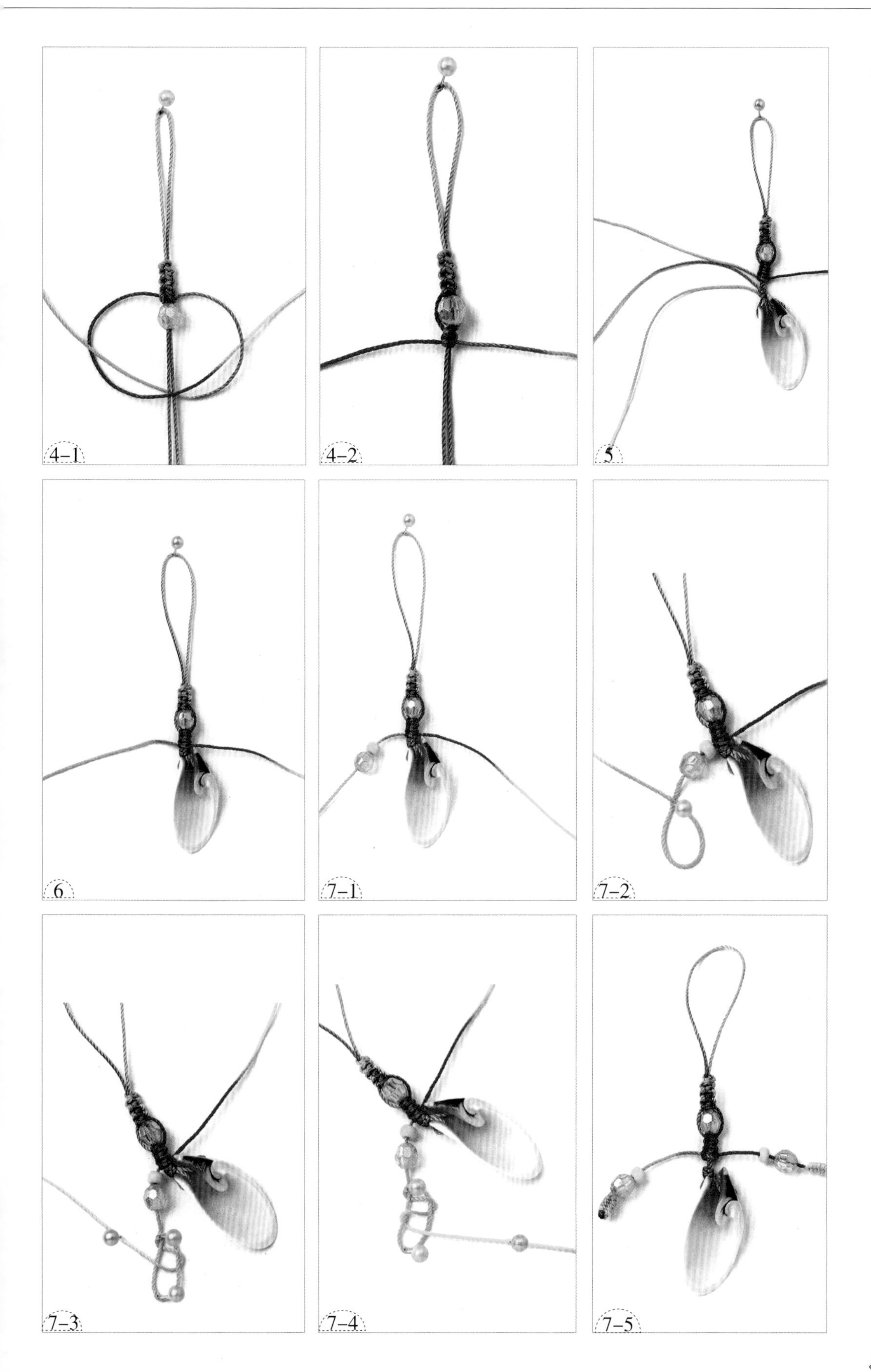
4-1
4-2
5
6
7-1
7-2
7-3
7-4
7-5

知 足

做法

1. 如图，准备两条线。
2. 两侧的编绳如图绕着中心线编一段双向平结（图 2-1~2-4）。
3. 连续编双向平结，编结时，注意每间隔一个双向平结，就将其两侧的耳翼拉大（图 3-1~3-8）。
4. 用中心线合穿一个交趾陶配件。
5. 在交趾陶的下面编一个双联结固定，然后用两条线分别穿珠子，再编凤尾结收尾即可。

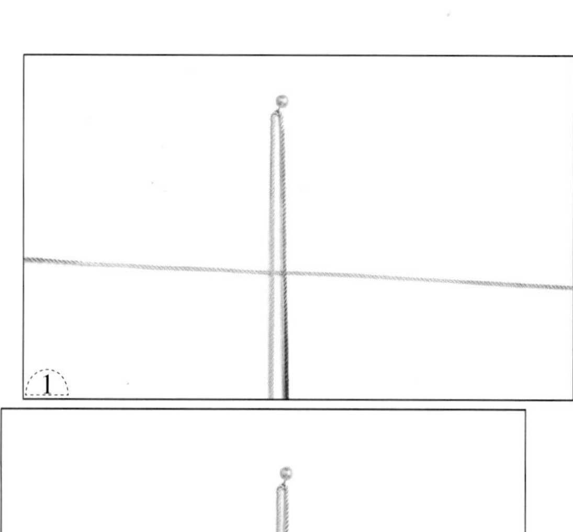

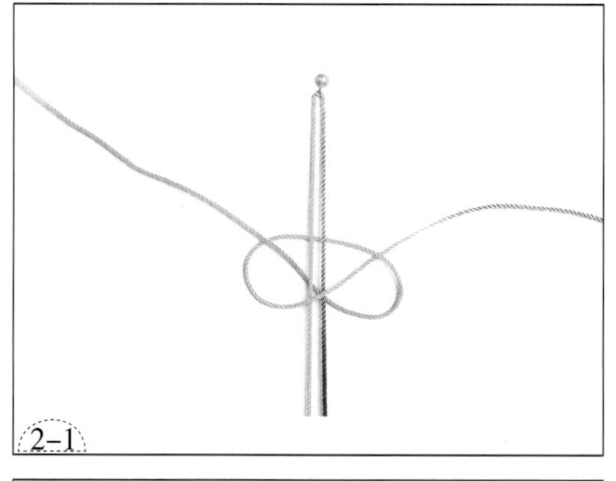

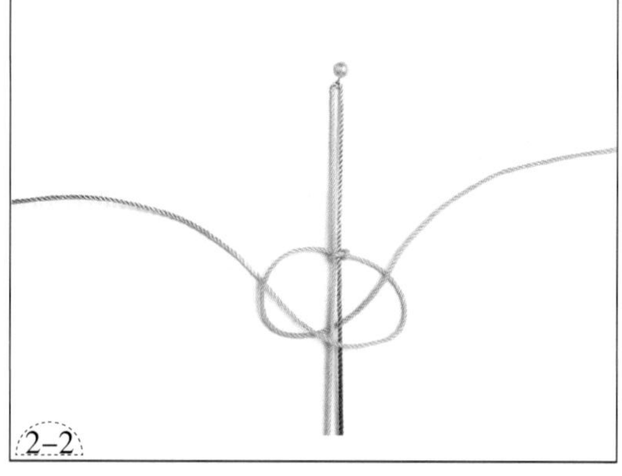

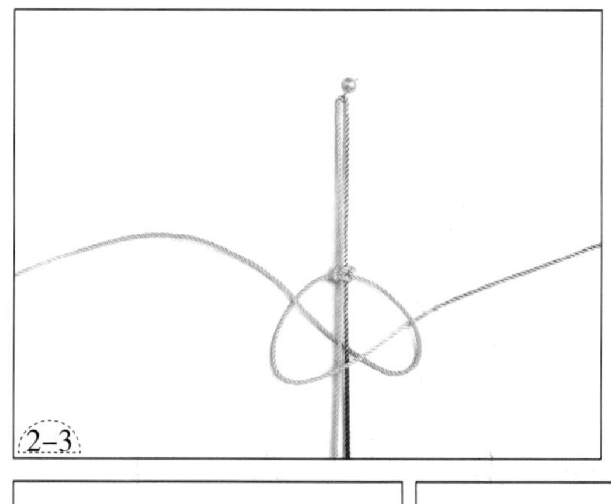

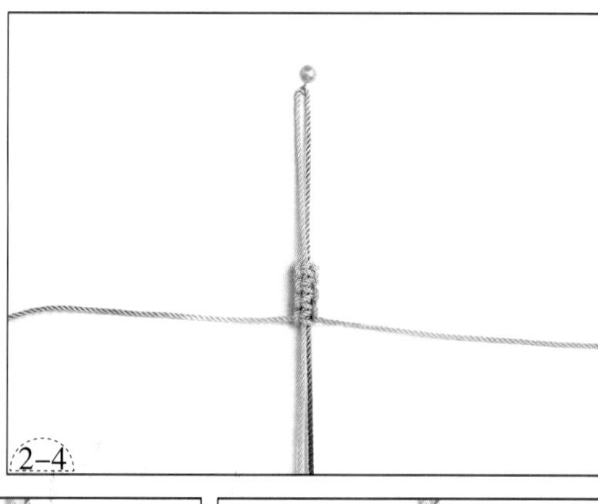

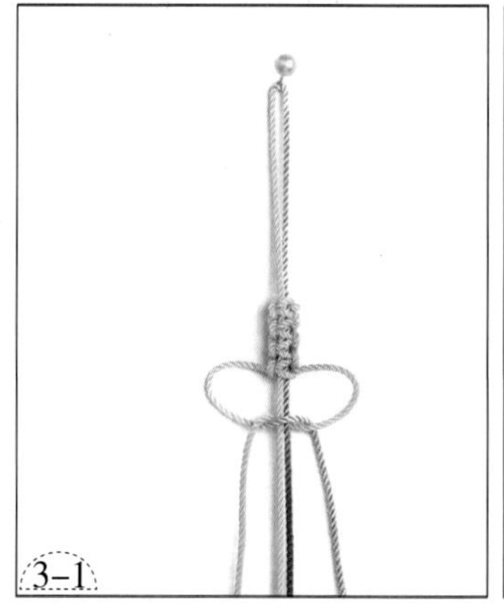

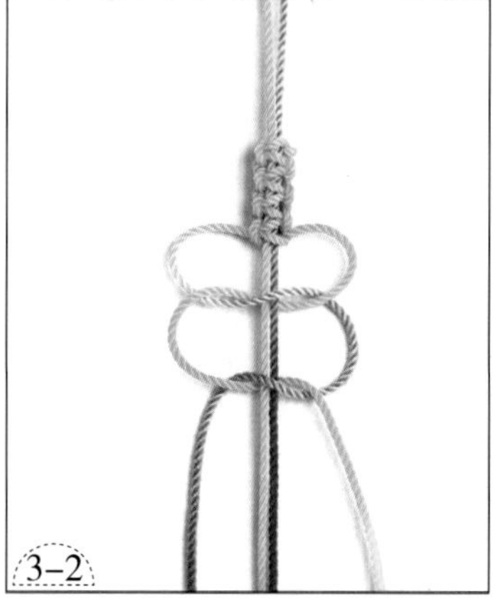

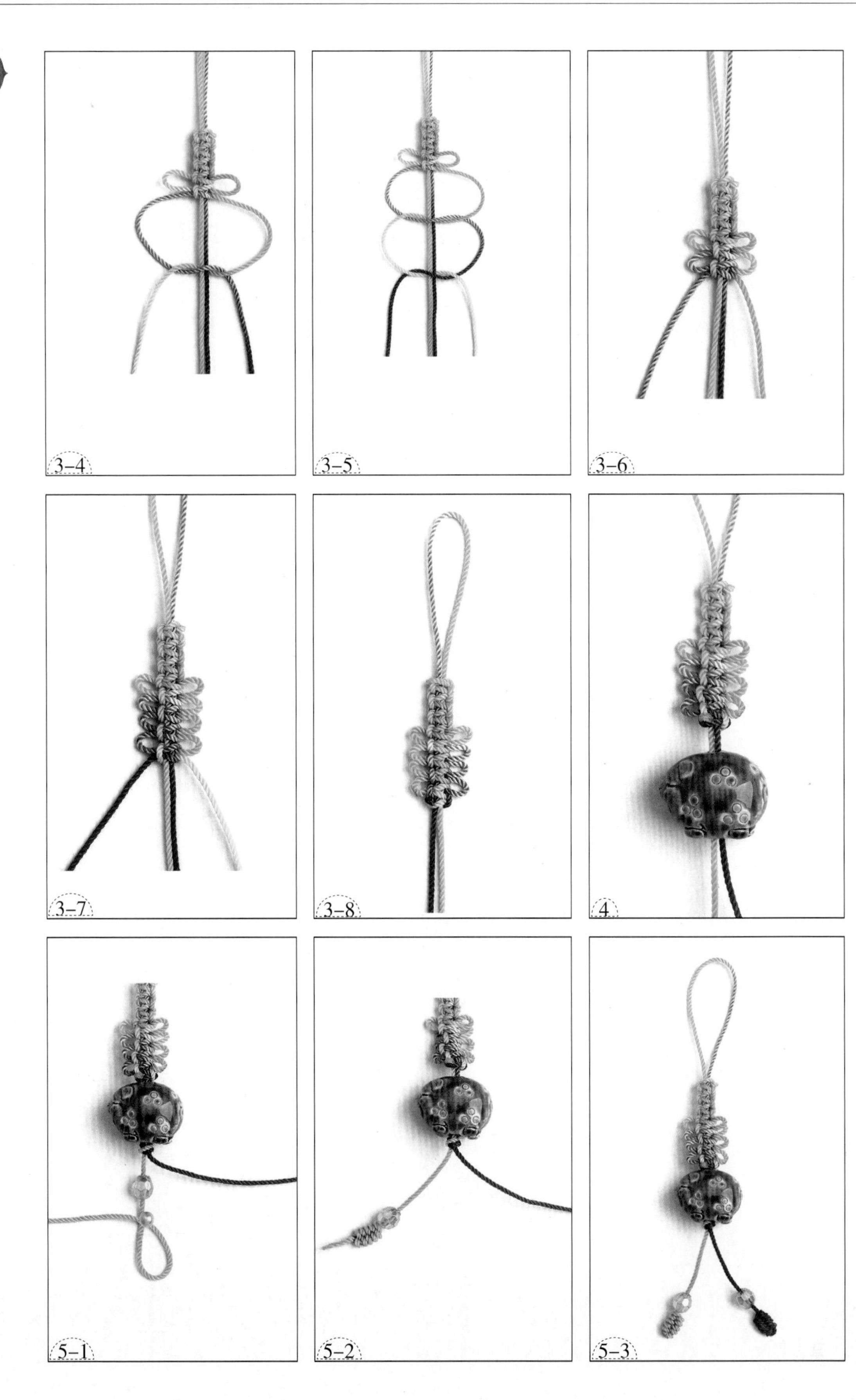
3-4
3-5
3-6
3-7
3-8
4
5-1
5-2
5-3

欢声

做法

1. 准备两条线，如图用打火机将两条线的一头略烧后对接起来。
2. 用两条接起来的线编一个纽扣结，注意将两线的接口藏在纽扣结的内侧。
3. 如图，将线呈十字形摆放，开始编一个吉祥结。
4. 如图，四个方向的线按逆时针方向做挑、压，然后拉紧四个方向的线（图 4–1~4–5）。
5. 四个方向的线按逆时针方向再做一次挑、压，然后拉紧（图 5–1、5–2）。
6. 按照吉祥结线的走向调整好结体，拉出四个小耳翼和两个大耳翼。
7. 在吉祥结的下面连续编六个蛇结。
8. 在蛇结的下面添加一个铃铛，剪掉多余的尾线，处理好线头即可。

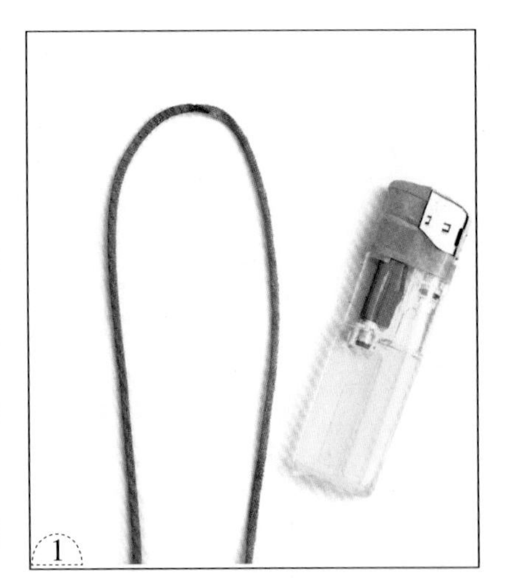

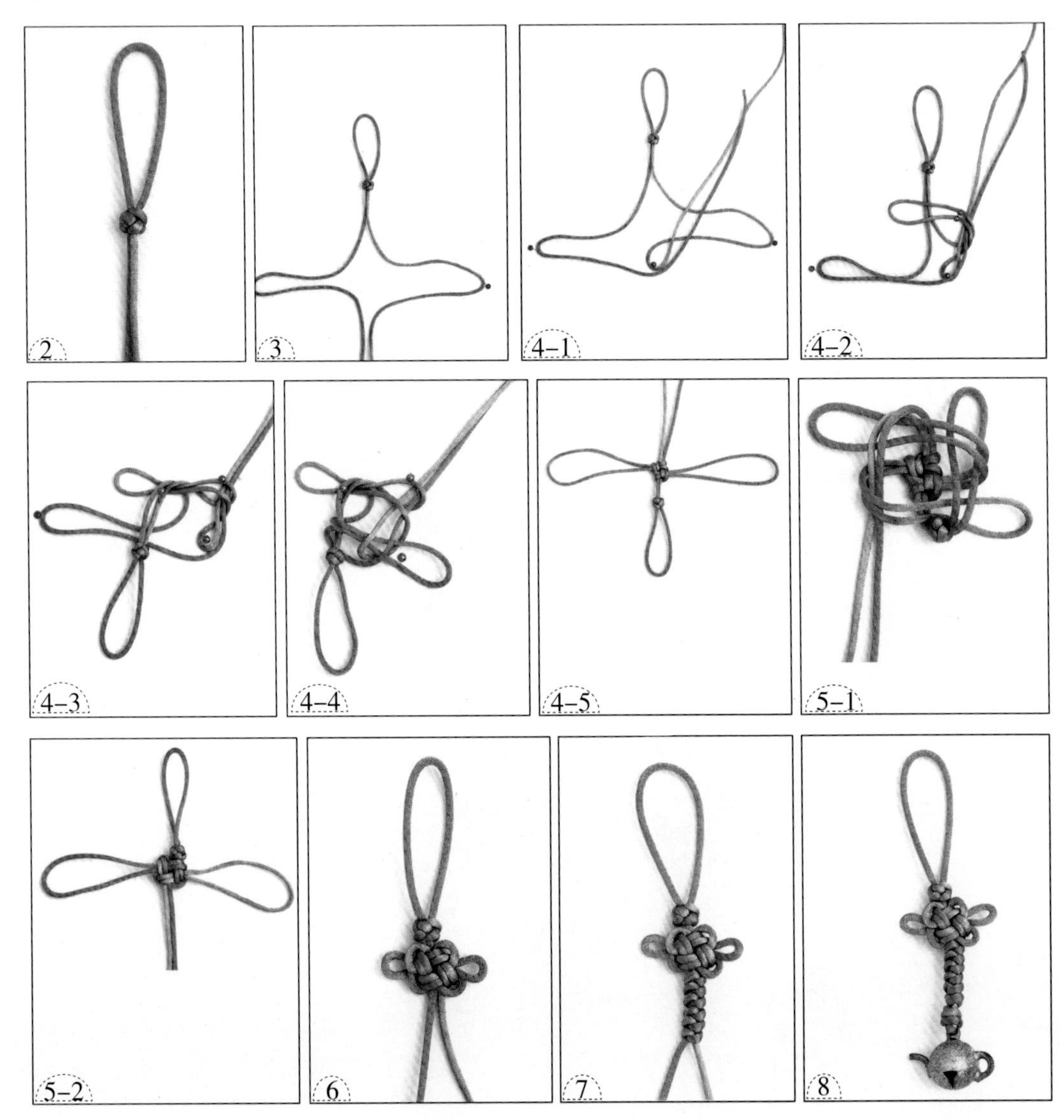

福禄寿

做 法

1. 如图准备一条线。
2. 如图准备一个钉板。
3. 用步骤 1 中的线编一个双联结作为开头，然后用其中的一条线如图在钉板上横向走两个来回，由此开始编一个二回盘长结。
4. 用另一条线如图在钉板上纵向走两个来回。
5. 如图在左下方编一个双环结（图 5–1、5–2）。
6. 继续完成二回盘长结接下来的步骤，然后如图在右上方编一个双环结（图 6–1~6–3）。
7. 完成二回盘长结接下来的步骤。
8. 从钉板上取出二回盘长结。
9. 根据线的走向，如图调整好二回盘长结的结体。
10. 如图准备各式配件。
11. 用两条线如图编双联结，然后穿入各式配件，再编蛇结。
12. 将玉石葫芦如图放在两条尾线之间。
13. 两条尾线以编蛇结的方式将玉石葫芦编成一串即可。

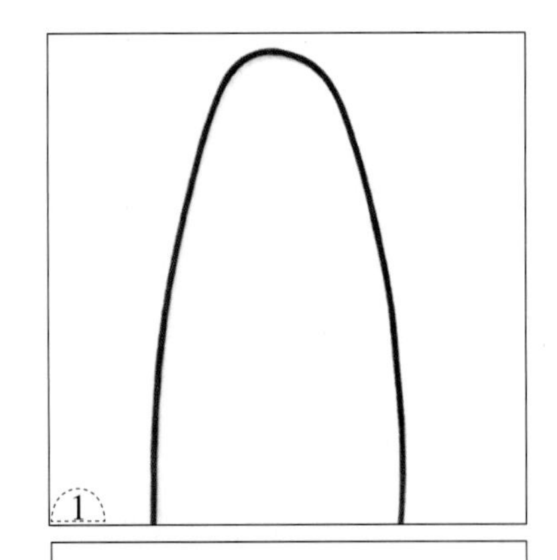

1

2

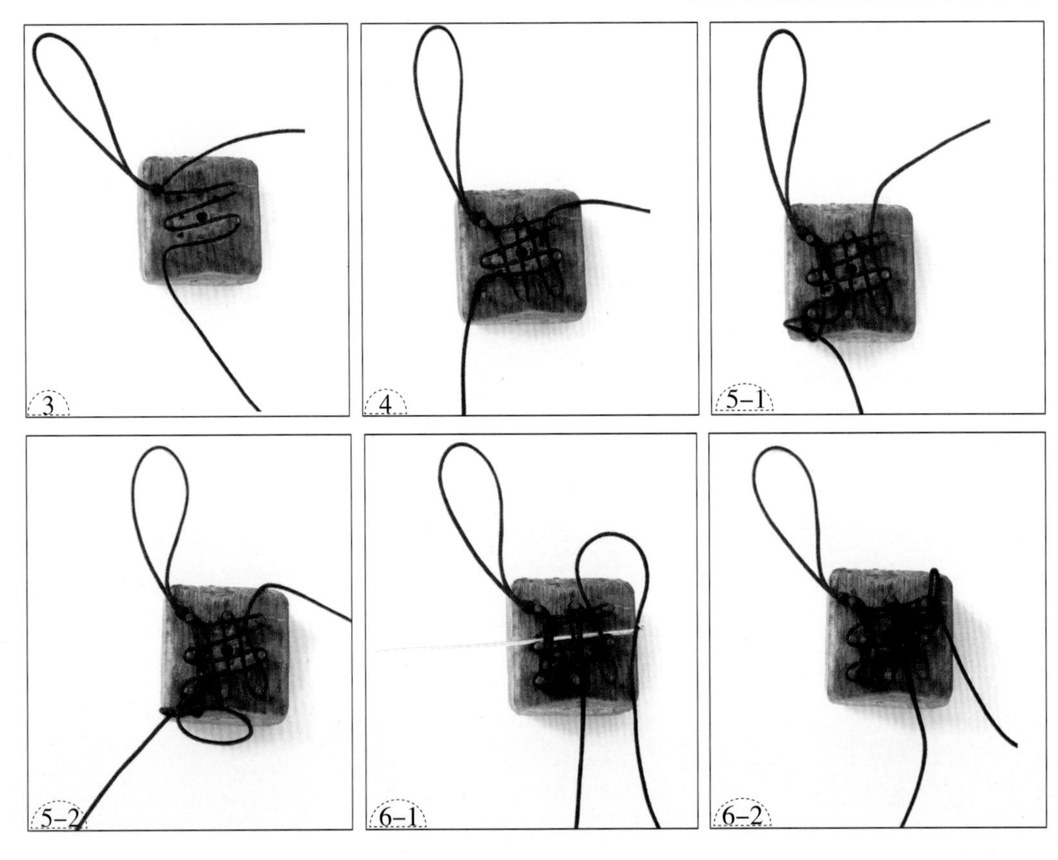

3 4 5–1 5–2 6–1 6–2

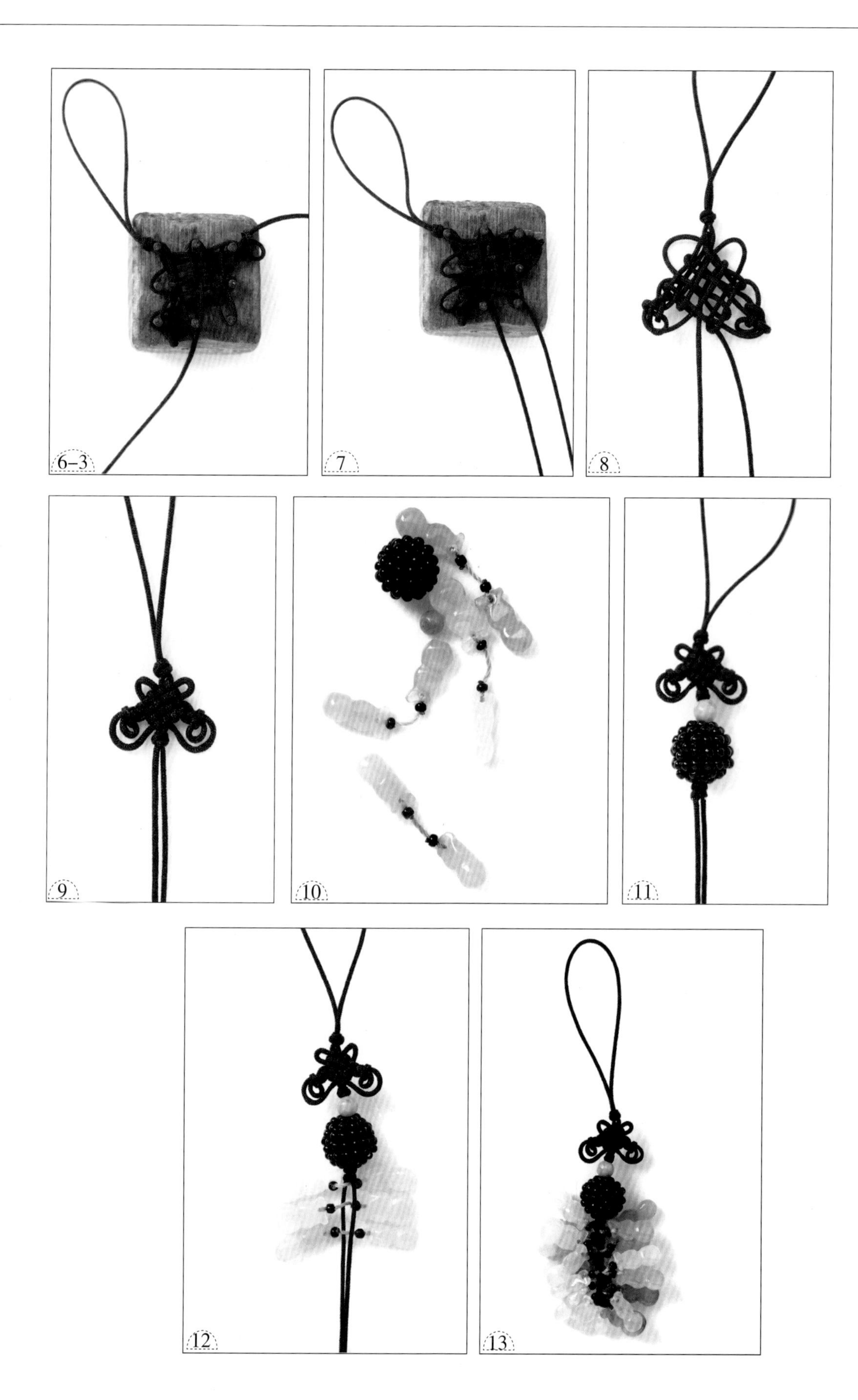
6–3
7
8
9
10
11
12
13

清 新

做 法

1. 如图准备两条绳，绳的长度要一致。
2. 用双面胶在绳的中间绕适当的长度。
3. 如图，将股线粘在双面胶的外面。
4. 在两条绳的外面绕好股线。
5. 如图，将两条绳合在一起，依照步骤 2~4 的做法，在股线的外面再绕三段其他颜色的股线作装饰。
6. 另取一条芊绵线，以中间两条绕了股线的绳为中心线，在上面编一段双向平结（图 6-1~6-7）。
7. 将芊绵线的尾线和中心线合在一起，在这四条绳的外面粘双面胶。
8. 在双面胶的外面绕上股线。
9. 另取一条线，如图编一个双钱结。
10. 将双钱结轻轻推拉，形成一个圆形。
11. 如图，将双钱结套入这款手绳的一端。
12. 用双钱结的两个线尾跟着双钱结的走向再穿一次，形成一个四边菠萝结。然后剪掉多余的线，用打火机将线头略烧一下按平，注意将线头藏在菠萝结的内侧。
13. 另取一条线，包住这款手绳两边的链绳，编一段双向平结，然后用链绳分别穿玉珠并打单结收尾。

1

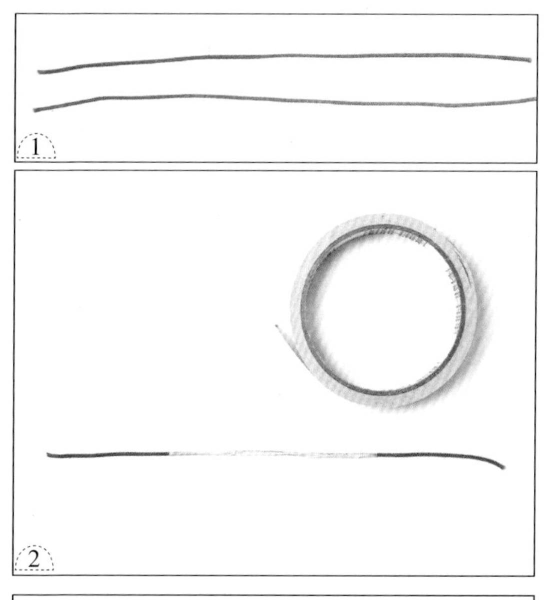

2

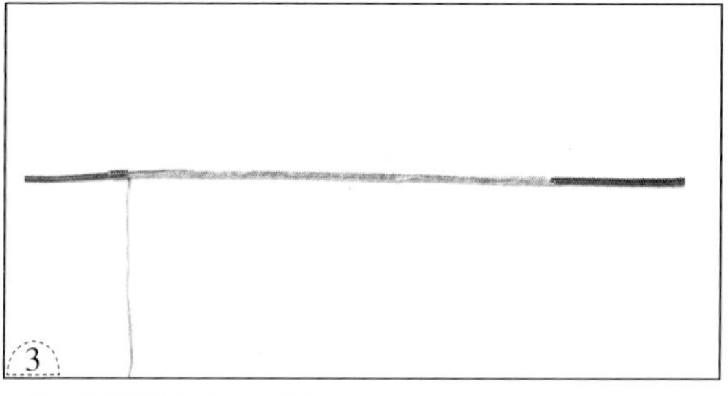

3

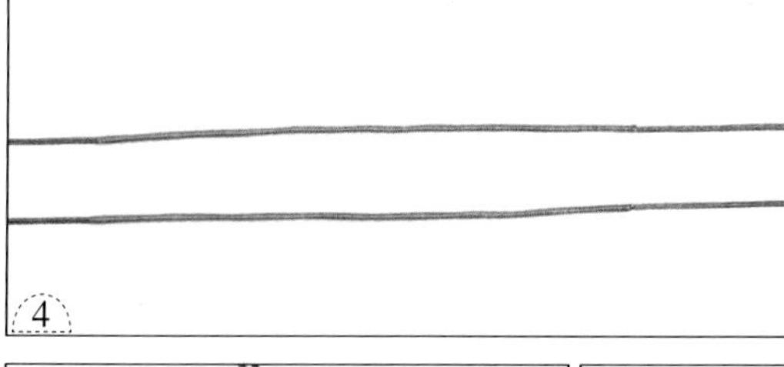

4

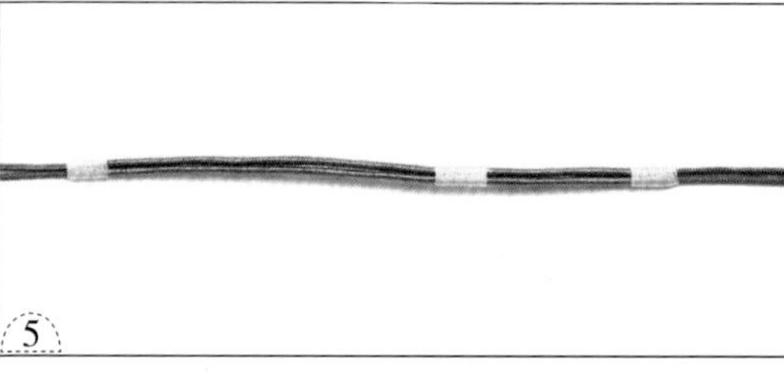

5

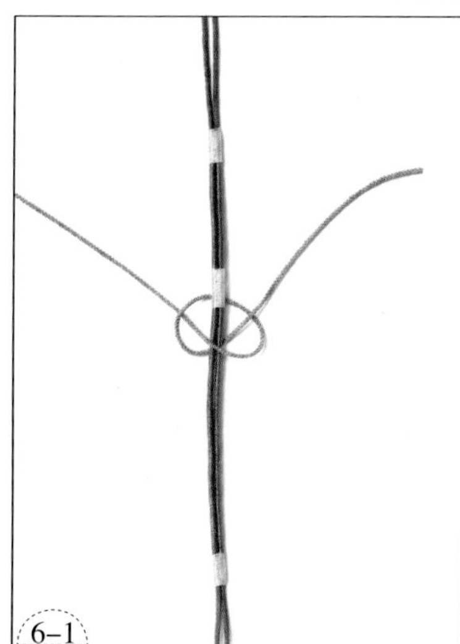

6-1

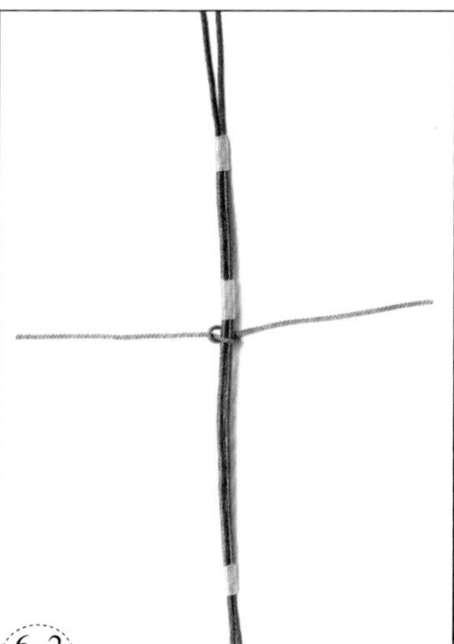

6-2

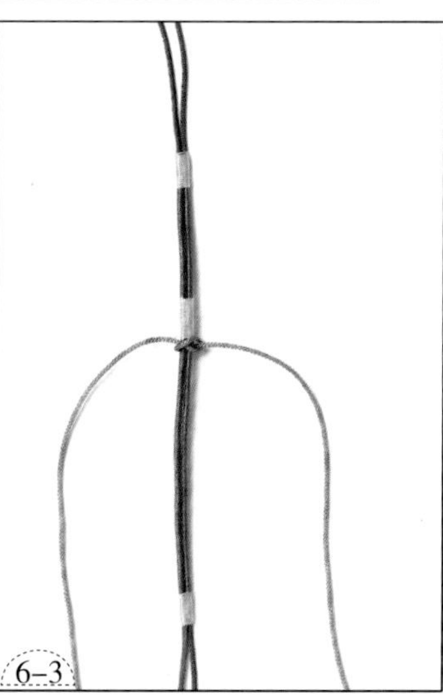

6-3

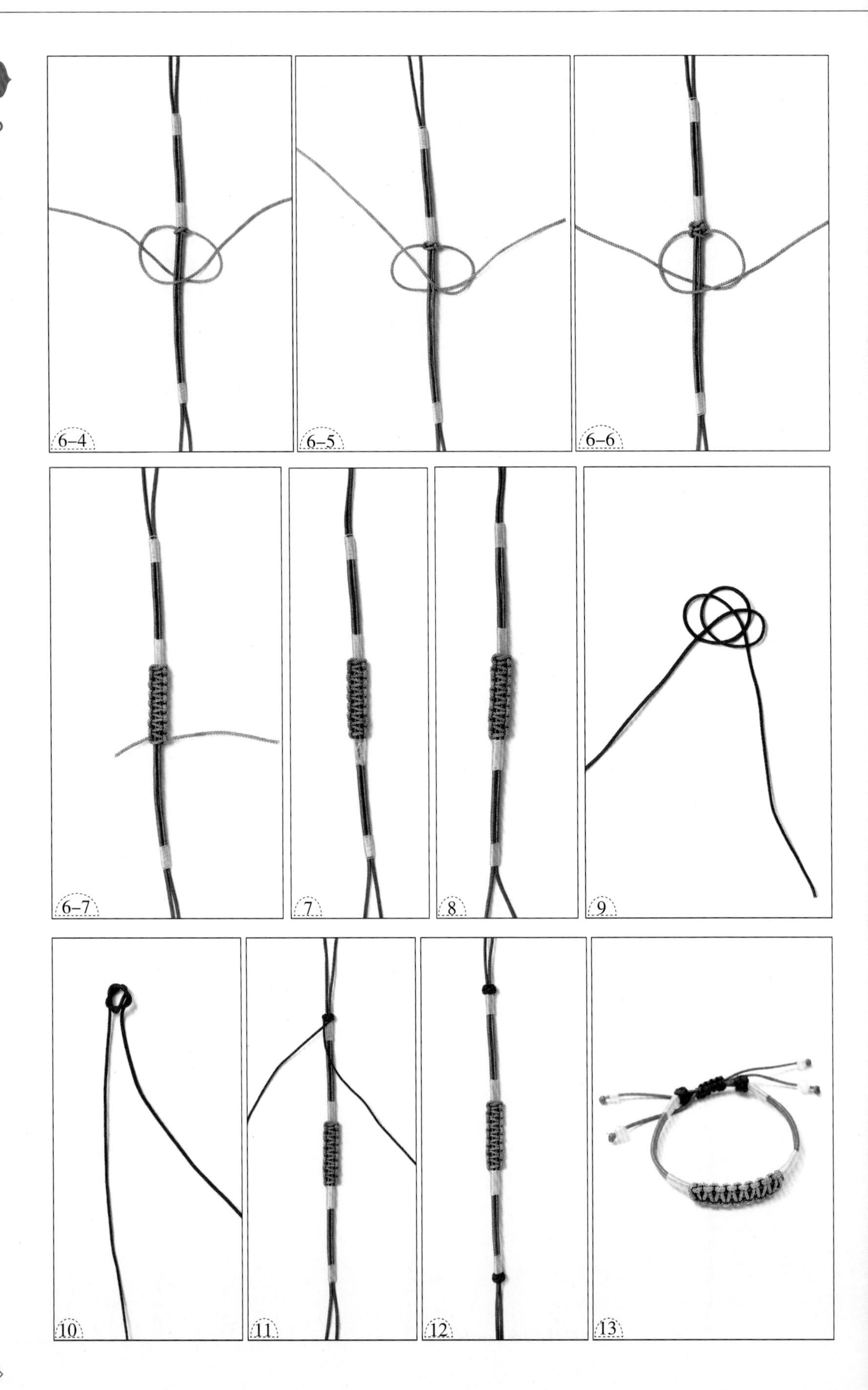
6–4
6–5
6–6
6–7
7
8
9
10
11
12
13

平安扣

做法

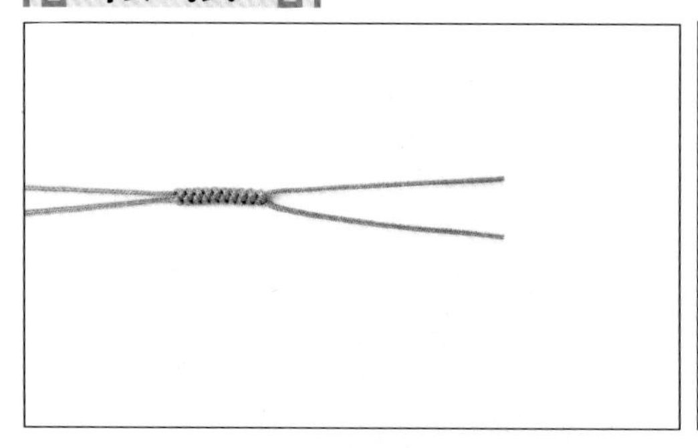

1. 如图，用两条线编一段蛇结。

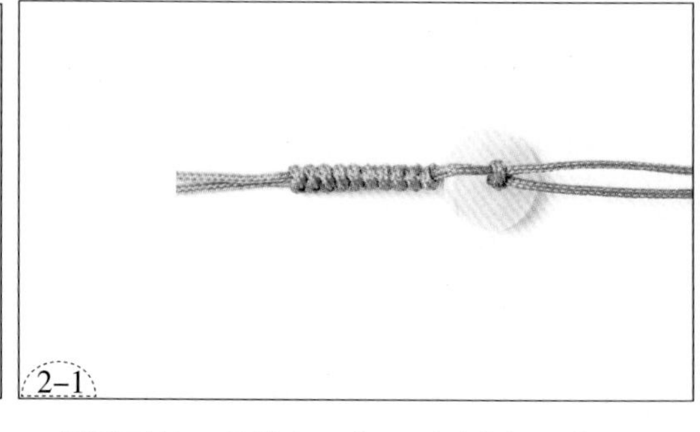

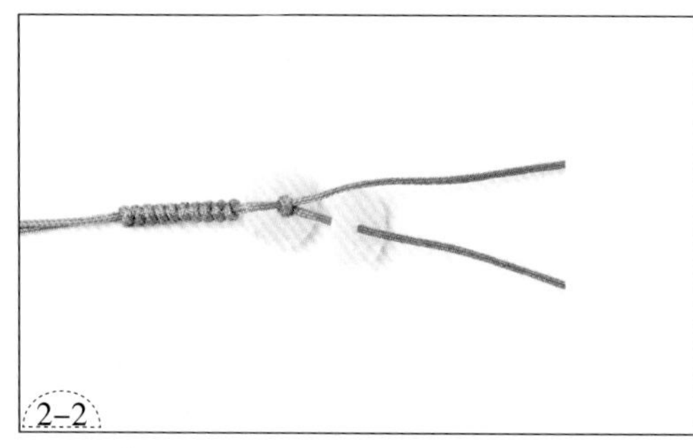

2. 用下面的一条线穿一个玉石平安扣，然后用两条线编一个蛇结（图 2–1、2–2）。

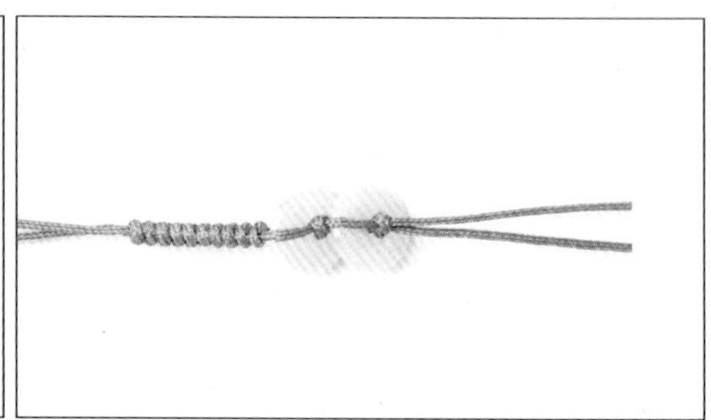

3. 依照步骤 2 的做法，依次穿一个玉石平安扣，再编一个蛇结。

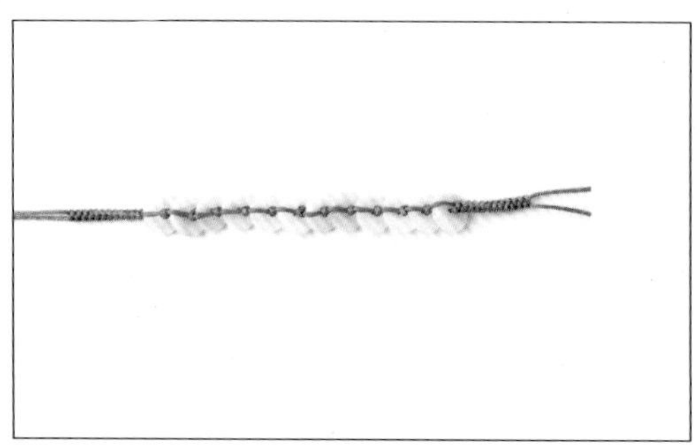

4. 连续穿玉石平安扣，编蛇结，如此做好这款手绳的两边。

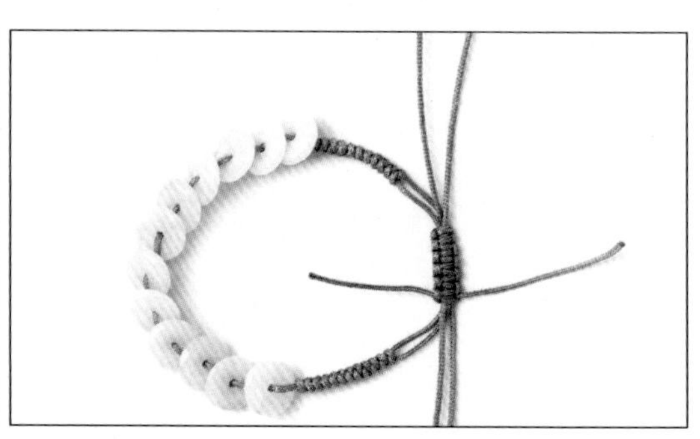

5. 另取一条线，绕着这款手绳的链绳编一段双向平结。

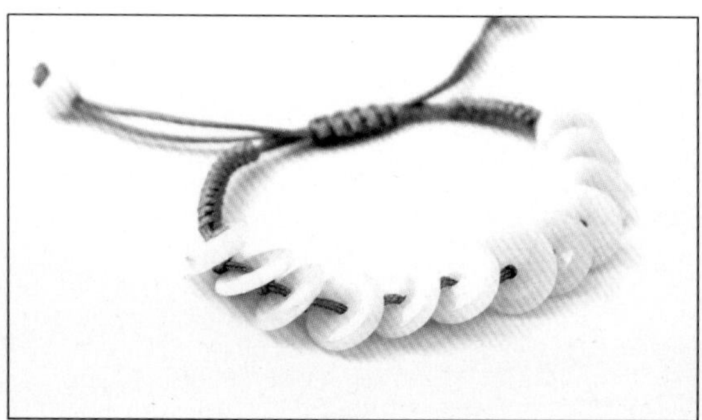

6. 用链绳分别穿玉石珠，最后剪掉多余的尾线并处理好线头。这样，一款玉石平安扣手绳就完成了。

雀 跃

做法

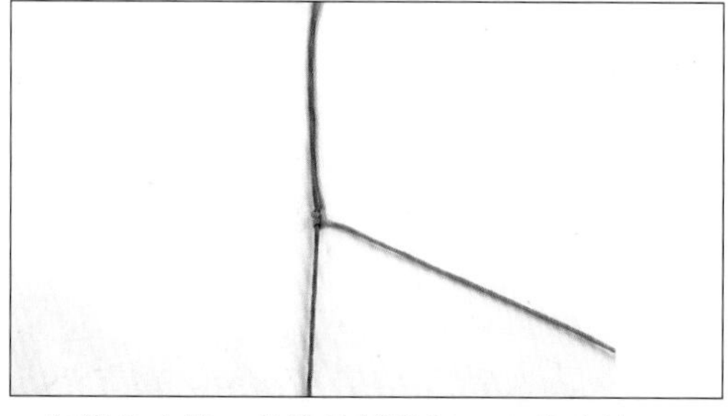

1. 红线为主线，蓝线为辅线打一个雀头结。

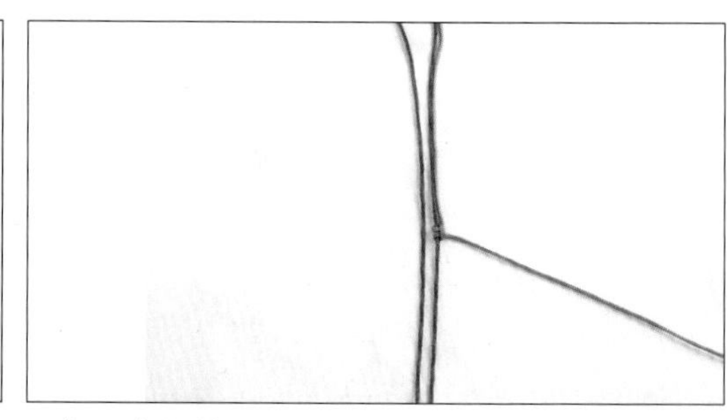

2. 加一条红线。

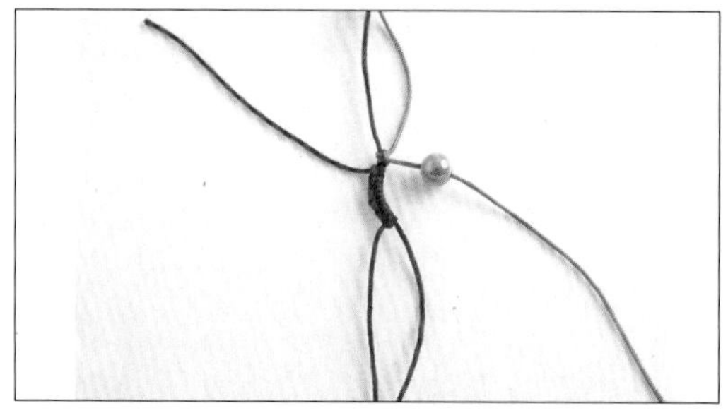

3. 然后打五个半雀头结。

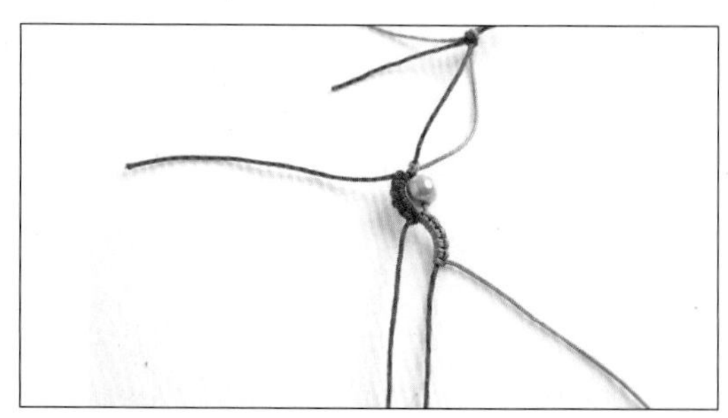

4. 蓝线穿珠。

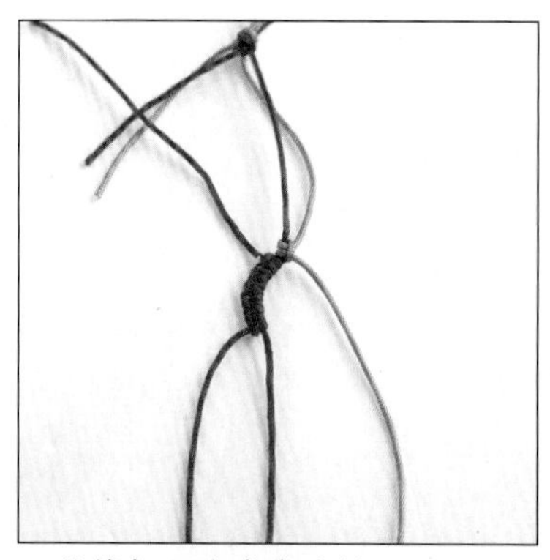

5. 蓝线打五个半雀头结。

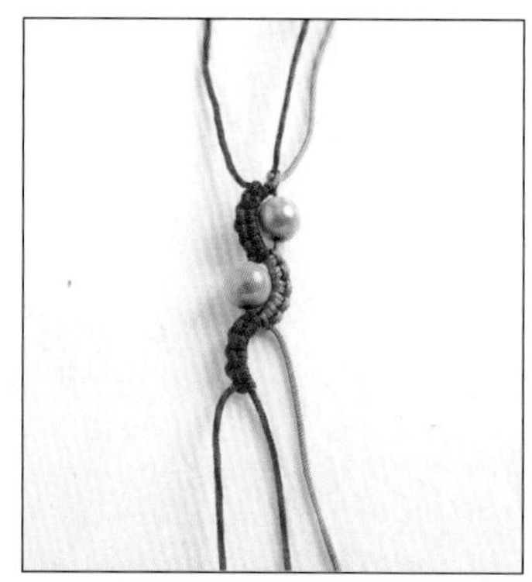

6. 红线穿珠。

7. 重复步骤 2 ~ 6 的方法，编至合适长度。

8. 打双向平结。

9. 穿尾珠。

真诚之心

做法

1. 如图准备五条线，用这五条线合穿两个银鱼。在穿过银鱼的时候，注意使鱼嘴相对。

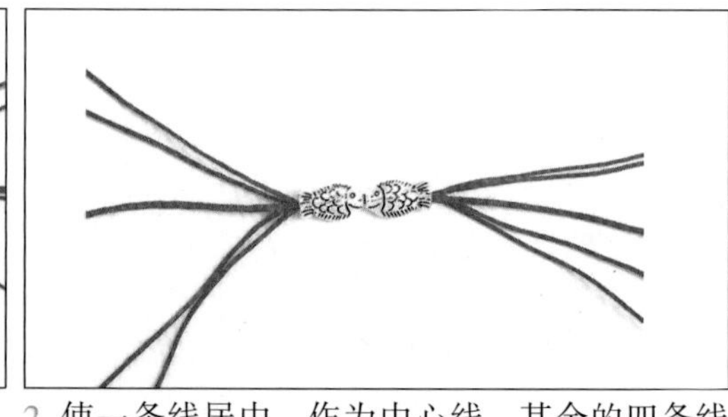

2. 使一条线居中，作为中心线，其余的四条线绕着中心线按逆时针方向做挑、压，开始编一个玉米结(注意：四条线也可以按顺时针方向做挑、压，但要始终按同一方向来挑、压，这样编出来的玉米结自然就会形成圆柱形)。

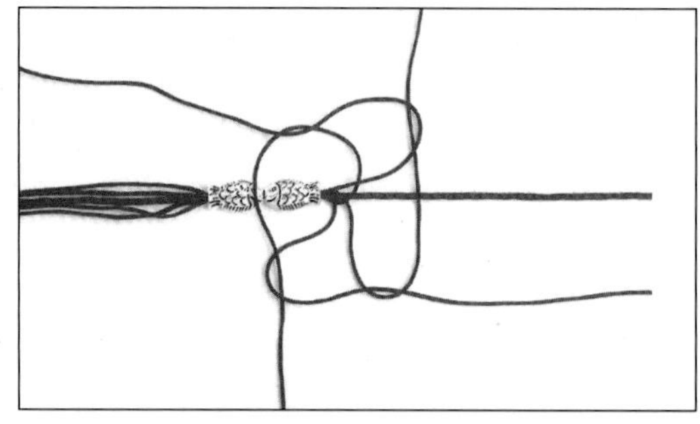

3. 将四个方向的线拉紧。

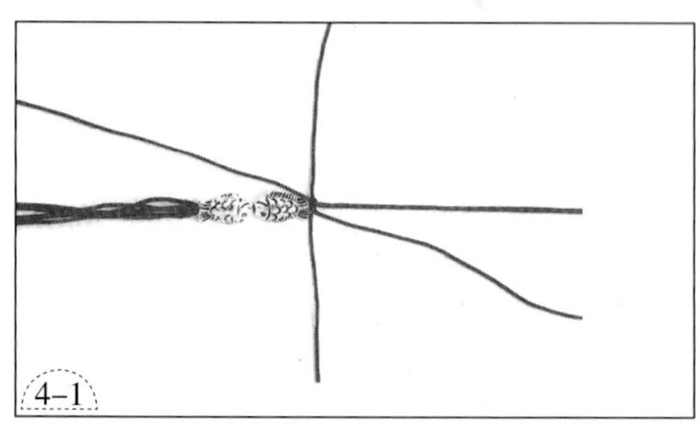

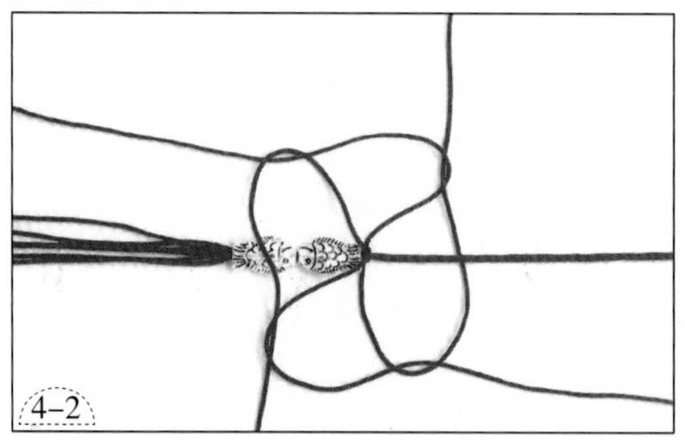

4. 接下来，用这四条线按逆时针方向做挑、压，再编一个玉米结，重复编结，如此编好这款手绳的两边(图 4–1、4–2)。

5. 如图，在手绳的两端添加金属链扣。

6. 这样，一款时尚的银鱼手绳就做好了。

小金珠

做法

1. 如图准备四条蜡绳，用这四条蜡绳合穿一个陶瓷珠，在陶瓷珠的左边编一个单结，用于固定陶瓷珠。
2. 四条绳如图编一个蛇结（图 2–1~2–4）。
3. 如图，用其中的一条绳穿一颗磨砂珠。
4. 加入一个塑胶小圆环，并用另一条绳绕圆环数圈。
5. 用上面的两条绳绕圆环数圈，如此刚好将圆环填满。
6. 用穿了磨砂珠的绳向下穿过圆环，使磨砂珠刚好填在圆环的中心作装饰。
7. 四条绳如图编一个蛇结（图 7–1、7–2）。
8. 如图，依次穿磨砂珠，编蛇结，做好手绳的一边（图 8–1~8–6）。
9. 依照步骤 2~8 的做法，完成手绳的另一边（图 9–1~9–4）。
10. 在手绳的两端添加金属链扣。这样，一款别致的蜡绳手绳就做好了。

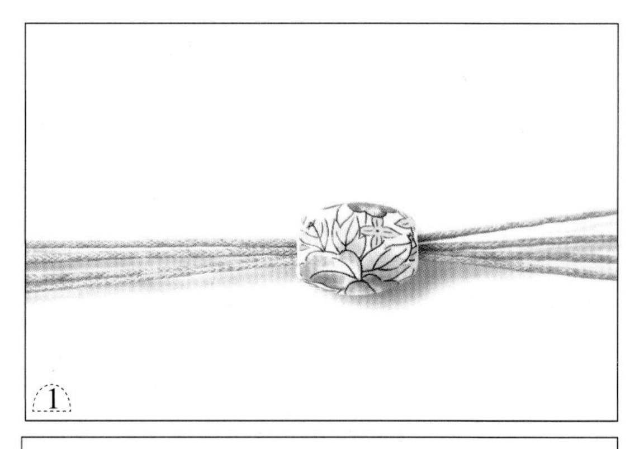
1

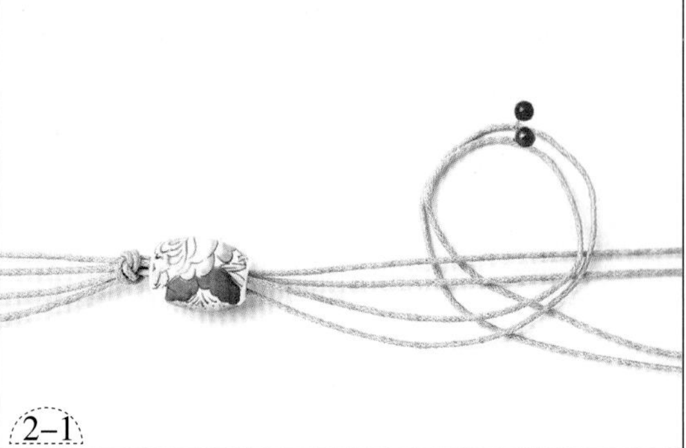
2–1

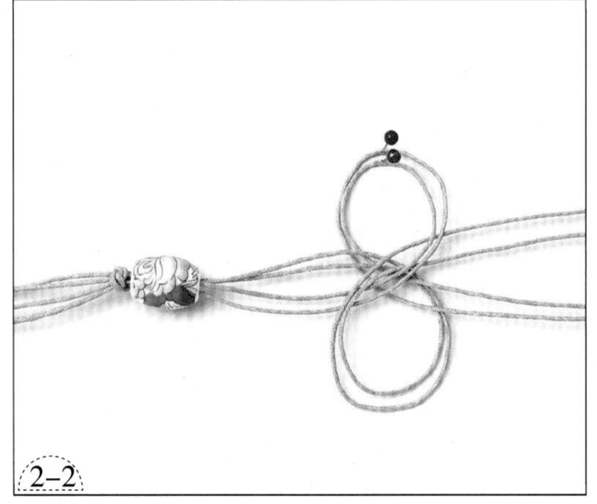
2–2

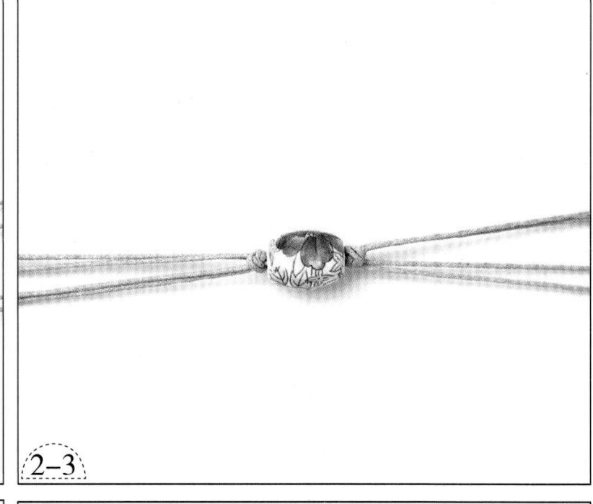
2–3

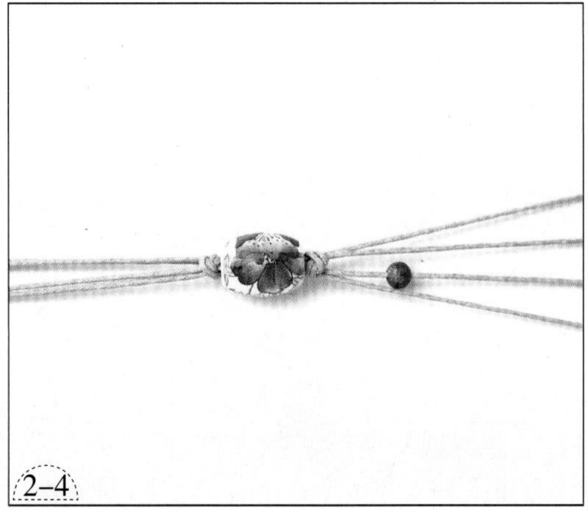
2–4

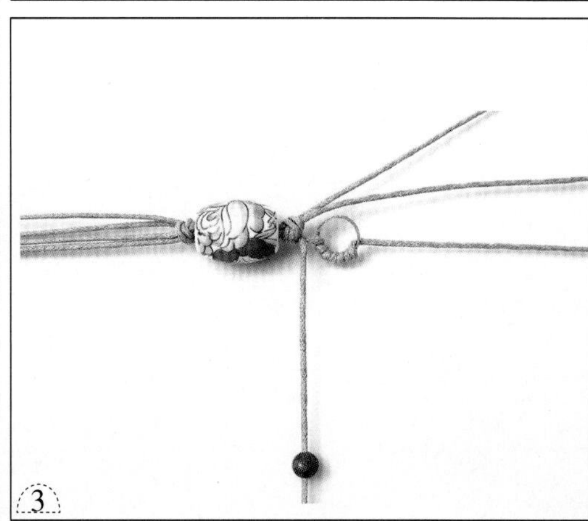
3

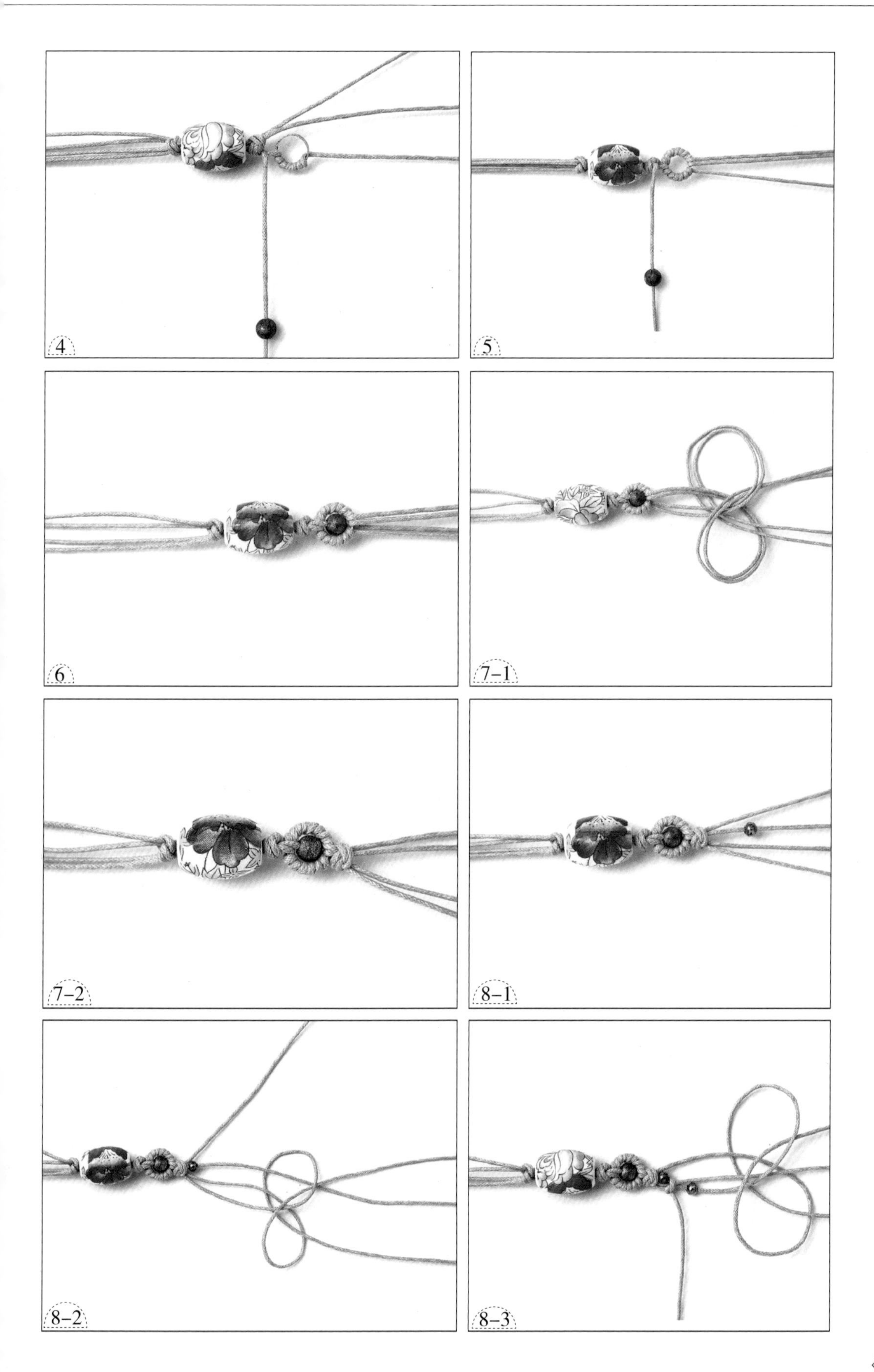
4
5
6
7–1
7–2
8–1
8–2
8–3

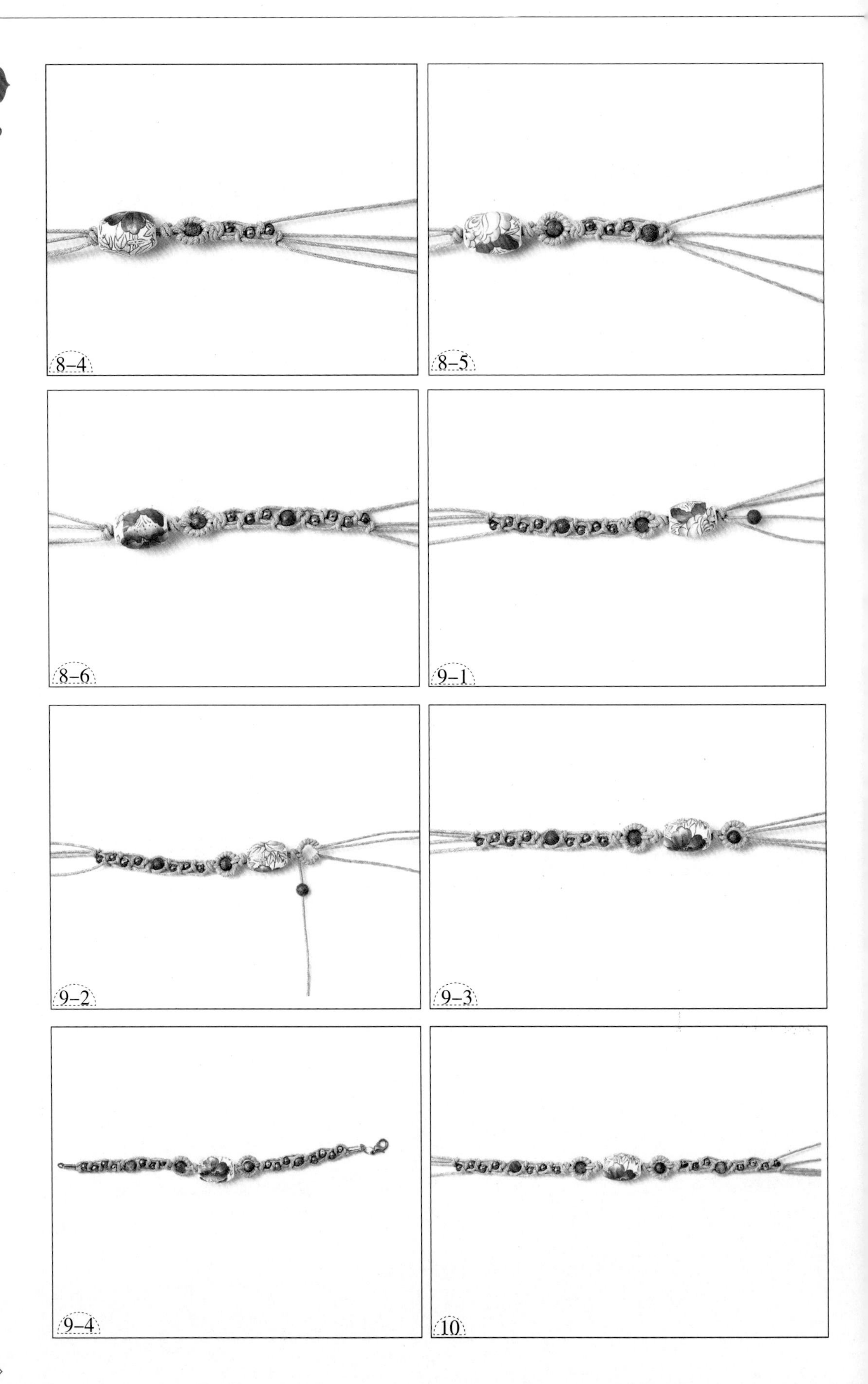
8–4
8–5
8–6
9–1
9–2
9–3
9–4
10

等你一万年

做法

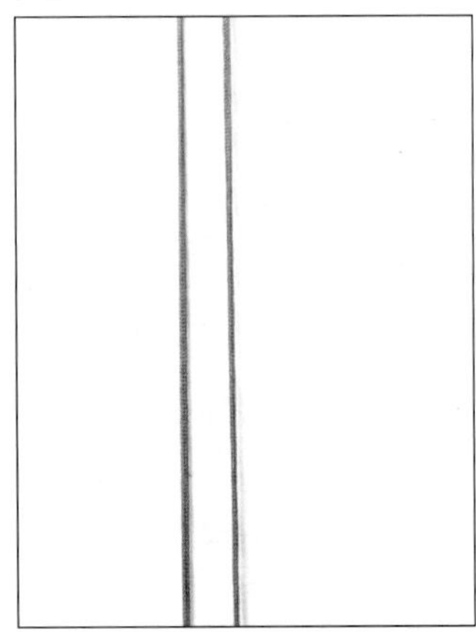

1. 如图，准备两条线。

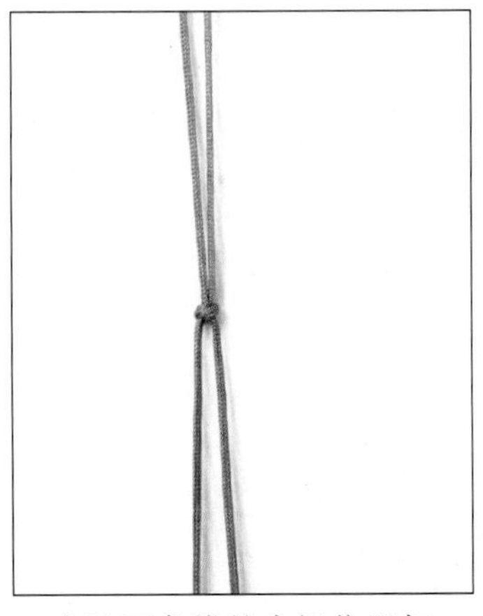

2. 在这两条线的中间位置打一个蛇结。

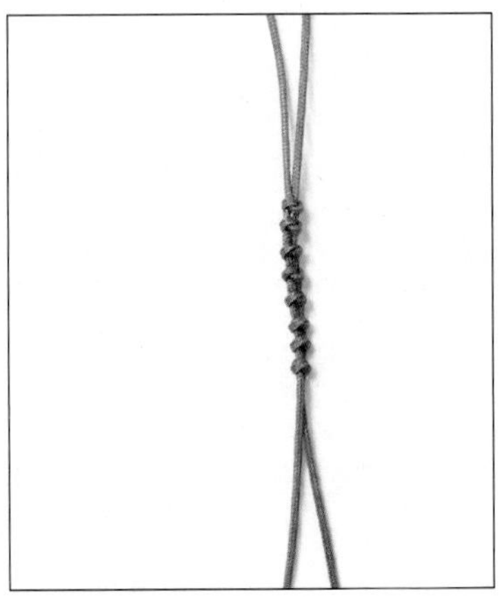

3. 重复步骤 2 的做法，从上往下打八个蛇结。

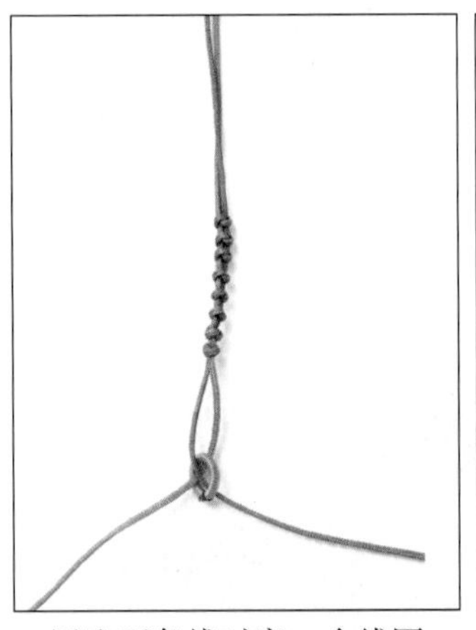

4. 用这两条线对穿一个线圈。

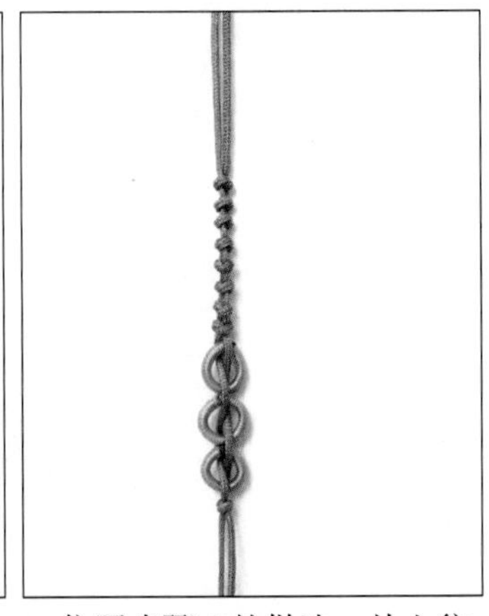

5. 仿照步骤 4 的做法，从上往下对穿三个线圈。

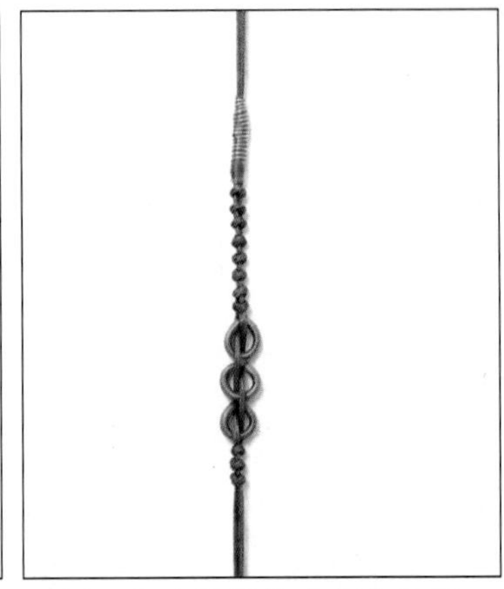

6. 用股线在链绳的中间位置绕一段线。

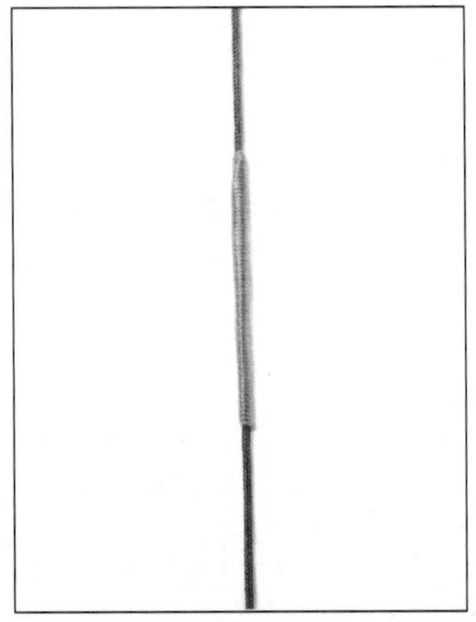

7. 另外取一条线，用股线在这条线的外面绕一段线。

8. 用前面绕好股线的部分绕在项链的中间位置，然后打一个双联结固定，如图做好项链两边的链绳。

9. 在项链的中间系上珠子和坠饰，然后在链绳的上端打平结并收尾。

平凡

做法

1. 准备一段细铁丝，用股线（两彩股线）在细铁丝上绕适当的长度。
2. 从这段细铁丝的中间部分开始，如图扭出连续的"8"字形状，用作项链中间的弧形部分，然后在弧形部分的两端分别扭出一个圈，用于接下来在铁丝的两头添加链绳（图 2-1~2-4）。
3. 准备一条线，用作项链的链绳，如图穿过弧形部分两端的圈。
4. 另外取两条线，分别包住两边的链绳打一段平结。
5. 在平结的上面再打一个双联结固定。
6. 准备两片丝带，包住两边的链绳，然后用针线将丝带缝好。
7. 再分别用两边的两条线打一个双联结。
8. 分别在两边加一条线进来。
9. 分别用四条线包住链绳打一段四股辫。
10. 在四股辫的上端打秘鲁结并收尾，如图做好两边的链绳。
11. 在"8"字形图案的下面添加各式珠子。
12. 最后在"8"字形图案的中间系一块血琥坠饰。

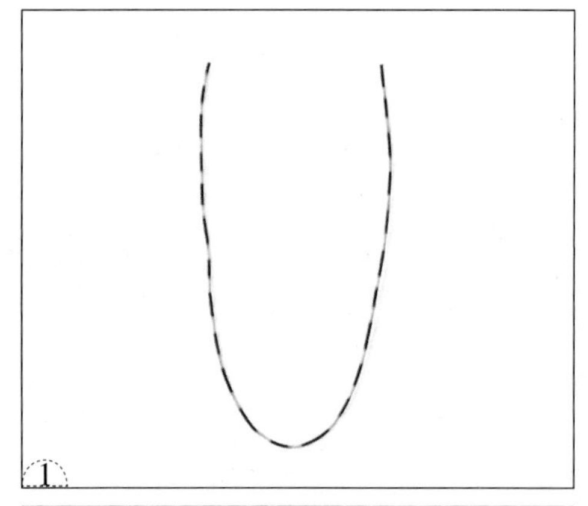
1

2-1

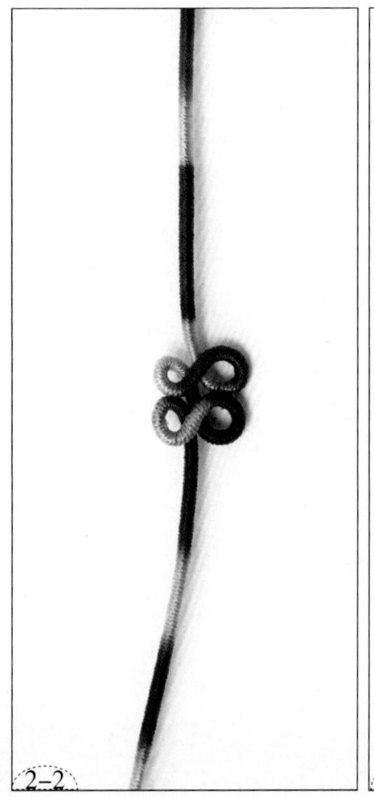
2-2

2-3

2-4

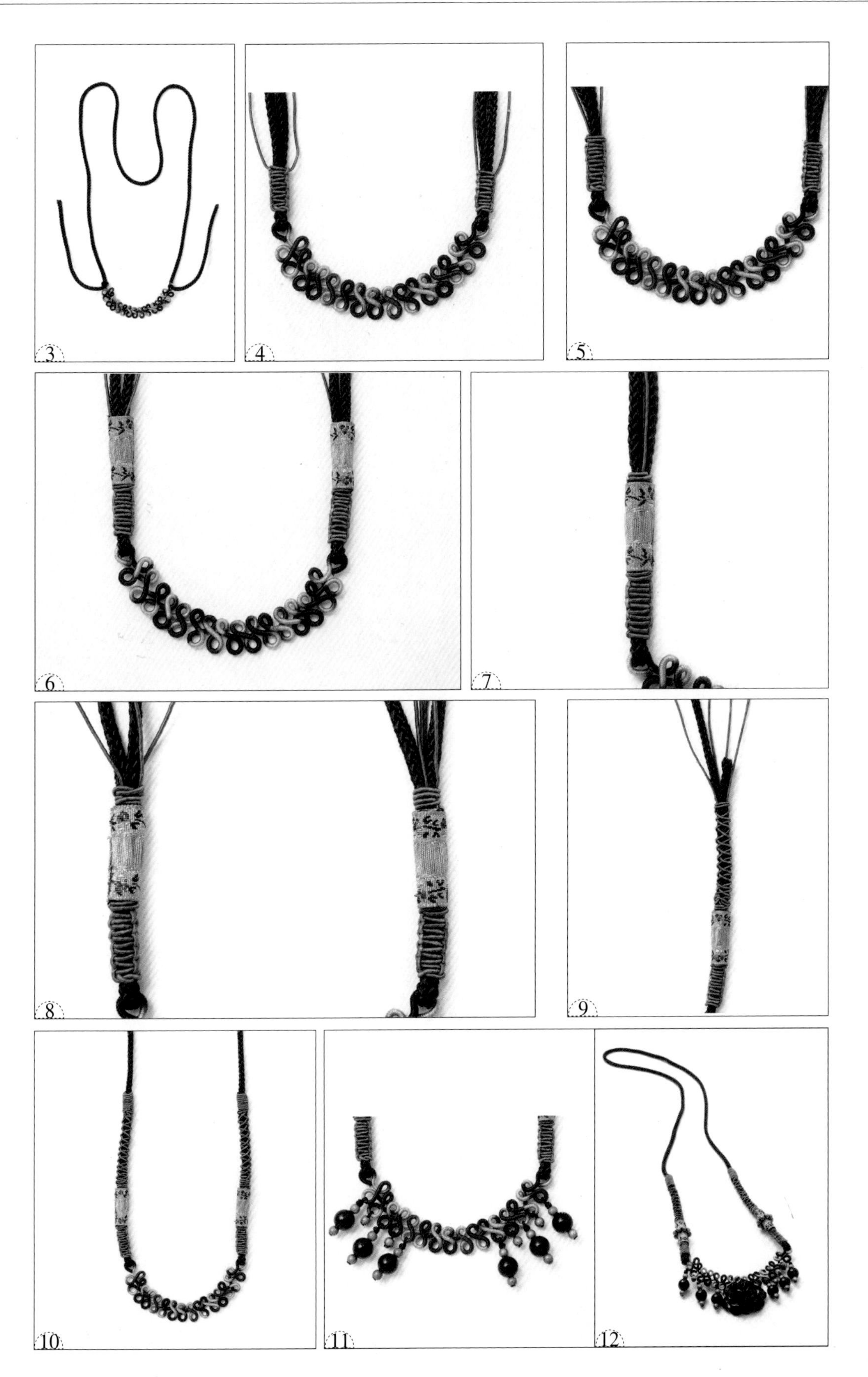
3
4
5
6
7
8
9
10
11
12

吉祥

做法

1. 如图用一条线穿过一个玉石配件，然后打一个双联结固定，再对穿一个平安扣。
2. 用这两条线如图穿玉石配件，然后对穿一个平安扣。
3. 在平安扣的上面打一个双联结固定，然后如图打一个横双联结（图 3–1~3–3）。
4. 仿照步骤 3 的做法，连续打横双联结，如图做好一段链绳。
5. 重复步骤 1 ～ 4 的做法，做好项链两边的链绳（图 5–1、5–2）。
6. 另外取一条线，向下穿过项链中间位置的玉石配件，然后打一个双联结固定。
7. 在下面系一块玉佩。然后，另外取一条线包住链绳的尾线打平结并收尾。

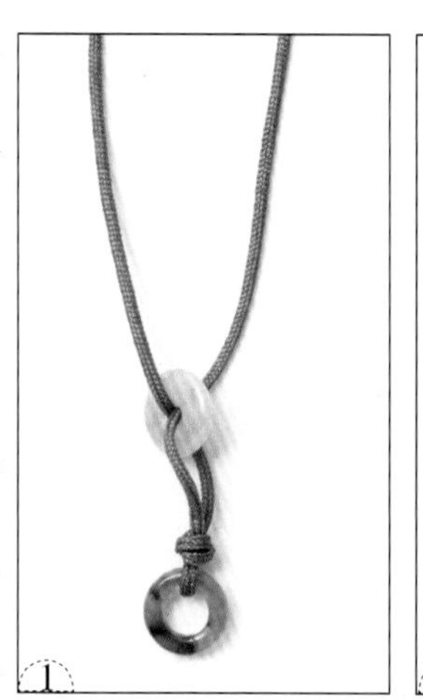

1

2

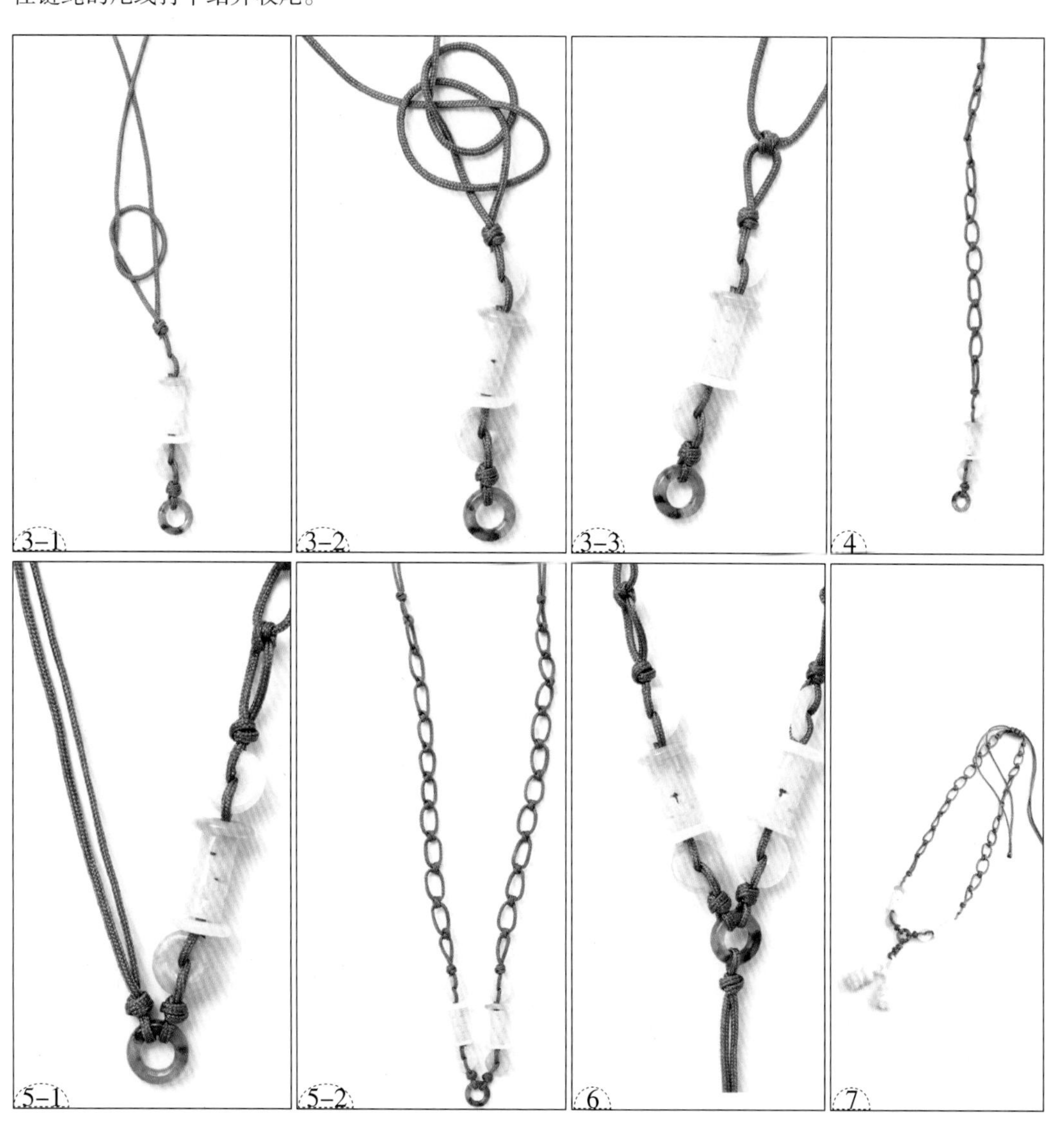

3–1 3–2 3–3 4 5–1 5–2 6 7

百年好合

做 法

1. 如图准备两条线。
2. 用两种颜色的股线分别在这两条线的中间位置绕适当的长度，用作项链中间的弧形部分。
3. 用弧形部分两端的线打一个蛇结。
4. 另外用一条线做一个双层的菠萝结，如图做两个菠萝结。
5. 用弧形部分两端的线连续打几个蛇结，然后穿一个双层的菠萝结，再连续打几个蛇结。
6. 分别用两边的线打一个横双联结（图6–1、6–2）。
7. 在横双联结的上面依次打蛇结、两股辫。
8. 另外取一条线，在这条线的外面绕一段股线，然后用这条线在项链的中间位置绕几圈，再打一个双联结固定。
9. 将蜜蜡珠子和琥珀系在项链的中间位置。然后另取一条线，包住项链的尾线打平结。

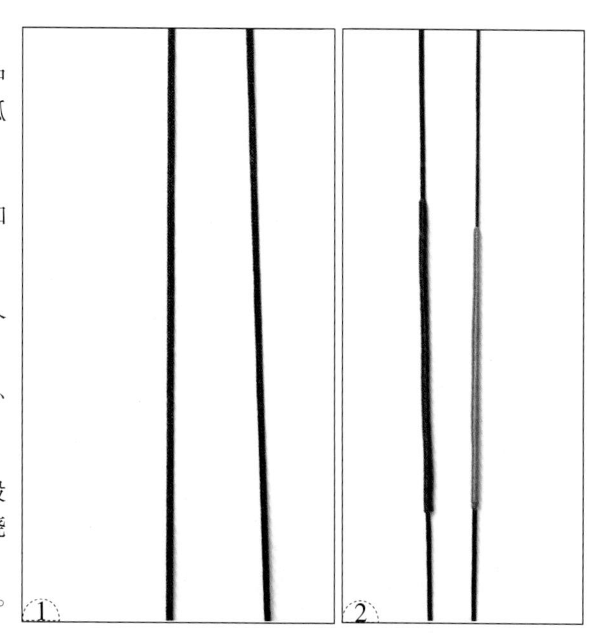

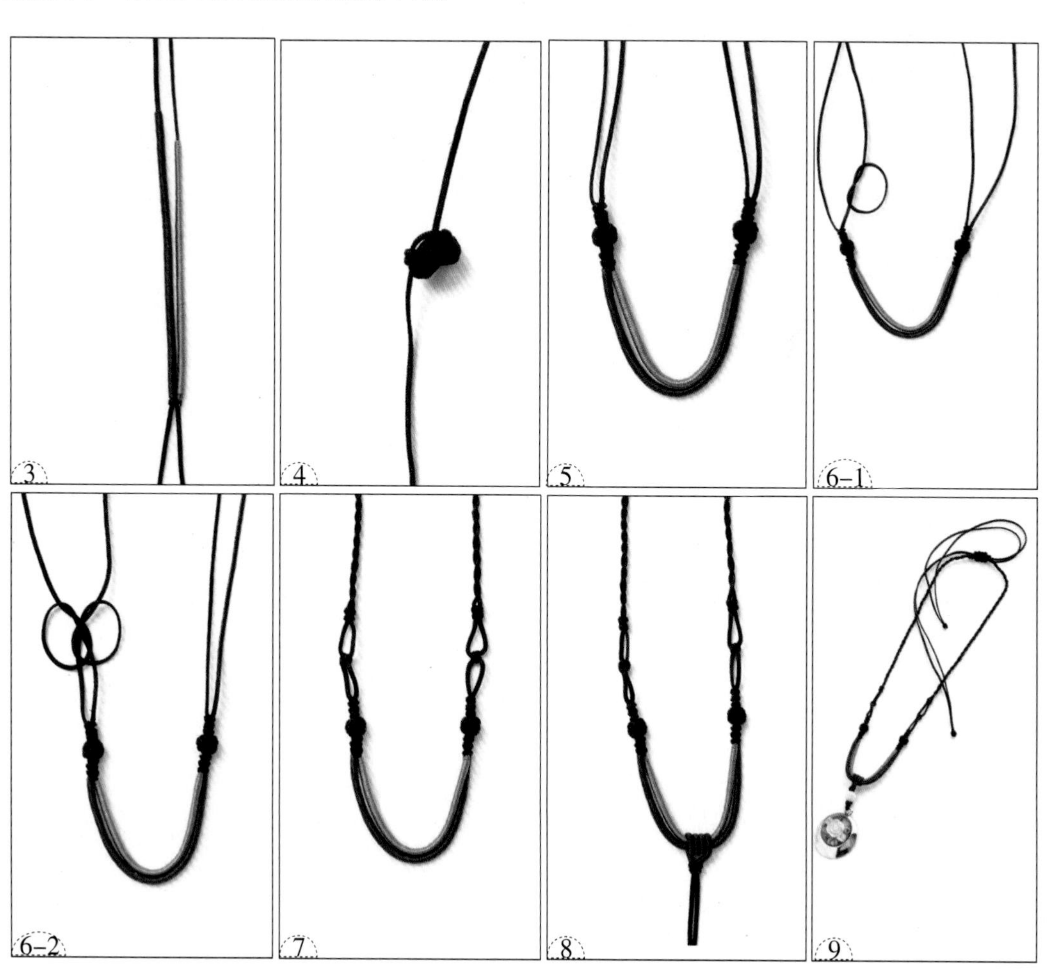

希 望

做法

1. 准备一条线。
2. 如图，将这条线绕成一个圈，然后用股线在这个圈的外面绕到适当的长度。
3. 拉紧两端的线，使圈缩小，如图做成一个线圈。
4. 用线圈尾端的两条线向上穿一颗珠子，然后仿照前面的做法，在珠子的上面做一个线圈（图 4–1~4–3）。
5. 如图，仿照前面的做法做一段链绳，然后加三条线进来，将这三条线对折，和原来的两条线合穿一个双层的菠萝结，然后在这八条线的上端绕一段股线，起到固定的作用（图 5–1~5–6）。
6. 用这八条线打一段八股辫。
7. 如图做好项链两边的链八绳，两边分别留下两条尾线，然后将两端多余的线剪掉。
8. 另外用一条线穿过两段链绳的下端，如图做一个线圈（图 8–1、8–2）。
9. 在线圈下方系一块坠饰，然后在链绳的上端打平结并收尾即可。

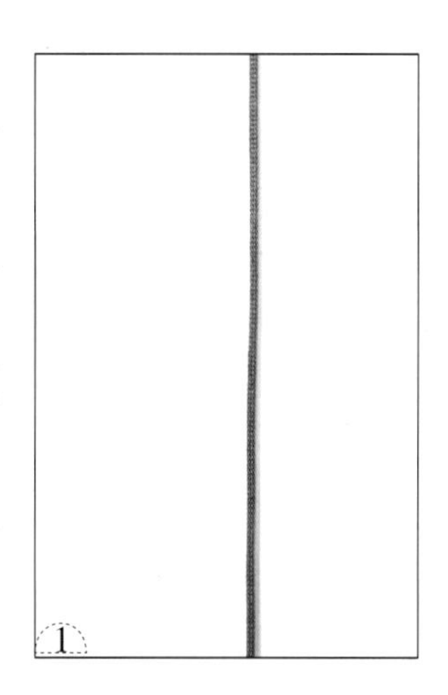
1

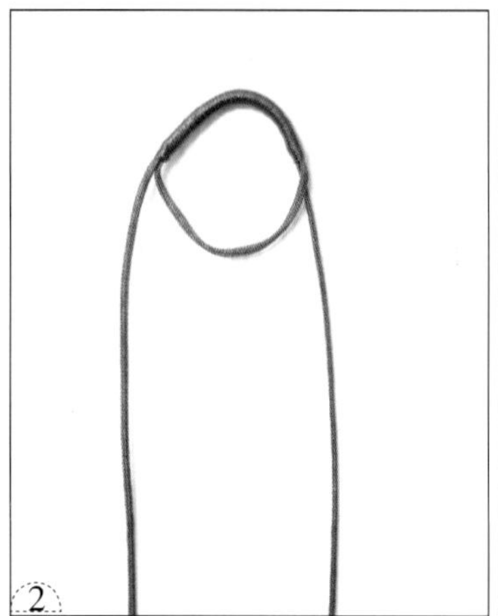
2

3

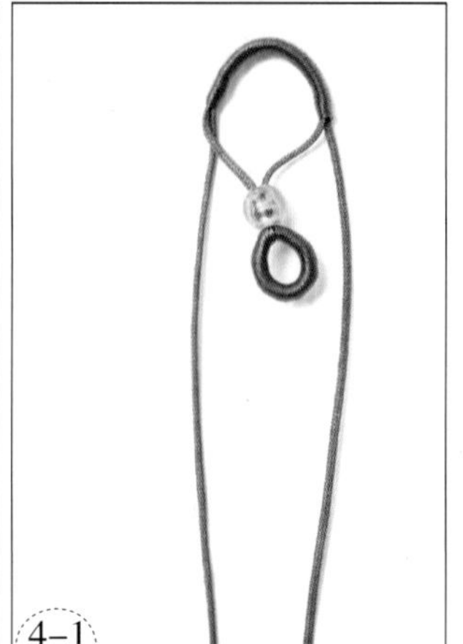
4–1

4–2

4–3

5–1

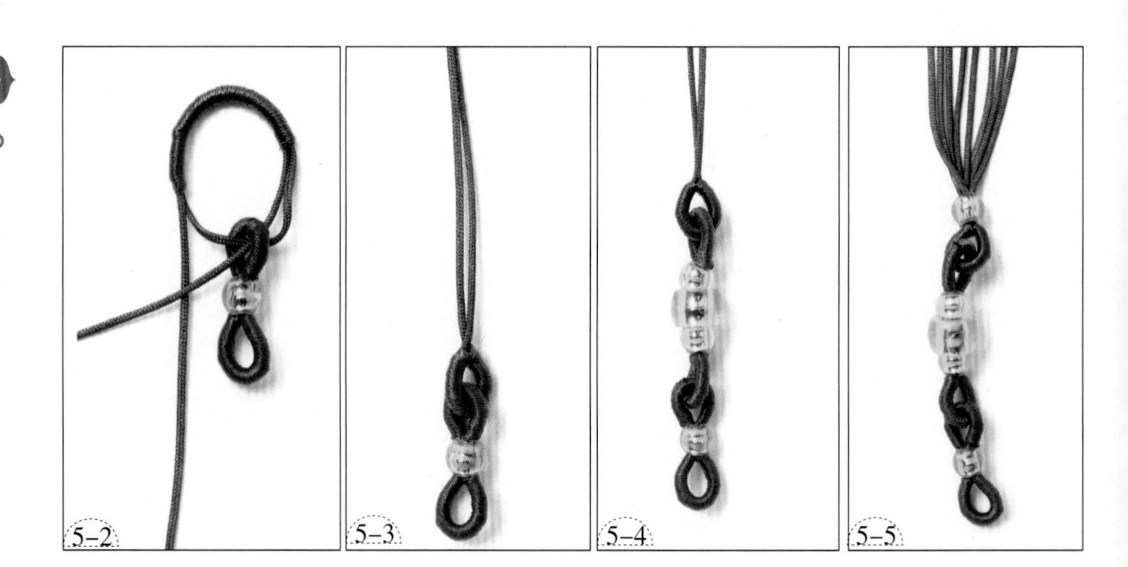
5-2
5-3
5-4
5-5

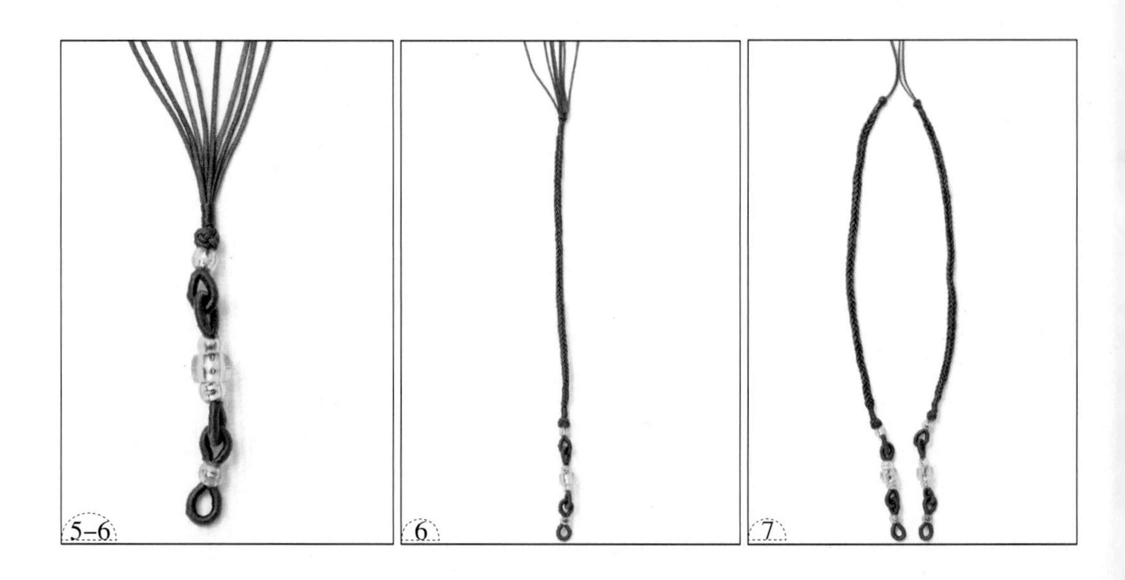
5-6
6
7

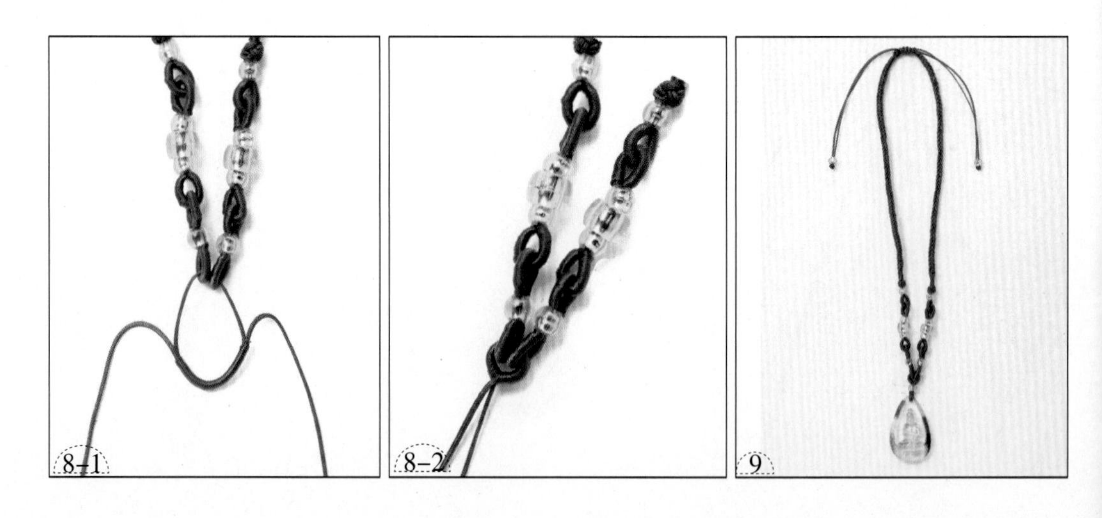
8-1
8-2
9

心生莲

做法

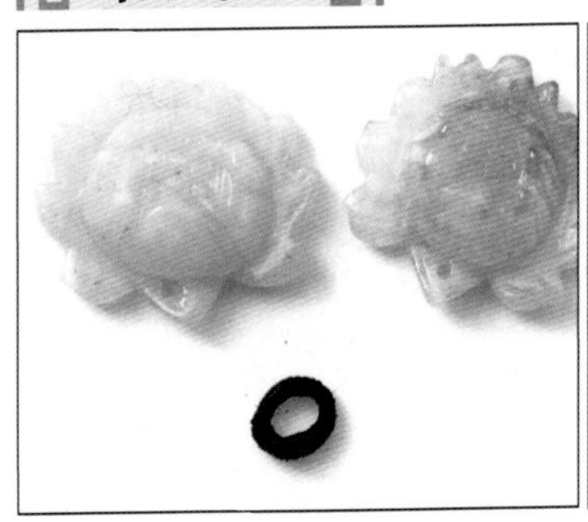

1. 如图准备两个玉石莲花和一个线圈。

2. 如图用线穿过玉石莲花上面的孔，制作一个线圈，与步骤 1 中的线圈和玉石莲花连在一起。

3. 如图另外用线做一个线圈，使两个玉石莲花连在一起。

4. 如图在翠绿色莲花的上面再做两个线圈。

5. 如图再加一个线圈。

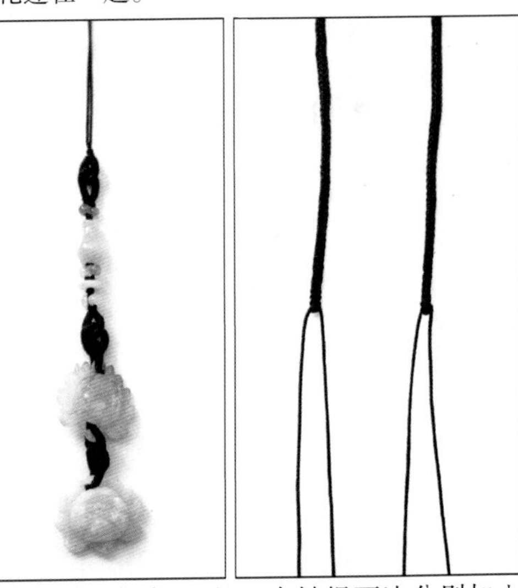

6. 如图穿入各式玉石珠子，做线圈。

7. 在链绳两边分别加入三条线，与原来的线合在一起，在两边分别编一段八股辫。

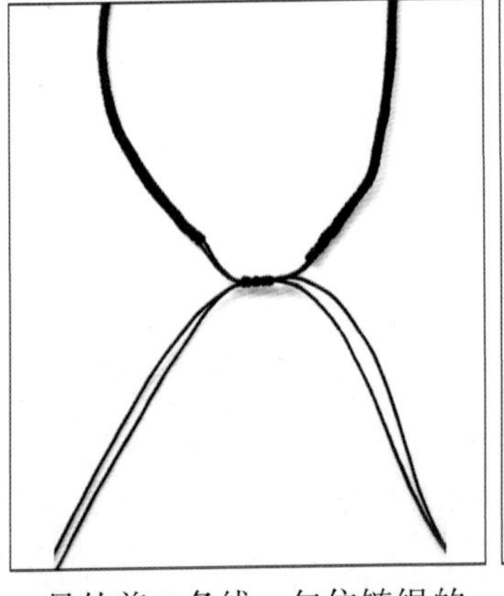

8. 另外剪一条线，包住链绳的尾线编平结，并在两根线的末端穿珠子固定。

9. 用细线如图穿三条长度相同的珠链。

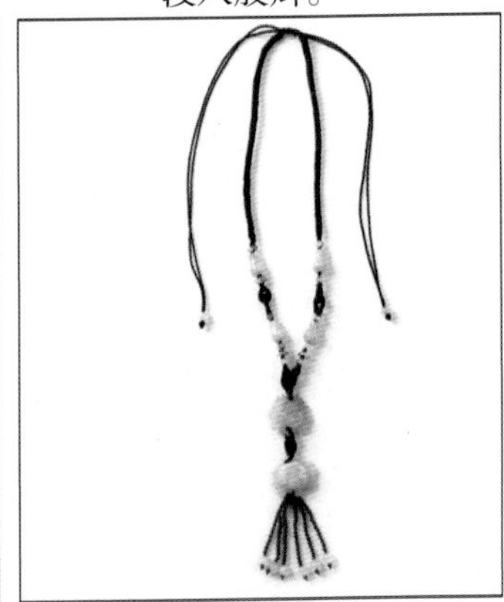

10. 用线将三条珠链系在链绳的中间作坠饰。

密 语

做法

1. 用一条线打一个双联结作为开头，然后用左右两边的线分别穿一颗蜜蜡珠子。
2. 如图所示用四个方向的线打一个四耳吉祥结（注意：吉祥结的编法简易，结形美观，如果下面悬挂的坠子较重，结形会容易变形，可以在吉祥结的下端打一个双联结固定）。
3. 两条线分别穿四颗蜜蜡珠子，然后对穿一颗水晶珠子，并将线拉紧（图 3–1~3–3）。
4. 两条线向下穿过一颗镶钻隔珠，再打双联结固定。
5. 最后添加一条流苏。

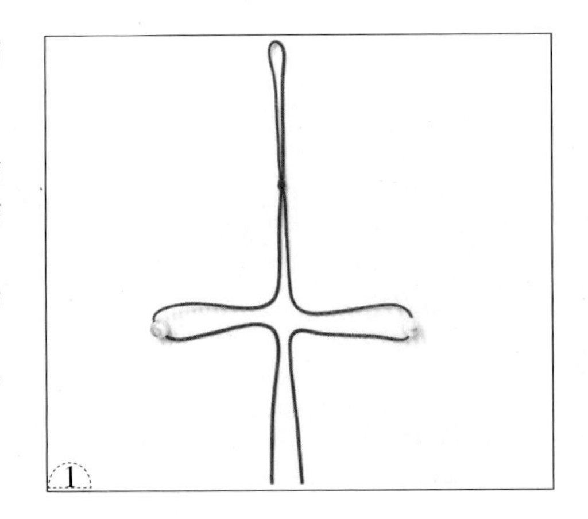

1

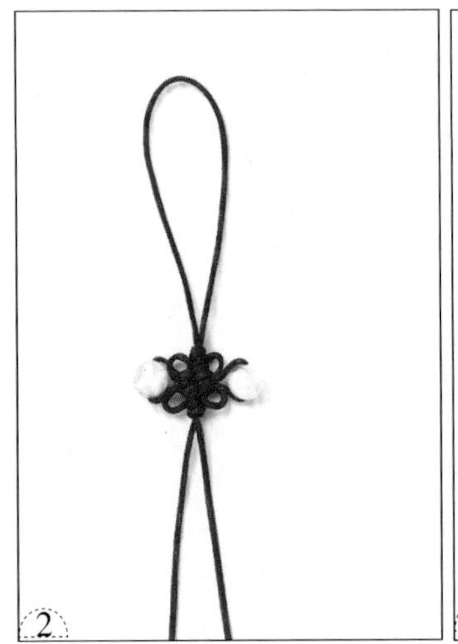

2

3–1

3–2

3–3

4

5

千手

做法

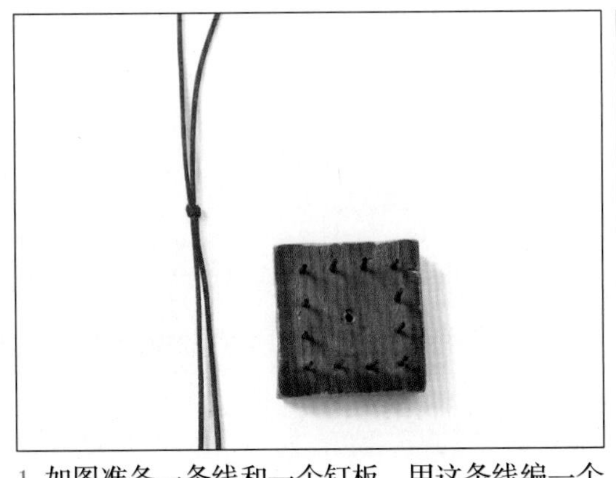

1. 如图准备一条线和一个钉板，用这条线编一个双联结。

2. 用两条线如图在钉板上走线，由此开始编一个三回盘长结。

3. 继续完成三回盘长结接下来的步骤。

4. 如图完成一个三回盘长结，然后将三回盘长结从钉板上取下来。

5. 将三回盘长结的结体调整好，拉出十个耳翼。

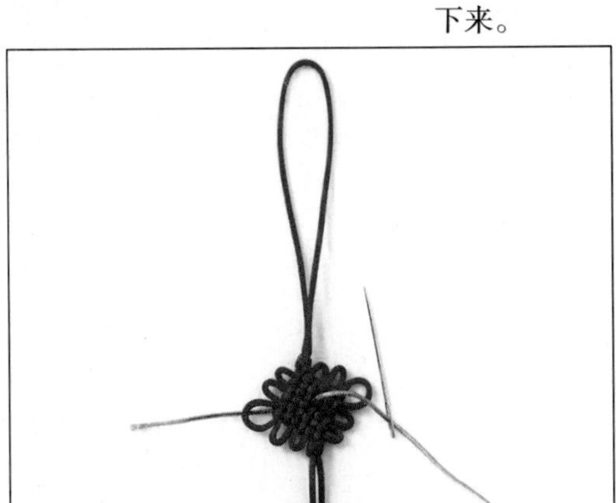

6. 用针穿一条金线，如图穿入三回盘长结的结体。

7. 用金线在盘长结上面走线。

8.将金线在盘长结的两面编成美观的图案。

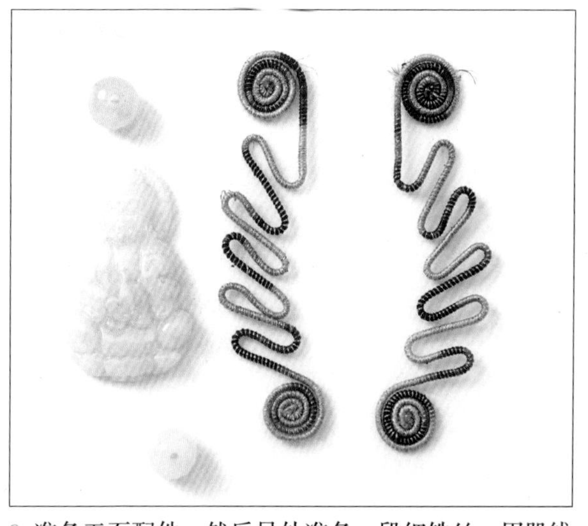

9. 准备玉石配件，然后另外准备一段细铁丝，用股线在细铁丝的外面绕适当的长度，再将细铁丝塑造成如图所示的形状。

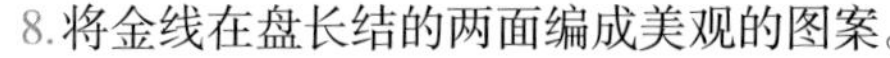

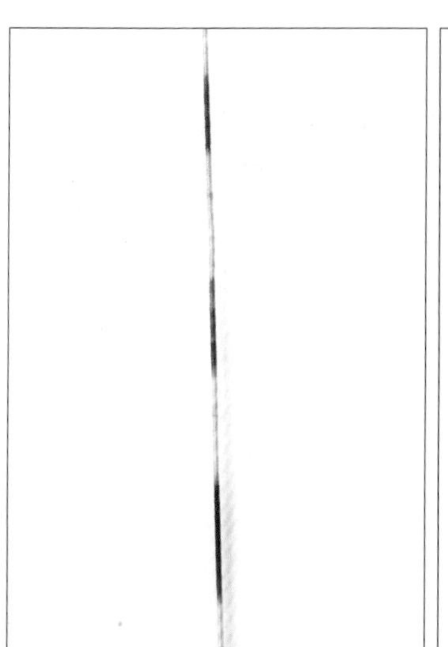

10. 另外准备一条线，用股线在这条线的外面绕适当的长度。

11. 如图穿玉石珠子，然后用步骤10中绕上股线的线以编左右结的方式绕玉石珠子一圈，再将步骤9中做好的铁丝配件以及玉石观音如图系好。

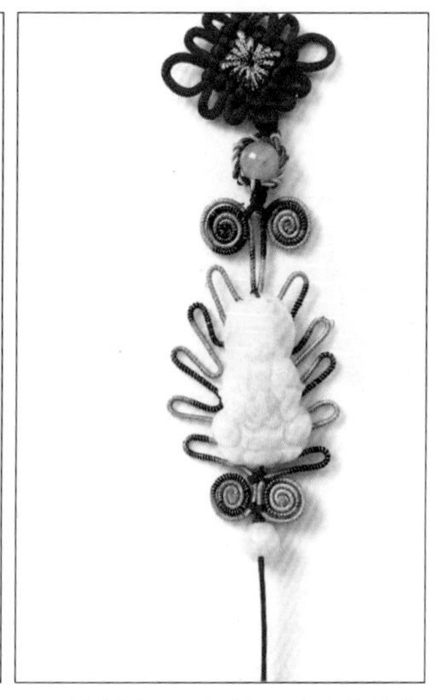

12. 另外加一条线，如图系在铁丝配件的下端。

13. 用步骤10中绕了股线的线如图绕在玉石珠子的下端。

14. 最后在下端添加两条流苏即可。

火红

做 法

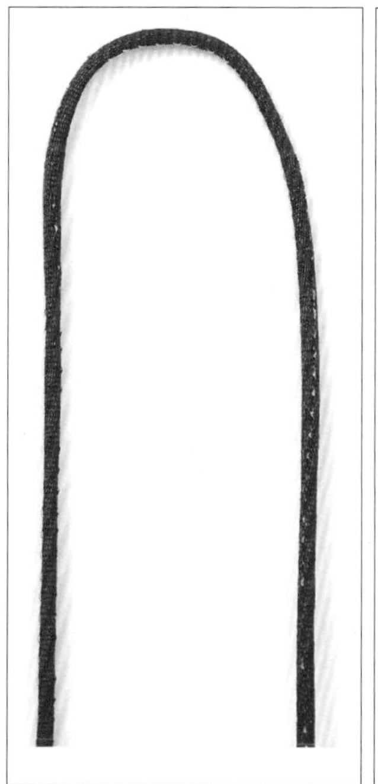

1. 准备一条线

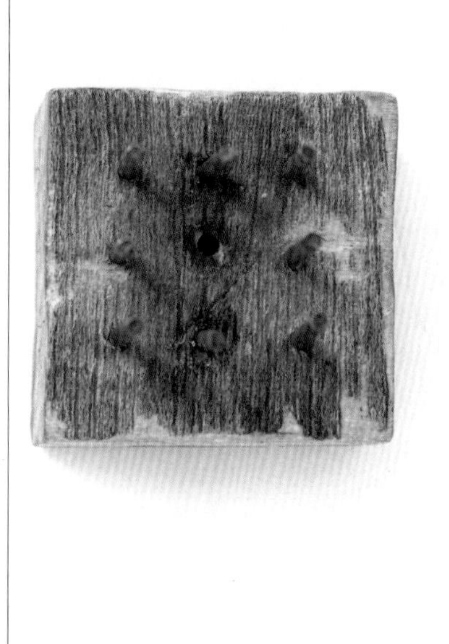

2. 准备一个钉板。

3. 用线编一个双联结作为开头，然后如图在钉板上走线，由此开始编一个二回盘长结。

4. 完成一个二回盘长结。

5. 调整好二回盘长结的结体，如图拉出二回盘长结的六个耳翼。

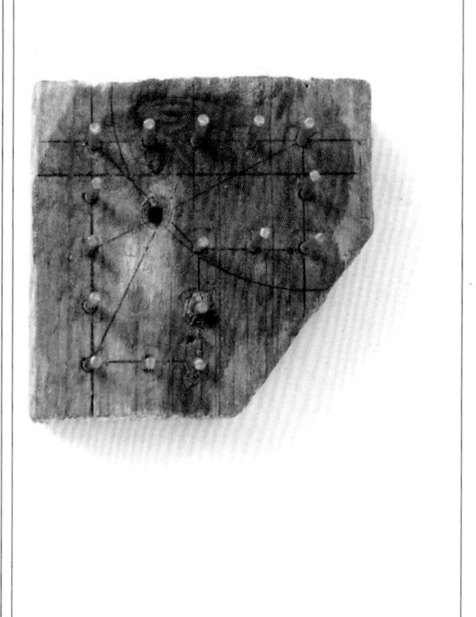

6. 准备一个钉板。

7. 用线在钉板上面走线，由此开始编一个复翼磬结。

8. 完成一个复翼磬结。

9. 调整好复翼磬结的结体，如图拉出耳翼。

10. 将两侧的耳翼向上弯折，与二回盘长结的两个耳翼完成组合。

11. 准备玉石珠子和流苏。

12. 用两条尾线依次穿玉石珠子和流苏。

樱

做法

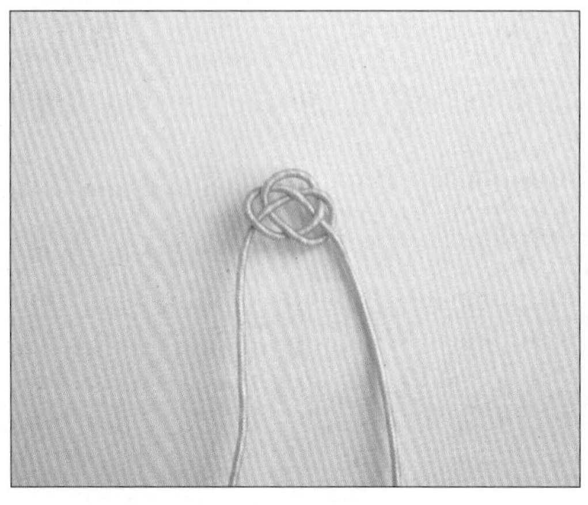

1. 取粉色绕线对折，在中间打一个单线双钱结。

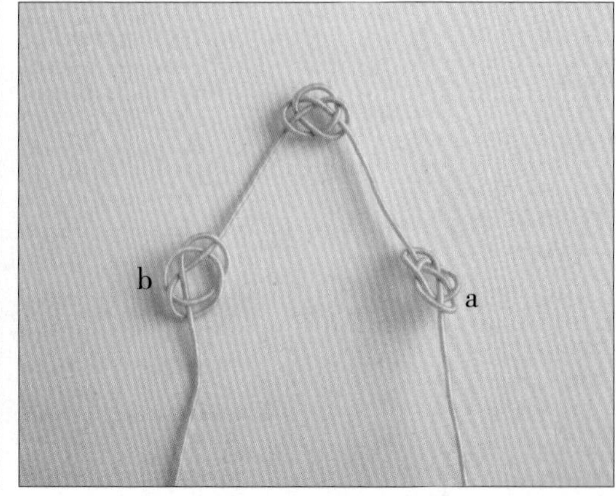

2. 留出适合的长度，两边余线分别编一个双钱结。

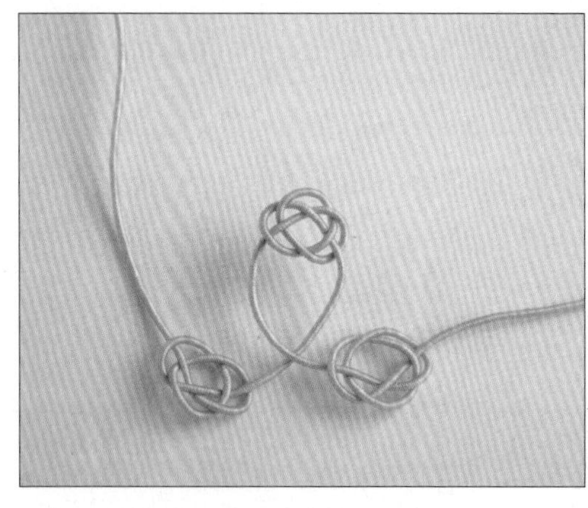

3.a 段交叉压在 b 段上。

4.b 段在第一个双钱结下穿过，压着 a 段。

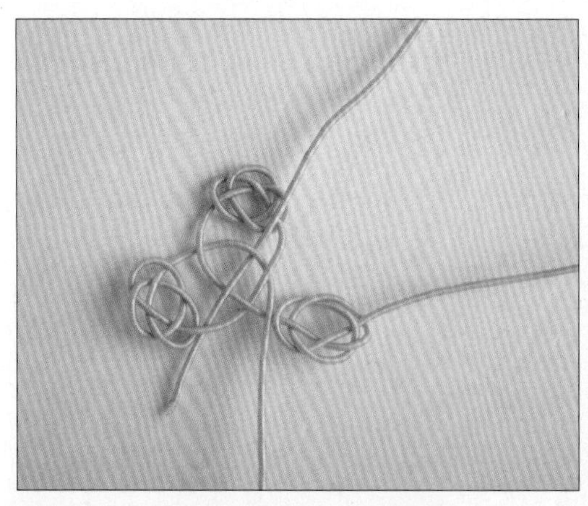

5.a 段从上方挑起 b 段的线，从中穿过。

6. 调整出双钱结的形状。

7. 用金色绕线沿着结体走出形状。

8. 两条绕线收紧，调整好结体。

9. 粉线打一个双联结。

10. 剪去金线，用火烫一下线尾。

11. 加流苏，用 72 号线穿过双钱结顶部，再穿入珠子。

12. 股线另一头穿入发簪，留出适合的长度打死结，剪去多余线头即成。

朱

做 法

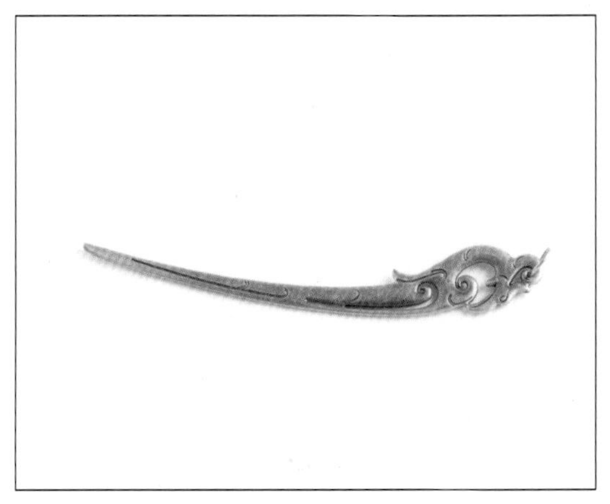

1. 发簪尾端扣上单圈，如图所示。

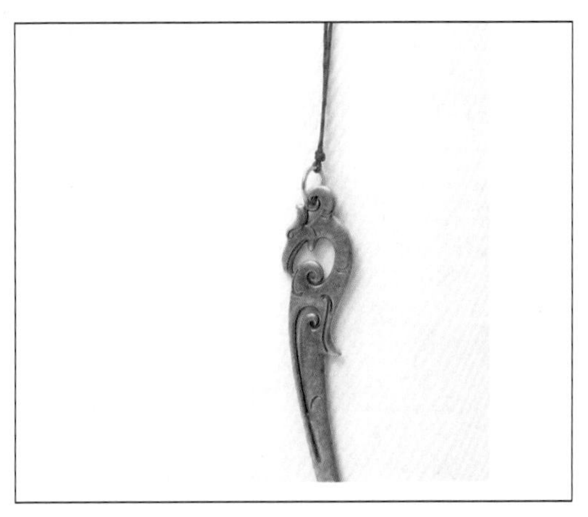

2.A 玉线对折穿入单圈，打一个双联结。

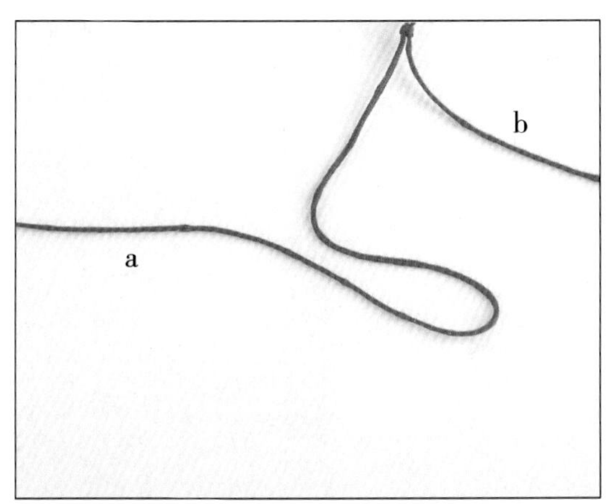

3.a 段弯折出一个耳翼。

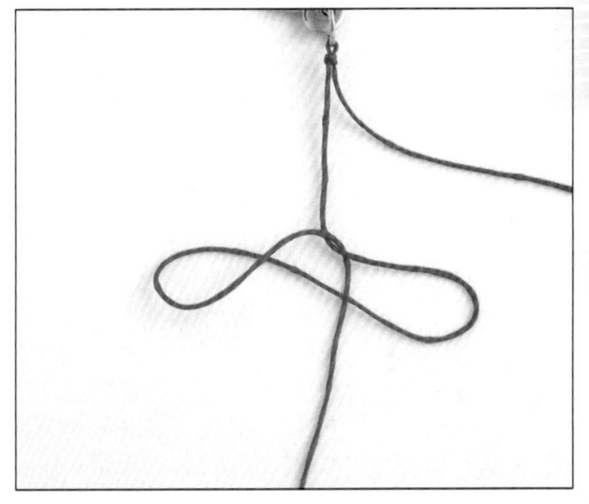

4. 线头端接着从上方绕到耳翼下面，如图所示。

5.b段做一个耳翼插入a段的耳翼中。

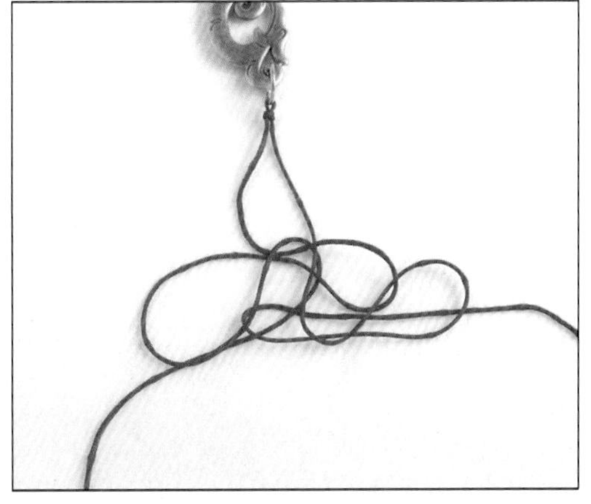

6.b 段如图所示，穿过 b 段耳翼和 a 段耳翼。

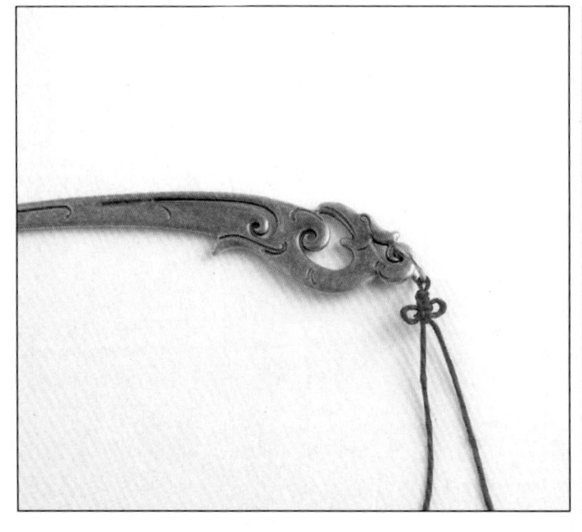

7. 拉紧，调整出一个双耳酢浆草结。

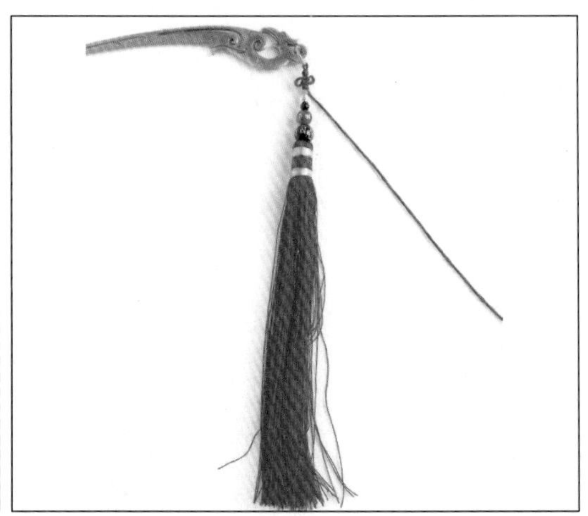

8. 打一个双联结。

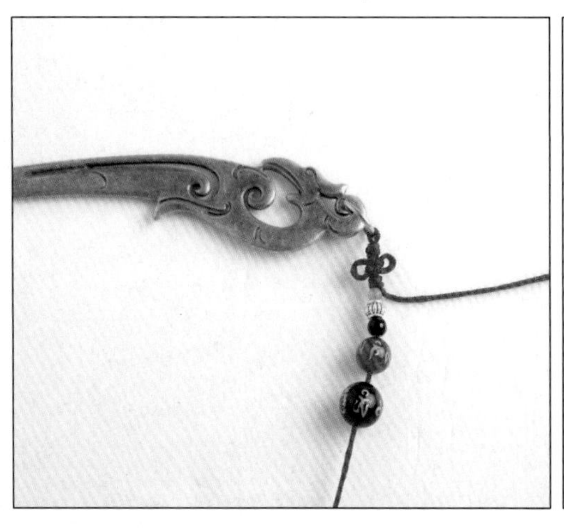

9. 穿入珠子。

10. 绑流苏。

11. 另一边同样做法。

12. 完成。

翠

做法

1. 将线摆成一束对齐，然后在一头绑一个节，分两组，左边十一条，右边九条。

2. 取左边最内侧的一条线为主线，左侧相邻的线绕主线打两个斜卷结。

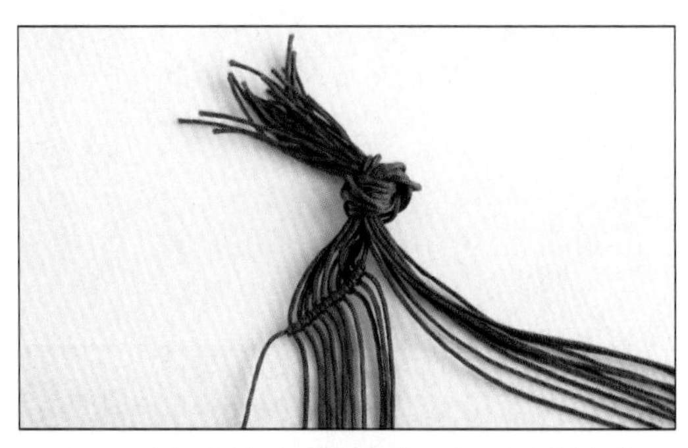

3. 然后，将侧的线分别在主线上打两个斜卷结，如图所示。

4. 继续以左边最内侧的第一条线为主线，右边内侧第一条线绕主线打两个斜卷结。

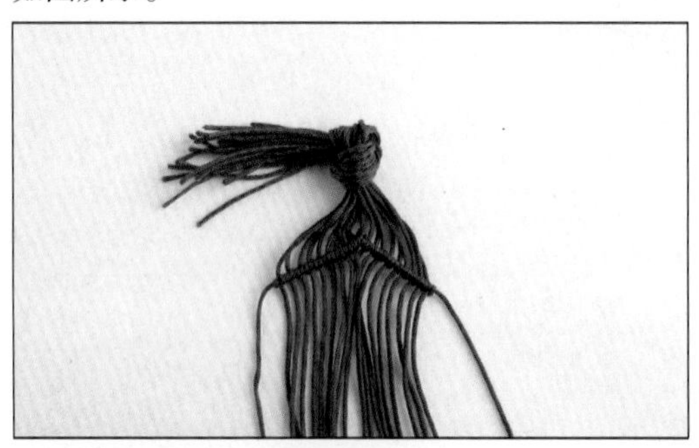

5. 右侧的线逐一打好两个斜卷结。

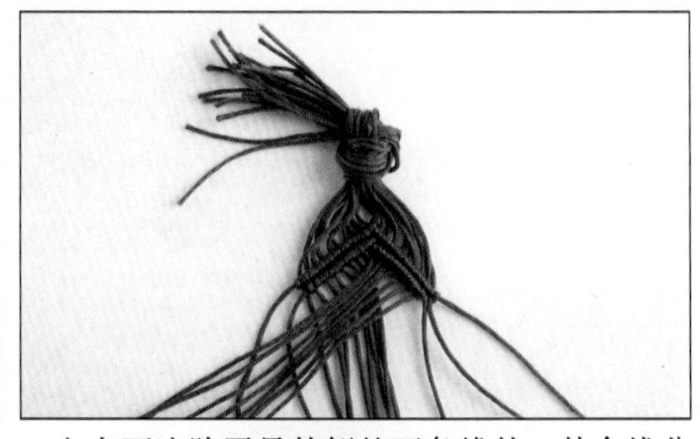

6. 左右两边除了最外侧的两条线外，其余线分别重复步骤 2 ~ 5 的方法。

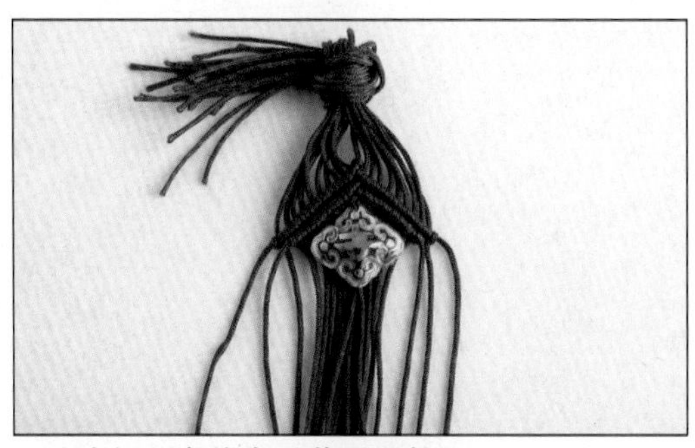

7. 取中间两条线穿过菱形配件。

8. 以左边第二行斜卷结的主线为主线，打一行斜卷结，右边的线同样做法。

9. 与步骤 8 同样，以第一行斜卷结的主线为主，打斜卷结，右边同样做法。

10. 两边以外侧线为主线打斜卷结，然后中间两线相互穿过景泰蓝。

11. 左边十条线分两组，左侧六条，右侧四条，重复步骤 2 ~ 7 打斜卷结和穿景泰蓝。

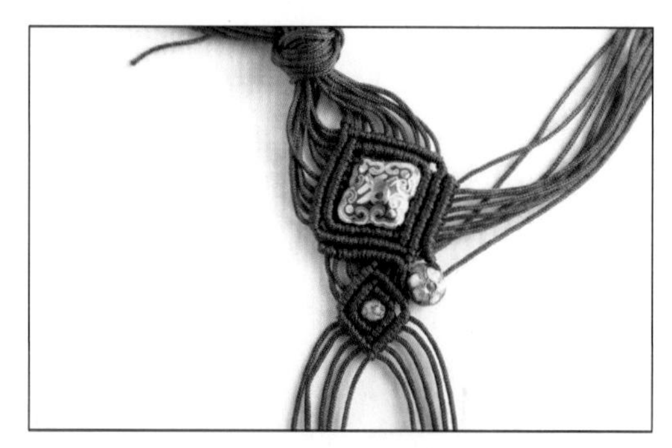

12. 与步骤 8、9 同样，继续打斜卷结。

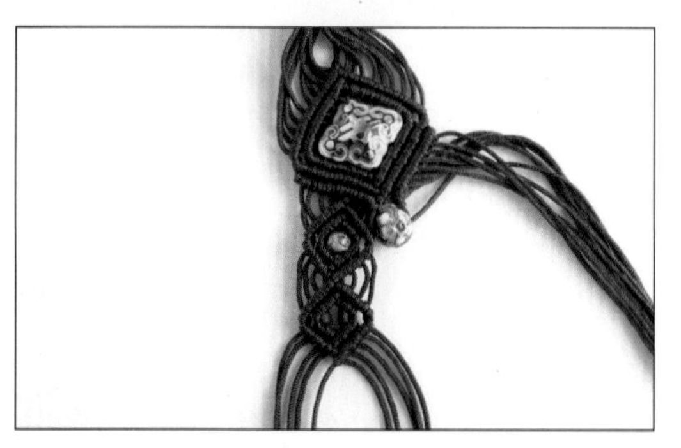

13. 剩下的余线同样编斜卷结。

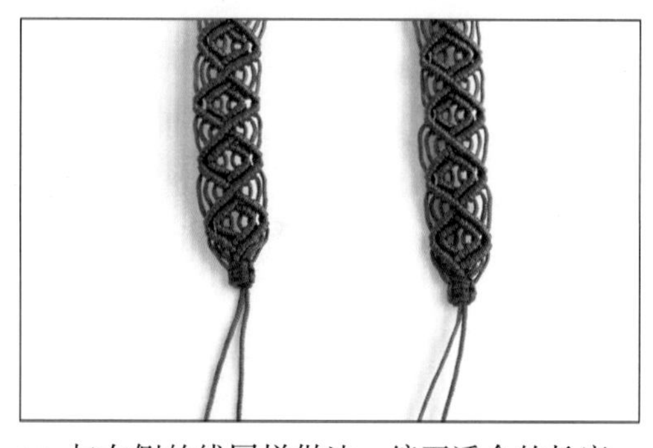

14. 与右侧的线同样做法，编至适合的长度，用外侧的线打三个双向平结，剪去余线。

15. 原先束起的线头解开穿上珠子。

16. 穿尾珠，两头交叠，用余线打四个平结，剪去多余的线，用火烫线头即成。

桃

做 法

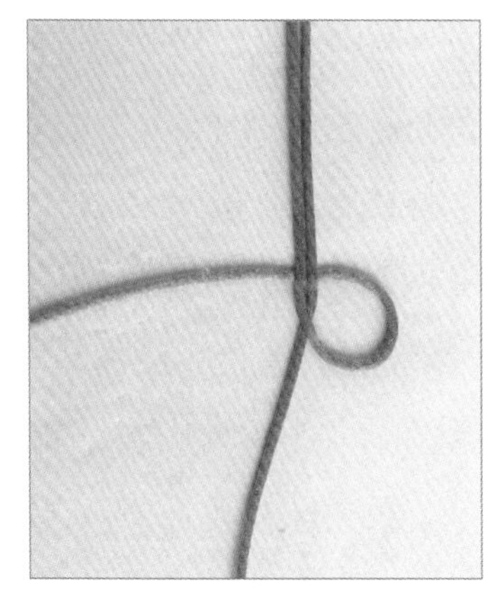

1. 将 50cm 的韩国丝对折，留出适当的长度，如图摆放。

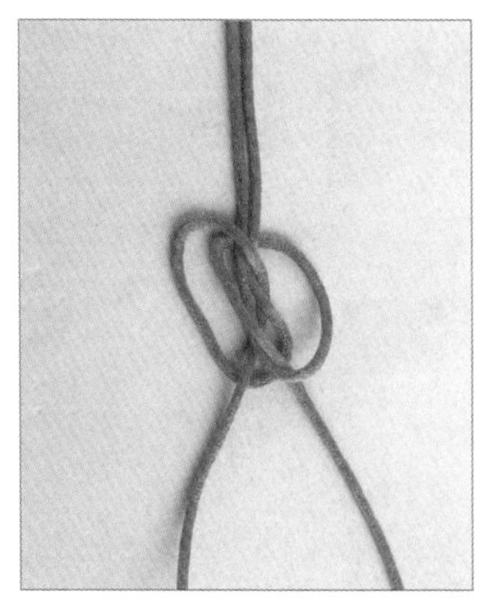

2. 如图所示，打一个双联结。

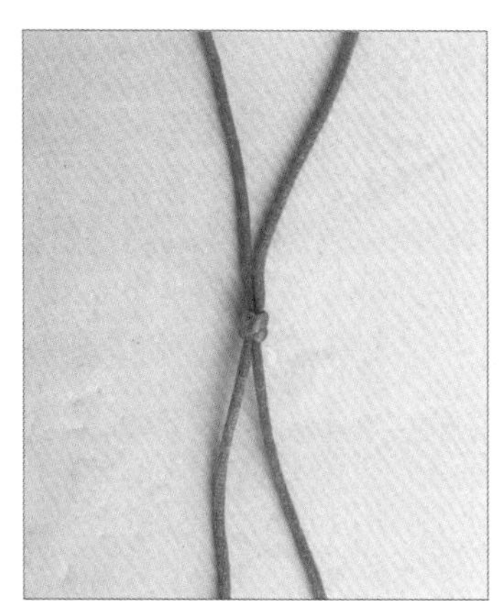

3. 拉紧。

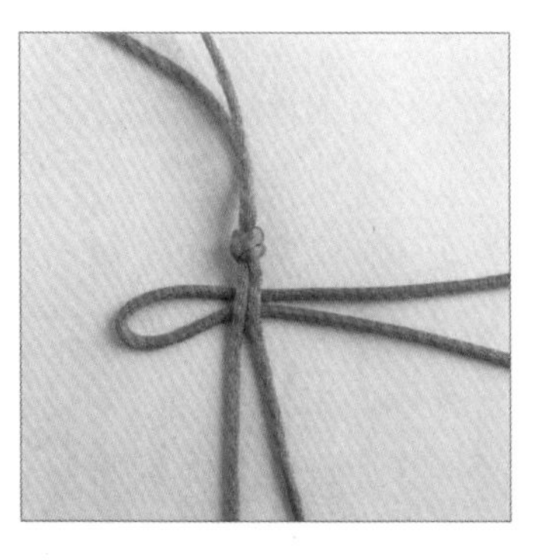

4. 将 200cm 的韩国丝对折，如图摆放在双联结下方。

5. 如图，将右上线穿入左耳翼。

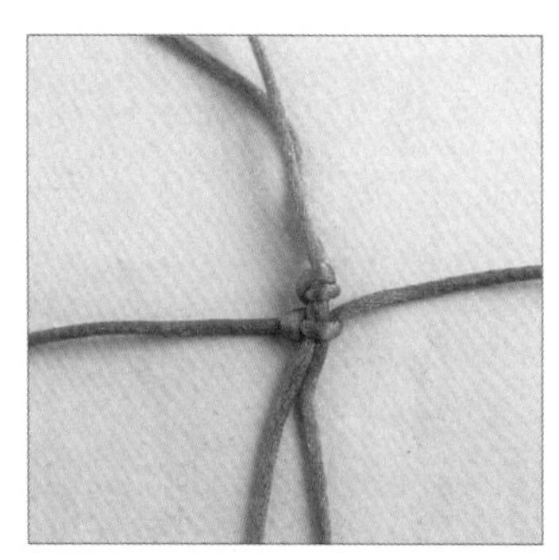

6. 拉紧。

7. 右线穿到左边，左线如图穿入右耳翼。

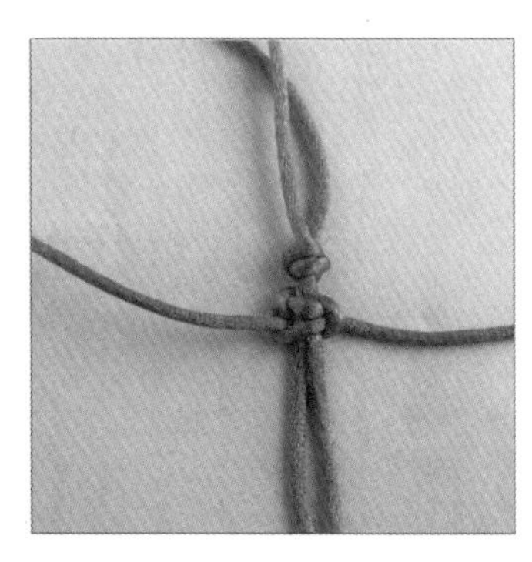

8. 拉紧，成一个双向平结。

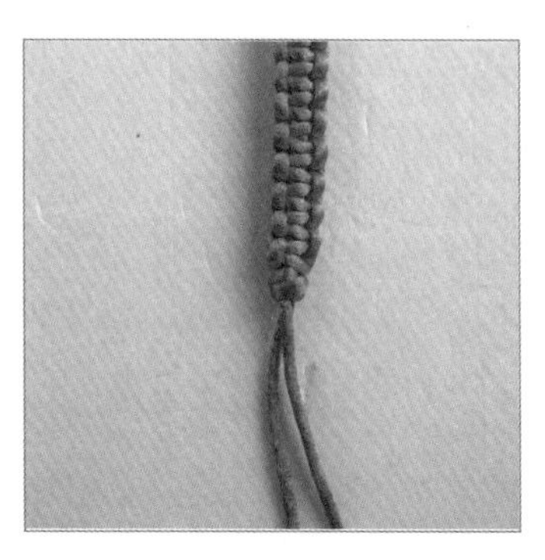

9. 继续打平结到合适的长度，去掉平结的余线，用火烫固定线尾，剩下的线打一个双联结。

10. 如图，用72号线穿在韩国丝上，再穿入珠子。

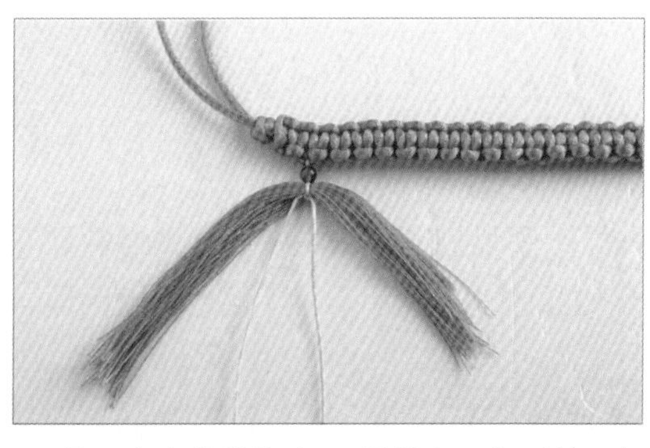

11. 剪一束流苏线绑在72号线上，打死结，如图所示。

12. 用流苏线绕线，修平线尾，做好流苏。

13. 每隔一个平结做一个流苏。

14. 用剩余的韩国丝将两边交叠，打三个平结。

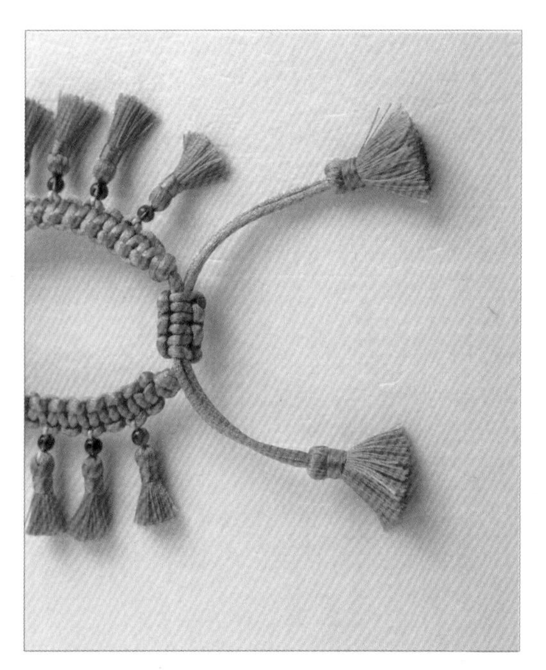

15. 线尾同样绑上流苏。

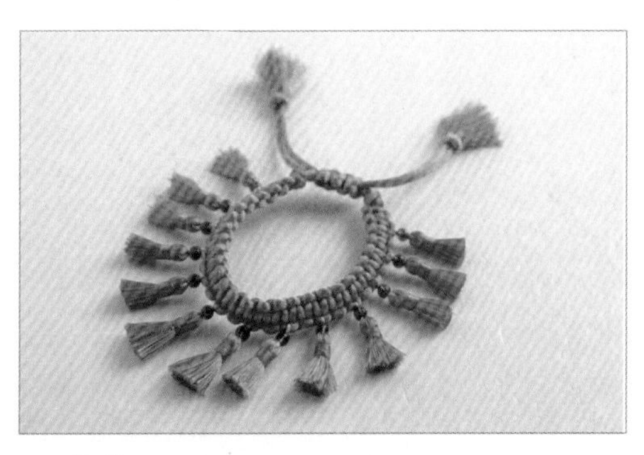

16. 完成。

星

做法

1. 将线对折，留出能穿过两条线的孔，打一个蛇结。
2. 如图所示，一共打十八个蛇结。
3. 然后把线穿过之前留出来的线孔。
4. 拉紧，打一个双联结。
5. 穿珠子，每颗珠子间打一个双联结间隔开。
6. 上钉板，如图，把 a 段横线绕出来。
7.b 段如图绕出纵线。
8.a 段从横线上穿过，再从横线下往下拉，然后再重复一遍，如图所示。
9. 挑起 b 段第二、四纵线和 a 段纵线，把 b 段向左拉。
10. 挑起b段第二、四纵线，压着其他线，右穿b段。
11. 下拉一行，重复步骤 9 ~ 10。
12. 脱板，调整结体。
13. 拉紧成一个六耳盘长结，打一个双联结。
14. 再做一个盘长结，用双联结固定。
15. 用双面胶包裹玉线，两条各粘上 6cm。
16. 用余线开始在双面胶线端绕线。
17. 两边绕好后打一个双联结。
18. 在绕线段首尾各打一个菠萝扣包住线头。
19. 余线穿珠子，打死结。
20. 剪掉线尾，火烫固定。
21. 完成。

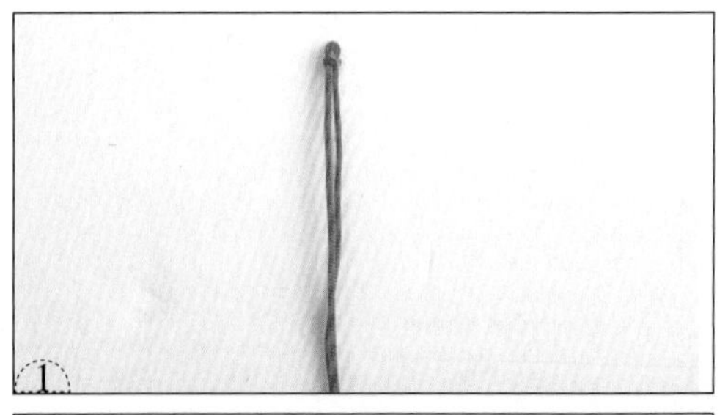

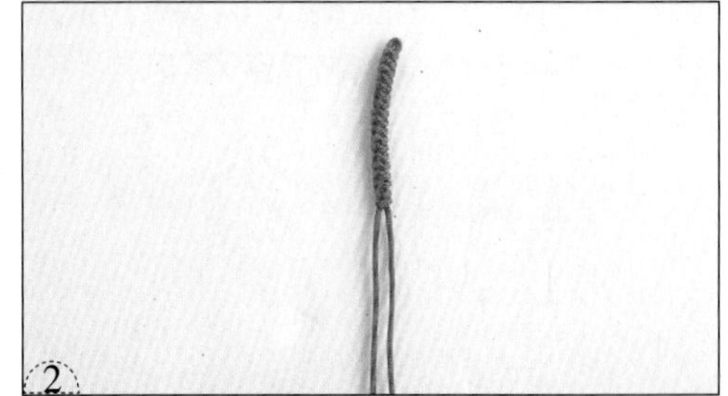

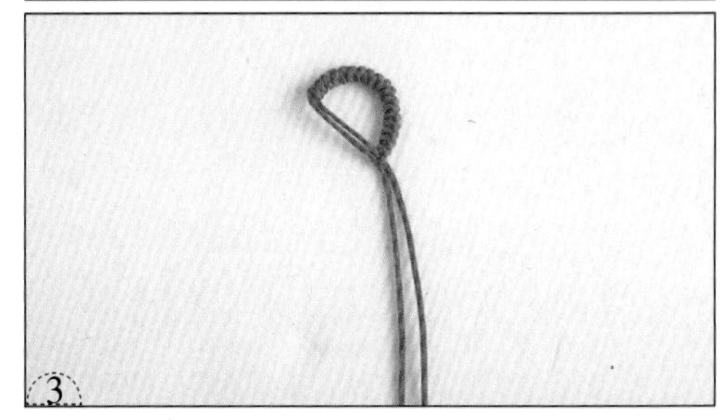

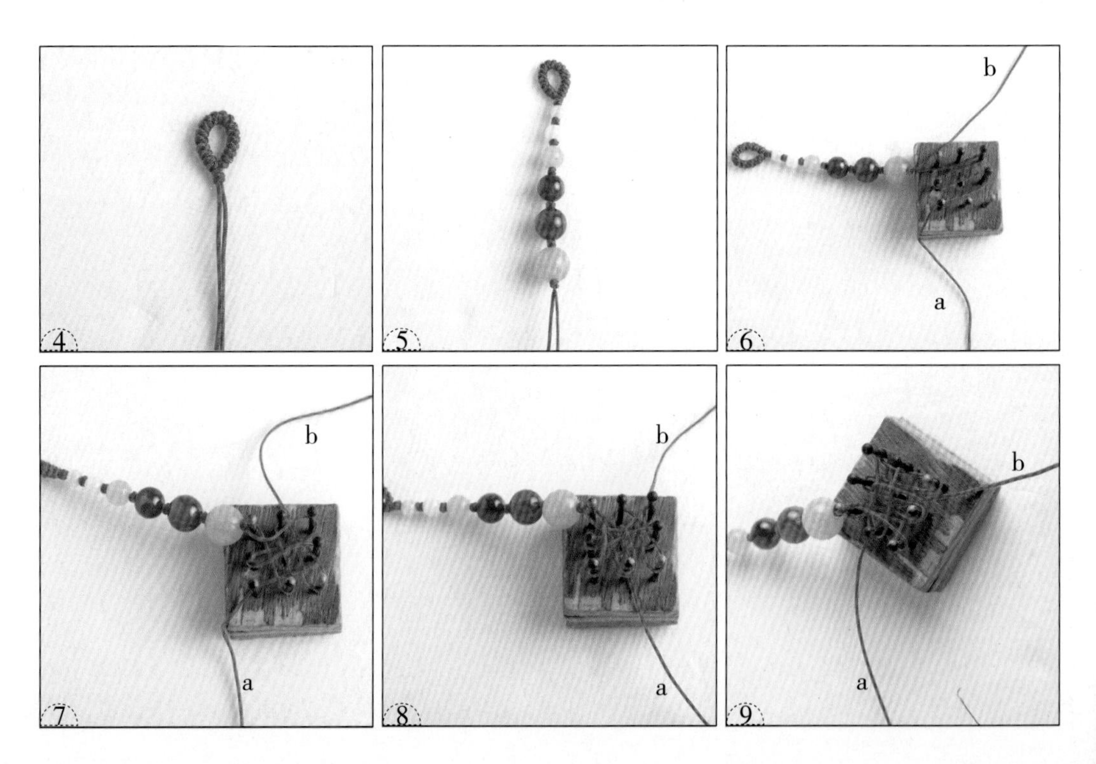

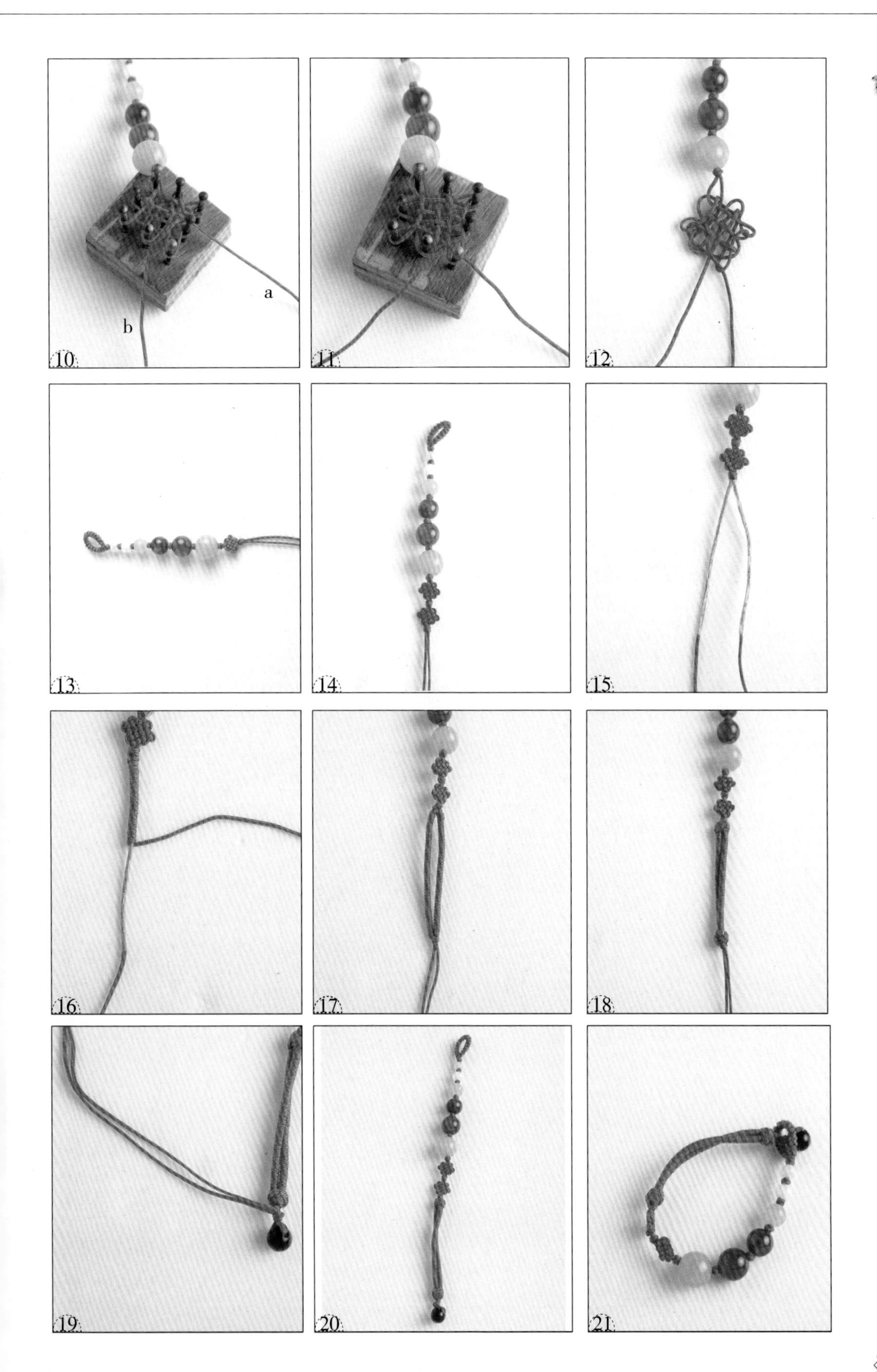
a
b
10
11
12
13
14
15
16
17
18
19
20
21

玄

做法

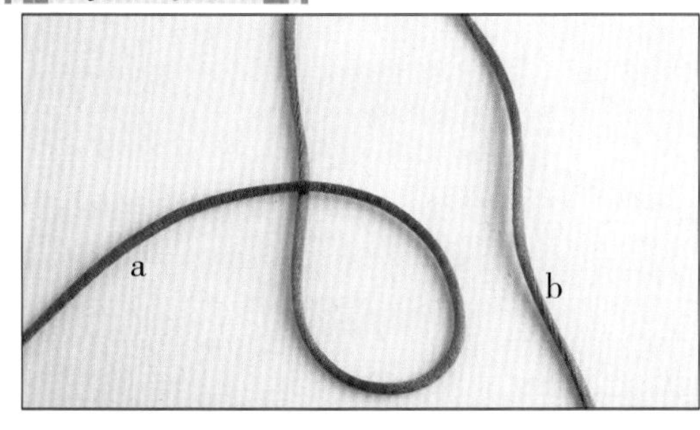

1. 韩国丝对折，留出合适的长度，左边 a 段摆出图中的形状。

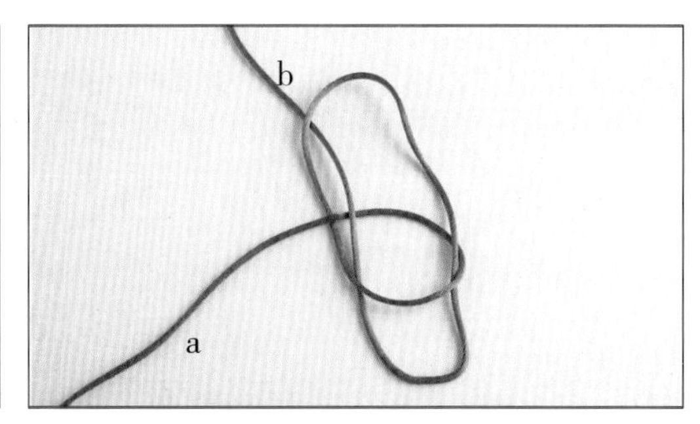

2. 右边 b 段如图所示，揪出形状，插入 a 段的线圈里。

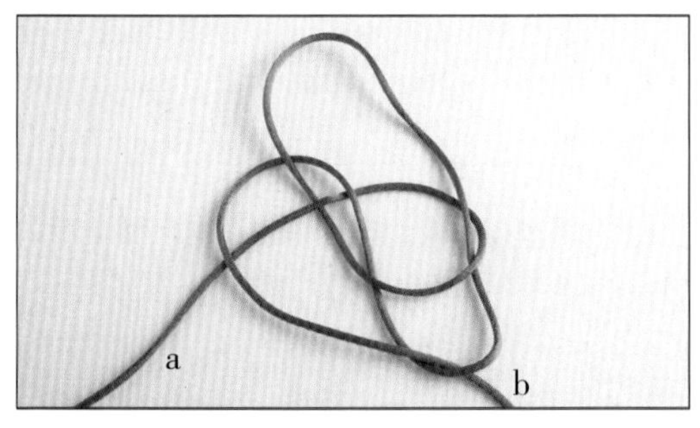

3.b 段压着 a 段，如图所示，穿入右边。

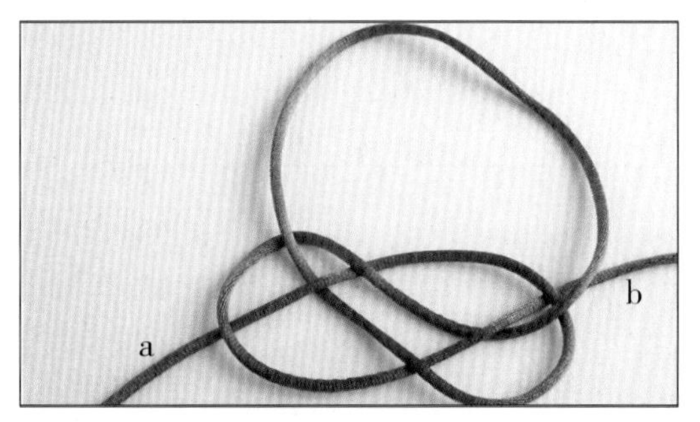

4. 收紧 b 段，调整出图中的形状。

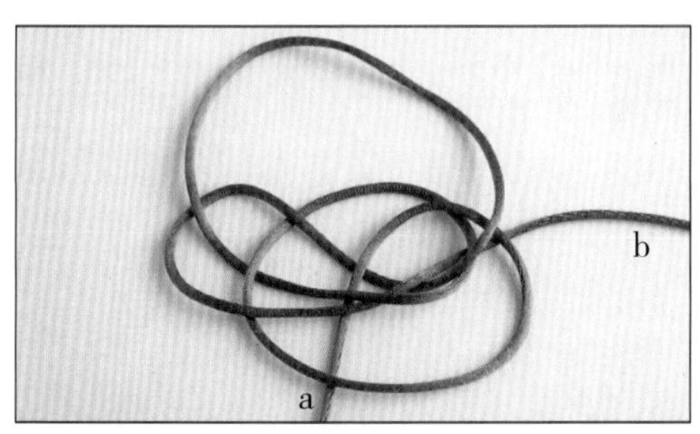

5.a 段右绕，挑起 b 段源头，压着 b 线头和圈里的 b 线，穿入 a 圈，从其他三线下拉出来。

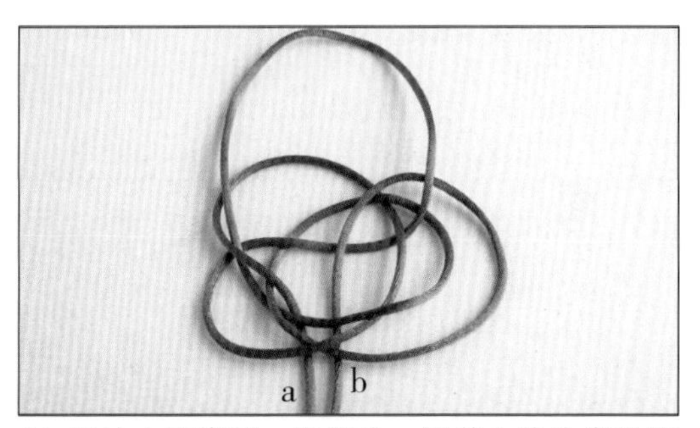

6.b 段从上面穿过 a 段源头，沿着 b 线头穿进圈里，与 b 段比齐。

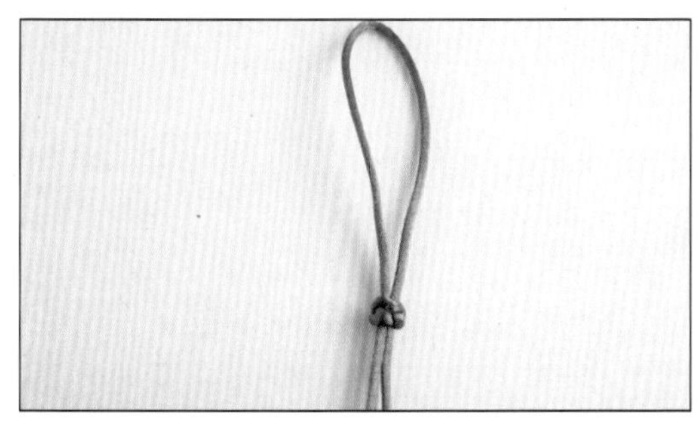

7. 拉紧成一纽扣结。

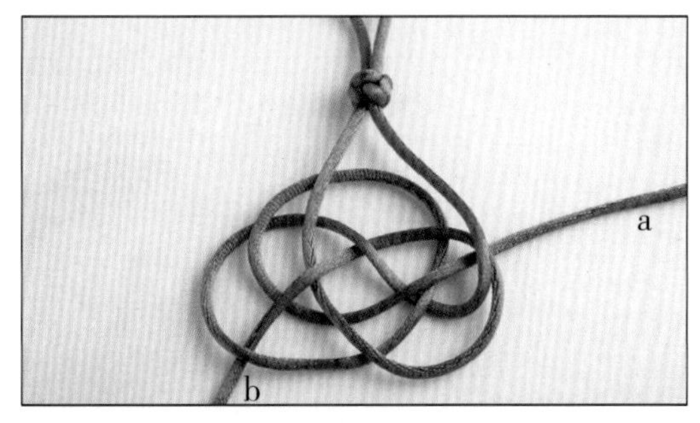

8. 重复步骤 1 ~ 4 的方法，停在第 4 步，然后 b 段再往左边绕一圈，穿回右边，如图所示。

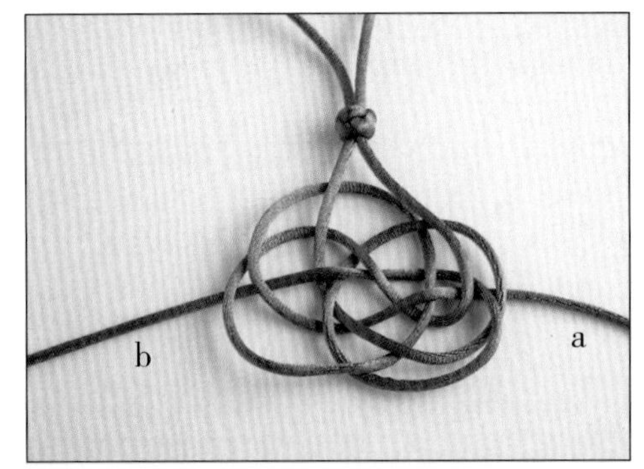

9.a段往右边绕一圈，从中间穿过，在左边两线下拉出，如图所示。

10.再重复步骤8、9，先绕b段，总从a段源头下左绕，压着a段线头，从下穿入a段第一个线圈，压着其他线，穿入b段第一个耳翼底端，从a段所绕的线下穿出；再绕a段，总从a段第一个线圈和b段第一个耳翼之间穿入，经过b段所绕出的线下面，压着中间的a段，再从b段的线圈下穿出。

11.重复绕线直至a段和b段的线头上各有五圈线为止，第五圈后，两段线头穿入中间，如图所示。

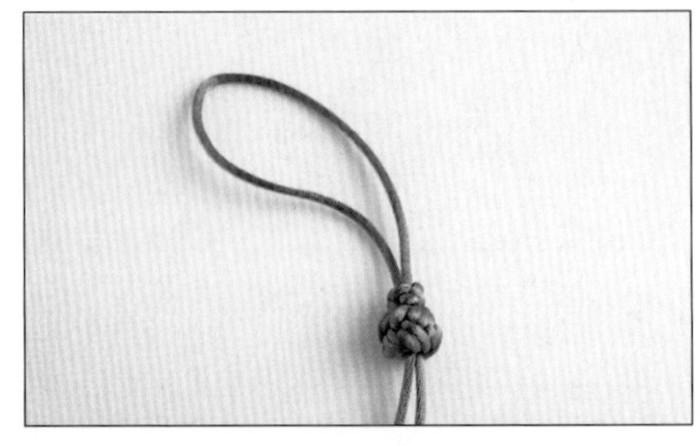

12.然后慢慢调整出形状，成十边纽扣结。

13.用针穿银线，沿着两个纽扣结的纹路绣出银边。

14.用股线绑流苏。

15.流苏留出合适的长度，修齐线尾即成。

PART 5

作品欣赏

紫 珠

玉米结因外观如玉米而得名，又因结的一面呈十字，所以又称“十字结”。此结寓意十全十美，所以又称为“成功结”。

此挂主要由金珠、紫水晶珠子和佛珠编制而成。紫水晶象征着贵气，有紫气东来的意思；金珠代表财气；佛珠自然是平安、厚德的寓意。这是一款寓意能带来好运气的挂件。

编结：双联结，玉米结

三 彩

四股辫四线相绕，轮回旋转，象征人生爱恨情仇，道尽人生喜怒哀乐。桃红、草绿、天蓝和纯白缠绕融合，青花瓷的淡然与水晶的纯净，淡化了一些人生轮回旋转带来的激烈情感。

编结：四股辫，双联结

风 铃

酢浆草结的外观由四个圆圈相扣，形状有如酢浆草的“十”字花瓣，并因此而得名。粉色的酢浆草结与深色的景泰蓝珠搭配，活泼可爱中透露出些许成熟。

编结：金刚结、三耳酢浆草结、双联结

梦 蝶

深蓝色线一圈一圈地缠绕，编制者的祈愿和心意就这样都圈在了绳线里，再包裹着复古的蝴蝶装饰，穿着珠子的流苏如触角般灵动，如庄生梦蝶向往着美好的爱情。

编结：双向平结、双联结、绕线

金辰

纽扣结形如钻石，故又称“钻石结”，是生活中很常用的结饰之一。由寓意为闪亮钻石的纽扣结开始，穿一块玲珑剔透的水晶平安扣，再挂上一条金色的流苏，犹如一件金光闪闪的宝物。

编结：纽扣结，双向平结，双联结

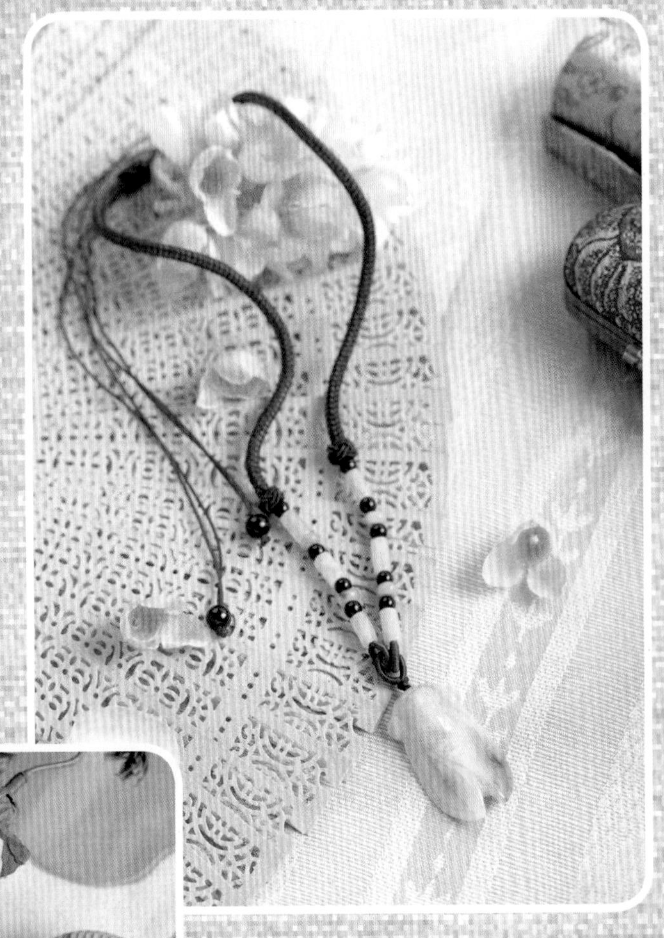

青莲

天蓝色与深蓝色交织成的四股辫，时而如水般清澈，时而像天空那样湛蓝，一朵优雅恬静的白色莲花悄悄绽放在这充满灵性的天地之间。

编结：四股辫，双向平结，双联结

知夏

靛蓝色的绳线穿起菠萝扣和青玉色的珠子，与黑曜石珠子间隔连接起来，另一头悬挂着一只精巧可爱的玉蝉，耳边仿佛听到了夏天的声音。

编结：菠萝扣，双向平结，线圈，双联结

缘

一根红绳编一个藻井结，让一切变得那么井然有序。再加两根红绳，一个玉米结串起紫色的水晶珠子和小金珠，像一个网兜裹住印有禅语的玛瑙佛珠。循环往复、流苏蔓延，是相牵，是相伴，是一份团团圆圆的缘分。

编结：藻井结，玉米洁，绕线，双联结

图书在版编目（CIP）数据

编绳基础技法一本通 / 犀文图书编著 . — 天津 : 天津科技翻译出版有限公司, 2015.9
ISBN 978-7-5433-3514-1

Ⅰ. ①编… Ⅱ. ①犀… Ⅲ. ①编织－手工艺品－制作 Ⅳ. ① TS935.5

中国版本图书馆 CIP 数据核字 (2015) 第 134755 号

出　　版：天津科技翻译出版有限公司
出 版 人：刘 庆
地　　址：天津市南开区白堤路 244 号
邮政编码：300192
电　　话：（022）87894896
传　　真：（022）87895650
网　　址：www.tsttpc.com
策　　划：犀文图书
印　　刷：北京画中画印刷有限公司
发　　行：全国新华书店
版本记录：787×1092　16 开本　12 印张　240 千字
2015 年 9 月第 1 版　2015 年 9 月第 1 次印刷
定价：39.80 元